144 コンクリートライブラリー

汚染水貯蔵用PCタンクの適用を目指して

土 木 学 会

Concrete Library 144

Application of Prestressed Concrete Storage Tanks for Contaminated Water

May, 2016

Japan Society of Civil Engineers

序

　東日本大震災から5年が過ぎた．マグニチュード9.0の地震の破壊力はすさまじく，東北地方を中心とした東日本一帯に未曾有の被害をもたらした．特に津波による被害は甚大であり，死者・行方不明者をあわせた被災者は2万人を越え，膨大な数の家屋が損壊の被害を受けた．改めて，亡くなられた方々のご冥福を祈るとともに，被災された方々に心よりお見舞い申し上げたい．

　震災後5年を経て，損壊した防潮堤の再構築，寸断された道路，鉄道の復旧，震災復興住宅の建設など，徐々にではあるが着実に復興への取組みが進められている．一方で，全電源の一時喪失を経て炉心損傷に至るという甚大な被害をこうむった福島第一原子力発電所（以下，1F）については，思うに任せない状況が続いている．今後数十年をかけて廃炉に至る工程が計画されているが，さまざまな課題をクリアする必要があり，国および東京電力を中心とした精力的な努力にもかかわらず，確実な道筋が見えているとは言い難い状況である．

　地下水の流入によって増え続ける汚染水は，そのような課題の一つである．現在までに1,000基以上の鋼製貯蔵タンクが建造され，1F内に汚染水を貯蔵保管する状況が続いている．多核種除去装置（以下，ALPS）の稼働，サブドレンによる地下水の汲み上げ，さらには凍土方式の遮水壁の設置などが進められつつあり，状況は徐々に改善される方向にあるが，予断を許さない状況が続いている．

　そのような中，原子力規制委員会の特定原子力施設監視・評価検討会での議論において，中・長期的にはALPS処理後の低濃度汚染水を貯留・処理する必要があり，貯留方法や処分のあり方については幅広い見地から検討すべきとの指摘がなされた．東京電力としても，今後の汚染水貯蔵に関して，鋼製タンク以外の選択肢としてPCタンクの技術的成立性についての検討に取組むこととし，土木学会に協力を求めた．これを受けて，土木学会としてはコンクリート委員会内にこの課題に対する検討小委員会を設け，PCタンクの適用性を検討することとした．ただし，東京電力の委託ではなく，土木学会独自の活動として，中立的立場からの検討を行うことにしたのである．本検討小委員会はこのような経緯で設立されたものである．

　1Fの廃炉に向けた取り組みは，東日本大震災からの復興において最も困難かつ重要な課題であり，土木学会としても可能な限りの支援を尽くすことが責務と考えている．本報告書は，2年間にわたって活動した本検討小委員会の成果をまとめたものである．この成果が，1Fの課題克服の一助となるとともに，汚染水貯蔵に関して鋼製タンク以外の選択肢の一つとして，PCタンクが検討されることを期待している．

平成28年3月

土木学会コンクリート委員会
汚染水貯蔵用PCタンク検討小委員会
委員長　　梅原秀哲

土木学会　コンクリート委員会　委員構成

(平成 25 年度・26 年度)

顧　　問	石橋　忠良	魚本　健人	角田與史雄	國府　勝郎	阪田　憲次
	関　　博	田辺　忠顕	辻　幸和	檜貝　勇	町田　篤彦
	三浦　尚	山本　泰彦			

委員長　　二羽淳一郎
幹事長　　岩波　光保

委　員

○綾野　克紀	○池田　博之	△石田　哲也	伊東　昇	伊藤　康司	○井上　晋
岩城　一郎	○上田　多門	○宇治　公隆	○氏家　勲	○内田　裕市	○梅原　秀哲
梅村　靖弘	遠藤　孝夫	大津　政康	大即　信明	岡本　享久	金子　雄一
○鎌田　敏郎	○河合　研至	○河野　広隆	○岸　利治	△小林　孝一	○佐伯　竜彦
○坂井　悦郎	堺　孝司	佐藤　勉	○佐藤　靖彦	佐藤　良一	○島　弘
△下村　匠	○鈴木　基行	○添田　政司	武若　耕司	○田中　敏嗣	○谷村　幸裕
○土谷　正	○津吉　毅	手塚　正道	鳥居　和之	○中村　光	○名倉　健二
○信田　佳延	○橋本　親典	服部　篤史	△濱田　秀則	原田　哲夫	△久田　真
福手　勤	○前川　宏一	○松田　隆	松田　浩	○松村　卓郎	△丸屋　剛
○丸山　久一	三島　徹也	○宮川　豊章	宮本　文穂	○睦好　宏史	○森　拓也
○森川　英典	○横田　弘	吉川　弘道	六郷　恵哲	渡辺　忠朋	○渡辺　博志

旧委員　　城国　省二

(50 音順, 敬称略)
○：常任委員会委員
△：常任委員会委員兼幹事

土木学会　コンクリート委員会　委員構成

(平成 27 年度・28 年度)

顧　　問	石橋　忠良　　魚本　健人　　阪田　憲次　　丸山　久一		
委 員 長	前川　宏一		
幹 事 長	石田　哲也		

委　員

△綾野　克紀	○井上　晋	岩城　一郎	△岩波　光保	○上田　多門	○宇治　公隆
○氏家　勲	○内田　裕市	○梅原　秀哲	梅村　靖弘	遠藤　孝夫	大津　政康
大即　信明	岡本　享久	春日　昭夫	金子　雄一	○鎌田　敏郎	○河合　研至
○河野　広隆	○岸　利治	木村　嘉富	△小林　孝一	△齊藤　成彦	○佐伯　竜彦
○坂井　悦郎	○坂田　昇	佐藤　勉	○佐藤　靖彦	○島　弘	○下村　匠
○鈴木　基行	須田久美子	○添田　政司	○武若　耕司	○田中　敏嗣	○谷村　幸裕
○土谷　正	○津吉　毅	手塚　正道	土橋　浩	鳥居　和之	○中村　光
△名倉　健二	○二羽淳一郎	○橋本　親典	服部　篤史	○濵田　秀則	原田　修輔
原田　哲夫	△久田　真	福手　勤	○松田　隆	松田　浩	○松村　卓郎
○丸屋　剛	三島　徹也	○水口　和之	○宮川　豊章	○睦好　宏史	○森　拓也
○森川　英典	○横田　弘	吉川　弘道	六郷　恵哲	渡辺　忠朋	渡邉　弘子
○渡辺　博志					

旧 委 員　　伊藤　康司

(50 音順，敬称略)
○：常任委員会委員
△：常任委員会委員兼幹事

土木学会　コンクリート委員会

汚染水貯蔵用 PC タンク検討小委員会　委員構成

委 員 長　　梅原　秀哲（名古屋工業大学）
幹 事 長　　森　　拓也（(株)ピーエス三菱）

委　員

入江　正明（日本大学）	二羽淳一郎（東京工業大学）
堅田　茂昌（(株)安部日鋼工業）	前川　宏一（東京大学）
左東　有次（(株)富士ピー・エス）	丸山　久一（長岡技術科学大学）
竹本　伸一（ドーピー建設工業（株））	山本　　平（大成建設（株））
武冨　幸郎（三井住友建設（株））	山本　　徹（鹿島建設（株））

委員兼幹事

雨宮　美子（(株)ピーエス三菱）　　加藤　佳孝（東京理科大学）

オブザーバー

鬼束　俊一（東京電力ホールディングス(株)）	橋本　真一（東京電力ホールディングス(株)）
髙橋　美昭（東京電力ホールディングス(株)）	古川園健朗（東京電力ホールディングス(株)）

コンクリートライブラリー144
汚染水貯蔵用 PC タンクの適用を目指して

目　次

第1章　はじめに 1

第2章　福島第一原子力発電所における汚染水の状況 3
 2.1　汚染水の発生と「汚染水対策」の3つの基本方針 3
 2.2　汚染水の浄化処理 4
  2.2.1　水処理設備による浄化処理 4
  2.2.2　浄化処理水の性質（放射能濃度，塩分濃度） 5
 2.3　汚染水（浄化処理水）の貯蔵 7
  2.3.1　処理水貯蔵用の鋼製タンク建設状況 7
  2.3.2　滞留水（汚染水）の貯蔵量および処理水のタンク貯蔵量 8
  2.3.3　将来のタンク建設 8

第3章　PC タンクの概要 11
 3.1　PC タンクの特徴 11
 3.2　プレキャスト PC タンクの概要 12
  3.2.1　プレキャスト PC タンクの特徴 12
  3.2.2　構造および施工概要 13
  3.2.3　施工実績調査 15

第4章　PC タンクの耐震性 17
 4.1　PC タンクの耐震設計 17
 4.2　東日本大震災の被害調査結果 20
  4.2.1　調査範囲 20
  4.2.2　地震動による被害 21
  4.2.3　本委員会での追加調査結果 21
  4.2.4　調査の総括 21

第5章　基本構造の検討 23
 5.1　概要 23
 5.2　側壁 24
 5.3　目地構造 25
  5.3.1　目地構造の種類 25

5.3.2　構造詳細 25

5.3.3　プラスチック製シースの接合方法 26

5.4　側壁と底版の結合構造 27

5.5　屋根 29

5.6　表面塗装 31

5.6.1　側壁部および底版部 32

5.6.2　側壁部材の目地部および底版と側壁の接合部 32

5.6.3　タンク内面塗装材料の耐放射線性に対する検討 33

5.7　歩廊 34

第6章　設計検討 36

6.1　基本条件と要求性能 36

6.1.1　基本条件 36

6.1.2　要求性能 36

6.2　設計方針 37

6.2.1　常時に対する設計 38

6.2.2　地震時に対する設計 39

6.3　試設計 39

6.3.1　概要 39

6.3.2　総括 46

第7章　施工性の検討 48

7.1　汚染水貯蔵タンク（プレキャストPCタンク）の施工条件 48

7.1.1　基本構造 48

7.1.2　用地条件 50

7.1.3　その他 50

7.2　施工手順 51

7.3　直接工事計画 53

7.3.1　主要使用機械 53

7.3.2　施工計画 53

7.4　PCタンクの工程 68

7.5　留意事項 69

7.5.1　作業時間 69

7.5.2　維持管理 70

7.5.3　タンクの解体 71

第8章　まとめ 72

本編

第1章 はじめに

わが国のプレストレストコンクリート（以下，PC）タンクの歴史は，1957年建造の岐阜県伊自良村簡易水道PCタンク（**写真-1.1**）に始まる．内径6.0m，有効水深3.0m，有効容量85.0m^{3}という小さなタンクであるが，わが国のPCタンクの創始に当たる．その後，徐々に実績を増やし，1970年代以降は毎年200基程度が建設され続けた．2000年以降は，わが国の上下水道の普及が進んだことから施工件数は年50基程度に減少しているが，水道用タンクを中心に，累計では8,000基以上の施工実績を有している（**図-1.1**）．

PCタンクは鉄筋コンクリート（以下，RC）構造に比べて，ひび割れを制御できることから水密性が高く，耐久性にも優れている．このため，PCの特性を生かした合理的な構造として，上下水道，農業用水，工業用水のほか，液化低温ガスや石油などのさまざまな容器構造物に適用されている．

また，2011年3月11日に発生した東日本大震災後に行われたPC構造物の災害調査では，ほとんどのPCタンクにおいて損傷は確認されなかった．ごくわずかのPCタンクにおいて損傷が確認されたが，それらは水道用プレストレストコンクリートタンク標準仕様書（昭和55年，日本水道協会）の制定前に施工されたものであり，それ以降に建設されたPCタンクでは機能に影響するような損傷はなく，PCタンクが有する高い耐震性が確認された．

写真-1.1　伊自良村簡易水道PCタンク

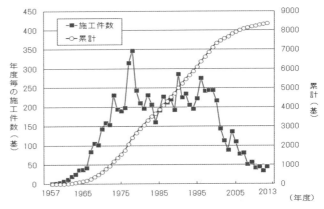

図-1.1　PCタンクの施工実績

本委員会では，福島第一原子力発電所（以下，1F）の汚染水貯蔵に関して，PCタンクの技術的成立性について検討を進めてきた．豊富な施工実績を有し，優れた性能を有するPCタンクであるが，1Fの汚染水貯蔵に関しては，施工実績の豊富な水道用タンクとは異なった要求性能，施工条件となることから，これらに適合した構造，設計，および施工方法を検討する必要がある．

まず考慮しなければならない点は，貯蔵物が放射性物質で汚染された水であることである．鋼製タンクに比べてPCタンクは部材厚が大きいことから，放射線の遮蔽性能が高いという利点を持つ．ただし，汚染水が外部に漏れ出た場合には，周辺環境の線量を大きく上げることになるため，貯蔵水に対する高い水密性が要求される．通常の水道用タンクにおいても水密性は要求性能の一つであるが，より一層高いレベルでの水密性を確保する必要がある．

1Fのもう一つの特殊条件としては，放射線環境下での作業となる点である．震災後5年を経て，現地の放射線量は低減しつつあるが，この点に対する配慮も重要な項目である．建設作業者の被ばく線量を抑えるためには，現地での作業を極力減らす必要がある．今回の検討では，この点を考慮してプレキャストPCタンク構造を採用することとした．プレキャストPCタンクとは，側壁部分を短冊状のプレキャスト部材とし，

鉛直に建て込んだのちにプレストレスによって一体化する構造である（図-1.2，写真-1.2）．プレキャスト部材の継目部分には，コンクリートまたはモルタルが打設される．現地での型枠および鉄筋の組立，コンクリートの打設および養生が不要となることから，場所打ちのPCタンクに比べて現場施工の大幅な省略が可能となる工法である．

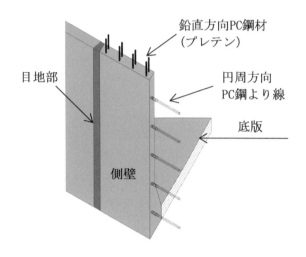

図-1.2　プレキャストPCタンクの構造　　　　　写真-1.2　プレキャストPCタンクの側壁建込み状況

　本コンクリートライブラリーは，当委員会の検討成果を取りまとめたものである．現地の状況および要求性能を満足するための基本構造，構造設計の方法，さらに施工方法についての提案を記述した内容となっている．

　第2章では，1Fにおける汚染水の状況を説明した．**第3章**では，PCタンクおよびプレキャストPCタンクの概要を説明している．さらに，**第4章**では，PCタンクの耐震性について言及し，東日本大震災におけるPCタンクの被害調査結果を記載した．**第5章**以降が，当委員会の提案内容について記述している部分である．**第5章**では，今回の条件に適合するように選定したPCタンクの基本構造を示した．**第6章**では，汚染水貯蔵用PCタンクとしての要求性能を満足するような構造設計方法について記述し，その方針に基づいて試設計した結果の概要を示した．**第7章**では，試設計したPCタンクを対象として施工性の検討を行った結果をまとめた．最後に，**第8章**で全体のまとめを記述している．その他，試設計の詳細，およびPCタンクに関連する情報を参考資料として最後に記載したので，併せて参考にされたい．

第2章 福島第一原子力発電所における汚染水の状況

2.1 汚染水の発生と「汚染水対策」の3つの基本方針

福島第一原子力発電所（以下，1F）では，山側から海に流れ出ている地下水の一部が原子炉建屋に流れ込み，新たな汚染水となっている．これに対して，原子力災害対策本部では，「汚染源を取り除く」，「汚染水に水を近づけない」，「汚染水を漏らさない」という3つの基本方針[1]を立て，東京電力，国および関係機関とともに様々な対策を実施している．以下に概要を紹介する．

(1) 方針1：汚染源を取り除く

汚染源である燃料デブリ（冷却材の喪失により原子炉燃料が溶融し，原子炉構造材や制御棒と共に冷えて固まったもの）を取り除くのが最終目標であるが，当面は，原子炉建屋地下や建屋海側のトレンチ内に滞留する高濃度汚染水を除去することを目標としている．原子炉建屋地下に滞留する汚染水の除去においては，周囲の地下水の水位とのバランスをモニターしながら汚染水が周囲に漏洩しないよう配慮する必要がある．併せて，多核種除去設備（以下，ALPS）により，高濃度汚染水の浄化を進め，汚染源のリスクを低減するとともに，処理容量や処理効率の向上を図り，さらに原子炉建屋等の地下に滞留する汚染水を一日も早く除去する方針としている[1]．

なおトレンチとは，非常時の冷却用海水配管および非常用電源ケーブルを収納する鉄筋コンクリート製の地中構造物で，タービン建屋と海側取水設備を結んでいる．2号機・3号機の原子炉建屋に滞留した高濃度の汚染水（約10,000m^3）がここへ流れ込んでいる．

図-2.1.1 「汚染水対策」の主な作業項目[2]

これまで，既設のALPS，東京電力によって増設されたALPS及び国の補助事業で設置された高性能多核種除去設備（特別に区別する場合を除き，この3つの多核種除去設備をまとめて以下，「ALPS」という．図-2.1.1の①）などを含む複数の浄化設備で地上のタンクエリアに貯蔵する汚染水の処理が進められ，2015年5月27日にはストロンチウムを含む高濃度汚染水（RO濃縮塩水）の浄化処理が全て（貯蔵タンクの底に残る水を除く）完了している[2]．また，高濃度の汚染水が滞留していた海水配管トレンチ（図-2.1.1の②）については，2015年6月30日に2号機，7月30日に3号機の汚染水除去が完了し，大幅にリスクが低減されている．

これまでにALPS以外の浄化設備で処理した水についても必要に応じてALPSで再度の処理を進め，2015年度内に，施設全体からの放射性物質等による敷地境界での追加的な実効線量を1mSv/年未満まで低減する方針となっている．ALPSで処理した水については，トリチウム分離技術の検証など国内外の叡智を結集し，2016年度上半期までに，その長期的取扱いの決定に向けた準備を開始する予定となっている[3]．

(2) 方針2：汚染源に水を近づけない

汚染源である高濃度汚染水に新たな地下水が混ざって汚染水が増える事態を避けるため，原子炉建屋山側（地下水の上流）において，汚染される前に地下水をくみ上げるとともに，原子炉建屋の周りを囲む凍土方式の陸側遮水壁を設置するなど，建屋付近に流入する地下水の量を可能な限り抑制することとしている[1]．具体的には，図-2.1.1に示すように，③地下水バイパスによる地下水の汲み上げ，④建屋近傍の井戸（サブドレン）での地下水の汲み上げ，⑤凍土方式の陸側遮水壁の設置，⑥雨水の土壌浸透を抑える敷地舗装（フェーシング）などが実施されている[2]．

2014年5月より地下水バイパスでの排水を開始し，汚染水の増加量（建屋への流入増加量）を80m^3/日程度減少できていると評価されている．また，2015年9月3日からサブドレンの汲み上げを開始し，建屋流入量を半分（150 m^3/日程度）に減らすことを目指しているが，12月時点で200 m^3/日程度に減少している．さらに，凍土方式の陸側遮水壁については，すべての凍結管設置が完了し，2015年4月30日からは凍結に時間を要する箇所などで試験凍結が実施されている．凍結閉合を完了させた後も，建屋から汚染水を流出させないよう水位管理を行う他，地表でのフェーシングは予定箇所の8割以上が施工済みで（2015年11月時点．2015年度完了が目標），建屋流入量をさらに低減するべく努力が続いている[2]．

(3) 方針3：汚染水を漏らさない

汚染水が海洋，特に外洋に漏えいしないようにするため，建屋海側の汚染エリア付近の護岸に水を通さない壁を設置するとともに，1Fの港湾内に水を通さない遮水壁を設置することとしている．また，汚染水は当面タンクで貯蔵・管理し，タンクの管理体制強化やパトロールの強化等の対策を講じることとしている[1]．具体的には，図-2.1.1に示すように，⑦水ガラスによる地盤改良および⑧海側遮水壁の設置，⑨タンクの増設（溶接型へのリプレース等）などが実施されている[2]．

サブドレン稼働後の2015年10月末に海側遮水壁を閉合し，放射性物質の海洋への流出の抑制を図っている．浄化設備で処理した水は，地上に設置したタンクで安全に貯蔵する（2015年12月2日時点の処理水貯蔵量は約74万m^3）とともに，フランジ型タンク等から信頼性の高い溶接型タンクへのリプレースを進めていることから，貯蔵に必要なタンクが順次建設されている[4]．

建屋内の滞留水については，周辺地下水の水位より建屋の水位を下げることで，建屋の外に流出しない状態が維持されている[3]．

2.2 汚染水の浄化処理
2.2.1 水処理設備による浄化処理

原子炉は継続的な注水冷却により低温での安定状態が維持されているが，冷却で用いた水は燃料デブリとの接触に伴いセシウム等の放射性物質を含んだ汚染水となっている．発生した汚染水は，汚染水処理設備により吸着等の浄化処理が行われ，セシウムやストロンチウム等の放射性物質濃度が低減される．事故直後は冷却に海水が用いられたため塩分を含んでいたが，淡水化装置で淡水化された処理済水については原子炉の冷却用水等へ再利用され（約310m^3/日，2015年12月17日時点），新たな汚染水等の発生量が抑制されている（図-2.2.1の左側ループ参照）．

一方，地下水の建屋への流入に伴い増加する汚染水については，最終的にALPSによってトリチウム以外の大半の放射性物質が取り除かれタンクに貯蔵される（図-2.2.1の右側ループ参照）．2015年12月時点では，セシウムおよびストロンチウムの濃度を先行して低減したストロンチウム処理水（以下，Sr処理水）をALPSで浄化処理することで，さらなるリスク低減が図られている．

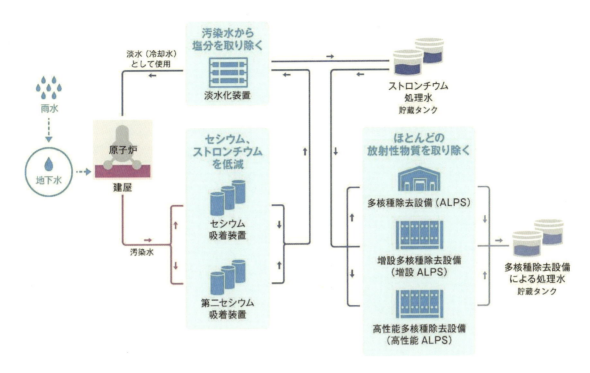

図-2.2.1 汚染水浄化処理のフロー[5]

2.2.2 浄化処理水の性質（放射能濃度，塩分濃度）

ストロンチウムも同時に除去できるセシウム除去装置では，汚染水中に含まれるセシウム（Cs-134および Cs-137）は1/10,000程度に，ストロンチウム（Sr-90）は1/100～1/1,000に低減される．さらに，原子炉冷却水として使用するため，淡水化処理装置で塩分が除去される．なお，トリチウムはALPSでも取り除けないため，ALPS出口のトリチウム濃度は他の装置の出口での濃度と同じである（図-2.2.2参照）．

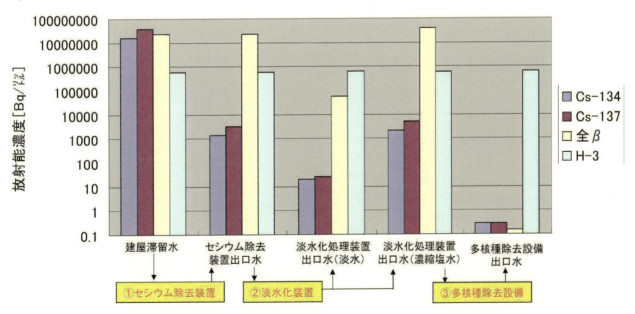

※ 採取日 H25.11.5（多核種除去設備出口水はH25.4.9～12）
※ 建屋滞留水における全β、H-3の濃度はセシウム除去装置出口水のデータを用いた
※ 多核種除去設備出口水の全βはSr-90の値を用いた
※ 検出限界値以下の場合は、検出限界値を用いた

図-2.2.2 各種水処理装置出口での主な放射性物質濃度[6]

その結果，ALPSによってトリチウム（H-3）以外の放射性物質（62核種）の大半が告示濃度限度（放射線防護関係法令の数量等を定める告示等に記載されている濃度限度，例えば，Cs-134は60 Bq/L，Cs-137は90 Bq/L，Sr-90は 30 Bq/L，H-3は60,000 Bq/L）未満に低減されている（図-2.2.2参照）．

淡水化装置（逆浸透膜）出口でのトリチウム濃度は事故以降低下している（図-2.2.3参照）．2015年11月17日時点で$2.4×10^5$ Bq/L（淡水化装置入口）となっている[9]．

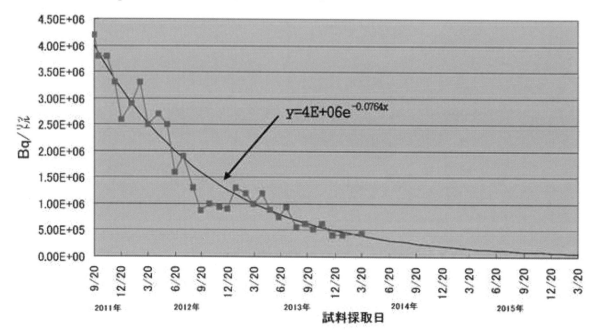

図-2.2.3　汚染水に含まれるトリチウム濃度（淡水化装置出口水）[7]

事故直後は海水による燃料デブリの冷却が行われたことに伴い，汚染水の塩分濃度は海水と同程度であった．その後，淡水による循環冷却・浄化・淡水化が繰り返されたことにより塩分濃度は年々低下し，淡水化装置（逆浸透膜）処理後の塩分濃度は，2013年11月時点では700ppm程度となっている（図-2.2.4参照）[6]．

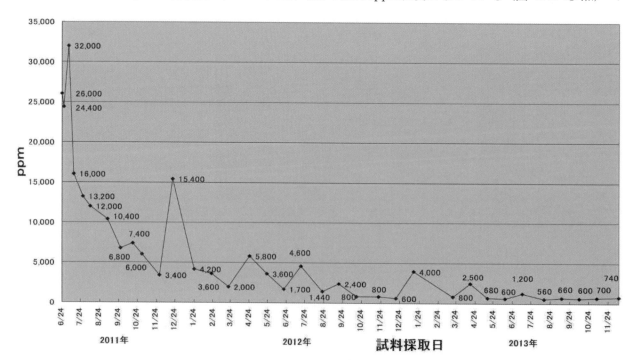

図-2.2.4　淡水化装置（逆浸透膜）処理後の塩分濃度[6]

2.3 汚染水（浄化処理水）の貯蔵
2.3.1 処理水貯蔵用の鋼製タンク建設状況

原子炉圧力容器および原子炉格納容器内にある燃料デブリの冷却（循環注水冷却）に使用された建屋内滞留水（汚染水）を浄化処理して貯留するため，ボルト締め（フランジ型）鋼製タンク等が緊急的に設置されてきた．度重なる汚染水の漏えいのため，溶接型に切り替えた鋼製タンクが増設されるとともに，フランジ型鋼製タンクから溶接型鋼製タンクへのリプレースが進められている（**図-2.3.1**，**図-2.3.2**参照）．

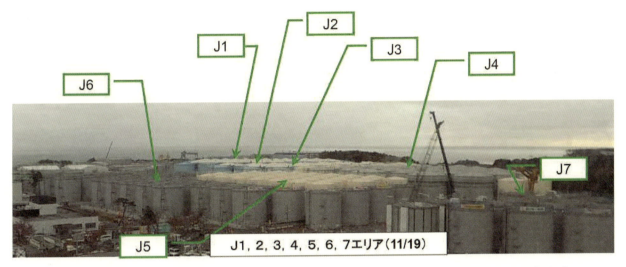

図-2.3.1 鋼製タンク建設状況（Jエリア現況写真）※記号は図-2.3.2のエリアを指す [4]

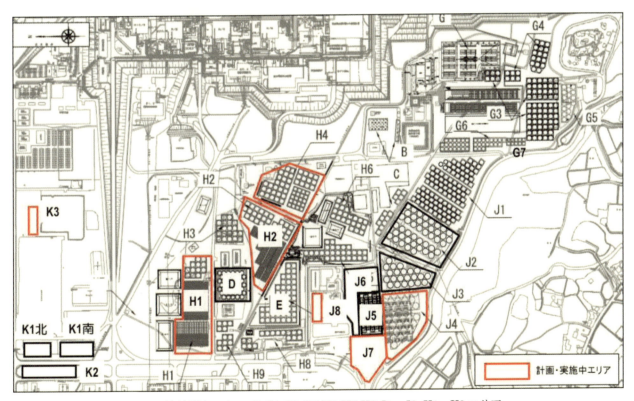

溶接型タンク： D,G1,G3,G7,H1,H2,H8,J1～J8, K1～K3 エリア

フランジ型タンク（リプレース予定）：B,C,E,G4～G6, H3～H6, H9

図-2.3.2 タンクエリア配置図（2015年12月17日時点）[4]

2.3.2 滞留水（汚染水）の貯蔵量および処理水のタンク貯蔵量

2015年11月19日時点で1～4号機原子炉建屋およびタービン建屋等の建屋内滞留水（高レベル）の貯蔵量は約8万m^3，地上に設置したタンクでの処理水（中低レベル）貯蔵量は約75万m^3，貯蔵量合計で約83万m^3となっている[8]．

タンク内汚染水の処理が進められてきた結果，タンク底部の残水を除き，5月27日に全てのRO濃縮塩水の処理が完了している（**図-2.3.3**の「濃縮塩水」参照）．そのうち，ALPSで処理された水量は約57万m^3となる（**図-2.3.3**の「処理水」参照）．さらに，ALPS以外で処理されたSr処理水（セシウム吸着装置と第二セシウム吸着装置で2014年12月末からSrの除去が開始され，モバイル型Sr除去装置等での処理も含めると，2015年12月2日時点で合計約16万m^3が処理されている）については，ALPSで再度浄化され，さらなるリスク低減が図られている（**図-2.3.3**の「Sr処理水等」参照）[4]．

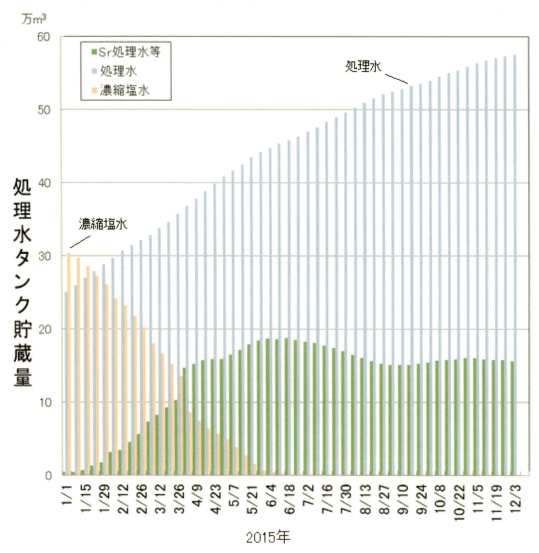

図-2.3.3　RO濃縮塩水，ALPS処理水およびSr処理水等の推移（2015年12月2日時点）[4]

2.3.3　将来のタンク建設

貯蔵用タンクの増設計画に基づき，2015年3月下旬にタンク総容量は80万m^3に到達し（中長期ロードマップより約2年前倒し），現在，1,000基を超えるタンクが敷地内に設置されている．**図-2.3.4**には，各種保有水量に対し，貯槽容量が上回るようタンクの設置状況及び将来計画が示されている．事故直後は早急にタンク

を確保する必要から，鋼製角型タンク（通称ノッチタンク，容量16～110 m³），鋼製横置き型タンク（通称ブルータンク，容量100 m³程度）が主に設置され，続いて鋼製円筒型タンク（フランジ接合，容量は主に1,000m³程度）が設置されている．その後，漏えいに対する信頼性向上をめざし，溶接型タンクの建設が進められ，現在までに約60万m³の溶接型タンクが設置されている．また，タンク容量の大型化が図られ，これまでに容量2,400m³および2,900m³（公称）の鋼製円筒型タンクも設置されている．将来のタンク容量については，地下水流入抑制対策の効果およびその発現時期，ALPS処理後の低濃度汚染水（トリチウム水）の扱い等を考慮する必要があり，必要量を確保できるよう計画的にタンク建設が進められることが重要である．

一方，リプレースエリアでの建設は，既設タンクの除染・解体・敷地内保管を続けながら実施する必要がある．更地におけるタンク建設に比べて課題が多くかつ時間を要することと，敷地内での新たな設置エリアの確保が非常に困難になりつつある現状では，計画的に進めることが求められている．なお，タンクリプレースに伴い，**図-2.3.4**の中のタンク容量合計①は，2015年秋以降一時的に減少傾向となるようである[4]．

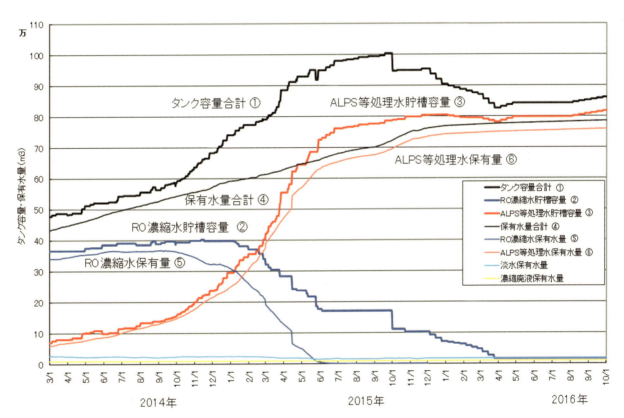

＜図-2.3.4 の試算（2015年12月以降）における容量・水量の推定方法＞
○2015.12～（サブドレン効果発現以降）建屋・地下水流入量：約200 m³/日
・HTI建屋止水・地下水バイパス・サブドレンを考慮した地下水流入量：約150 m³/日
・護岸エリアの地下水の建屋への移送量：約50 m³/日
○2016.1～（陸側遮水壁効果発現以降）建屋・地下水流入量：約50 m³/日
・HTI建屋止水・地下水バイパス・サブドレン・陸側遮水壁を考慮した地下水流入量：約50 m³/日
◎2015.12～2016.3（1号機原子炉建屋他からタンクへの移送考慮）
・1号機原子炉建屋他から3,780 m³のタンク貯蔵受入考慮
※地下水流入量抑制の効果は現場の状況を検証しつつ，適宜反映する

図-2.3.4 タンク建設状況[4]

中・長期的には，ALPS処理後の低濃度汚染水（トリチウム水）を貯留・処分する必要があるが，このトリチウム水の取扱いについては，国においてトリチウム水タスクフォースが設置され，11個の選択肢につい

て総合的な評価をめざし，対策のコンセプト（概念設計）が検討されている[10]．したがって，その対策方針が実行されるまでは，トリチウム水を安全に貯蔵し続けることが求められている．

参考文献

1) 原子力災害対策本部：「東京電力（株）福島第一原子力発電所における汚染水問題に関する基本方針」，2013年9月3日，http://www.kantei.go.jp/jp/singi/genshiryoku/dai32/siryou1.pdf

2) 廃炉・汚染水対策チーム：「資料2　中長期ロードマップ進捗状況　東京電力（株）福島第一原子力発電所の廃止措置等に向けた中長期ロードマップ進捗状況（概要版）」，廃炉・汚染水対策チーム会合／事務局会議（第24回），2015年11月26日，
http://www.meti.go.jp/earthquake/nuclear/decommissioning/committee/osensuitaisakuteam/2015/pdf/1126_2a.pdf

3) 廃炉・汚染水対策関係閣僚等会議：「東京電力(株)福島第一原子力発電所の廃止措置等に向けた中長期ロードマップ」，2015年6月12日，
http://www.meti.go.jp/earthquake/nuclear/decommissioning/committee/osensuitaisakuteam/2015/pdf/0625_4_1c.pdf

4) 廃炉・汚染水対策現地調整会議：「資料2　廃炉・汚染水対策現地調整会議　汚染水対策の進捗管理表」，廃炉・汚染水対策現地調整会議（第28回），2015年12月17日，
http://www.meti.go.jp/earthquake/nuclear/osensuitaisaku/committtee/genchicyousei/2015/pdf/1217_01m.pdf

5) 東京電力株式会社：ホームページ「汚染水の浄化処理」，
http://www.tepco.co.jp/decommision/planaction/alps/index-j.html

6) 汚染水処理対策委員会トリチウム水タスクフォース：「福島第一原子力発電所における汚染水処理とトリチウム水の保管状況」，トリチウム水タスクフォース（第2回），2014年1月15日，
http://www.meti.go.jp/earthquake/nuclear/pdf/140115/140115_01c.pdf

7) 汚染水処理対策委員会トリチウム水タスクフォース：「福島第一原子力発電所におけるトリチウム量及び多核種除去設備処理水化学的水質について」，トリチウム水タスクフォース（第8回），2014年4月24日，
http://www.meti.go.jp/earthquake/nuclear/pdf/140424/140424_02_003.pdf

8) 廃炉・汚染水対策チーム：「資料1　プラントの状況　滞留水の貯蔵状況」，廃炉・汚染水対策チーム会合／事務局会議（第24回），2015年11月26日，
http://www.meti.go.jp/earthquake/nuclear/decommissioning/committee/osensuitaisakuteam/2015/pdf/1126_1b.pdf

9) 東京電力株式会社：ホームページ「福島第一原子力発電所における日々の放射性物質の分析結果」，2015年11月26日，http://www.tepco.co.jp/decommision/planaction/disclosure/2015/11/index-j.html

10) 汚染水処理対策委員会事務局：「各選択肢に係る概念設計の検討」，トリチウム水タスクフォース（第13回），2015年12月4日，http://www.meti.go.jp/earthquake/nuclear/pdf/140424/140424_02_003.pdf

第3章 PCタンクの概要

3.1 PCタンクの特徴

国内外において，**表-3.1.1**で分類される PC タンク（容器構造物）が建設されている．これら構造物の形状は，矩形などの場合もあるが一般に円筒形で，軸対称シェル構造である．

表-3.1.1　容器構造物の分類について

用途	備考
貯水槽	上水，工業，農業，電力，防火
消化槽・処理槽	下水道施設，排水廃液
貯油槽	石油類
ガスタンク	液化石油ガス，液化天然ガス
サイロ	鉱物，セメント，穀物
その他の容器	原子炉格納容器

PC タンクの原理は，樽（**図-3.1.1**）に例えることができる．樽は，いくつかの側板を「たが」で締め付けることで，側板と側板が密着し，液体が漏れない．PC タンクは，側板に相当するコンクリートを，たがに相当する PC 鋼材で締め付けることで，コンクリートに圧縮力（プレストレス）が導入される．そのため PC タンクは，コンクリートにひび割れが生じないことから耐久性が高い．加えて，圧縮力により水圧が相殺されるので，壁厚を薄くでき，建設の際，コンクリート使用量を大幅に減らすことができ，鉄筋コンクリート構造と比較して建設コストが安価になる．さらに，ひび割れが生じないので水深を深くすることができるため，狭い用地で，大容量の配水池を建設することが可能である．

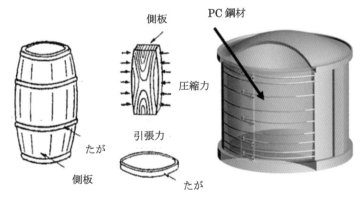

たが　→　PC 鋼材　　　側板　→　コンクリート（円筒形の壁）
図-3.1.1　樽と PC タンクの原理

PC 技術を初めてタンクに利用したのは，アメリカの W.E.Hewett で 1923 年のことである．これは，コンクリートタンクに引張力を与えた鉄筋を巻きつけたもので，わずかなプレストレスが与えられた構造であった．しかし，タンクが空の場合にクリープおよび乾燥収縮が生じ，長期間タンクを空にしておいた後では，再び水を入れた時に漏水が認められるようになった．このことからプレストレッシングには鉄筋では不十分であって高強度鋼線を用いる必要が認められた[1]．その後，改善され，欧米において PC 容器構造物が広く

普及した.

わが国では，1957年に，最初の円筒形PC容器構造物として上水道用PC貯水槽が建設され，現在までに8,000基を超える実績があると推定される．また，ここ十数年での分類別実績調査結果[2]によると，貯水槽がPC容器構造物の実績のほぼ90%を占めており，圧倒的に多い．国内におけるPC容器構造物に関する技術は，数多く施工された貯水槽によって発展してきたものと考えられ，消化槽，ガスタンク，原子炉格納容器などへと適用範囲が拡大していった．

3.2 プレキャストPCタンクの概要

プレキャストPCタンクとは，タンクを構成する側壁部をプレキャスト部材として製作し現地で組み立て，プレストレスを導入してタンクを完成させる工法である．側壁部は，縦長の部材を直立させ，円筒状に組み立て円周方向にPC鋼材を配置しプレストレスを与えて一体化する．

屋根部については，アルミ製とする場合とプレキャストコンクリート部材とする場合がある．プレキャストコンクリート部材を用いる場合，比較的内径の小さいタンクに適するスラブ構造タイプと，内径の大きなタンクに適するドーム構造のタイプがある（図-3.2.1）．

スラブタイプ

ドームタイプ

図-3.2.1 タンクのタイプ

3.2.1 プレキャストPCタンクの特徴

(1) 施工性について

部材は，最も施工に適した形状をとることが可能であり，同一形状の部材により工種が少なく施工性に優れている．また，プレキャスト化により現場での型枠材使用が激減し，森林伐採や廃材排出の抑止効果があり環境への負担が軽減される．

(2) 耐久性について

部材は良質のコンクリートを使用し，厳密な品質管理のもと優れた工場設備により製作される．このため，水密性・耐久性に優れた安定した部材提供が可能となる．さらにPC構造とすることでひび割れのない耐久性に優れた構造物とすることができる．

(3) 工期について

プレキャスト化により，高強度材料を用いた部材製作が可能となり，部材厚が減少できる．構造物の軽量化により基礎材料も含めた全体規模の縮小が図れる．現場作業と部材製作が並行し，現場作業自体が減少することにより，工期が場所打ちPCタンクに比べ3～4割短縮できる．

3.2.2 構造および施工概要
(1) 基本的構造

　プレキャストPCタンクには，図-3.2.2に示すように，屋根部構造の違いによりスラブタイプとドームタイプの2タイプがある．スラブタイプは内径20m程度までに用いられる屋根構造で，中央に支柱部材を建て頂部に受台を取り付けた後スラブ屋根部材を架設するものである．屋根部材同士を接合金具で接合し，目地部に無収縮モルタルを注入することで一体とする．屋根部材を側壁と受台で支持するため，大がかりな支保工が不要となり，施工性，安全性，経済性に優れる．

　ドームタイプは，ドーム部を緯線，経線方向に分割したドーム部材を支保工上に架設し，部材間目地にコンクリートを打設する．ドーム外周部のドームリングに配置するPC鋼材によりドーム裾にプレストレスを与えドームを一体化する．支保工の減少と球形型枠支保工を省略できるため大幅な工期短縮が可能となり，場所打ち施工では困難なドーム厚の確保やコンクリートの品質管理も容易に行える．また，ドームの材料としては，鋼材（SS，SUS，アルミ合金）がある（詳細は**5.5 屋根**参照）．なお，側壁および底版部の構造は双方のタイプとも同様である．

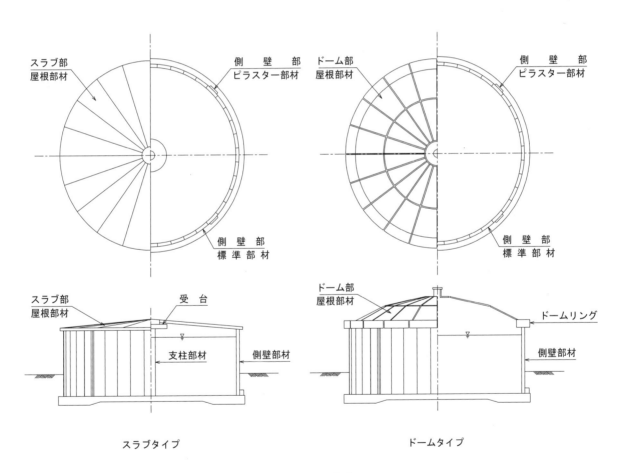

図-3.2.2　基本構造

(2) 施工概要

プレキャスト PC タンクの一般的な施工の手順を**図-3.2.3**に示す．また，施工手順を**写真-3.2.1**に示す．

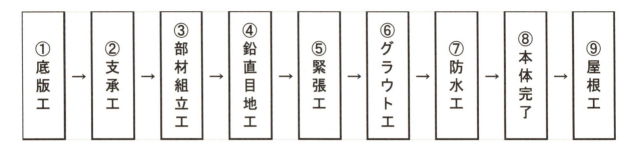

図-3.2.3　施工手順

①底版工

②支承工（側壁部材の下端部の調整）

③部材組立て（搬入）

③側壁部材組立て

④鉛直目地工（側壁部材間）

⑤緊張工（円周方向）

⑥グラウト工

⑦防水工（底版・支承部）

⑧本体完了

⑨屋根部（スラブタイプ）

⑨屋根部（ドームタイプ）

写真-3.2.1　施工状況

3.2.3　施工実績調査
(1) 調査の概要

プレキャスト PC タンクは，1993 年より建造され，上水，農業用水含め 135 基ほどの実績がある（**参考資料** 1）．タンク容量は、60～11,000 m³ となっており，その中でも 1,000m³ 以下が 66 基であり，約半数を占めている（**表-3.2.1**）．プレキャスト部材の製作内訳として，工場製作は 44 基，現場製作 56 基となっている（**表-3.2.2**）．各部材寸法は，側壁厚 17～30cm，側壁高さ 2.8～14.75m，タンク内径 4～72m　となっ

ている．図-3.2.4はタンク容量の数とその割合を示したものである．

表-3.2.1　容量（m³）と数

タンク容量 m³	数
1,000 以下	66
1,000～2,000	22
2,000～3,000	18
3,000～4,000	17
4,000～5,000	5
5,000 以上	7
合計	135

表-3.2.2　プレキャスト製作分類

製作内訳	数
工場製作	44
現場製作	56
不明	35
合計	135

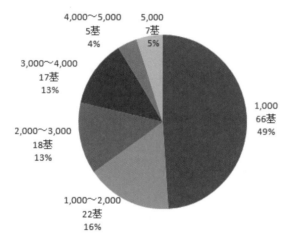

図-3.2.4　タンク容量の数と割合

参考文献

1) 猪股俊司：プレストレストコンクリートの設計および施工，技報堂，1957
2) 堅田茂昌，西尾浩志：PC容器の歴史，プレストレストコンクリート Vol.51, No.1, 2009

第4章 PCタンクの耐震性

4.1 PCタンクの耐震設計

　PCタンクでは，地震が直接的な原因となって機能に重大な影響を及ぼした例は，これまでに確認されていない．PCタンクの耐震設計は，1978年に発生した宮城県沖地震を契機に，「水道施設耐震工法指針・解説　1979年版」（日本水道協会）が改訂され，その耐震計算例にPC円筒形地上水槽の耐震計算例が示された．また，PCタンクの設計施工指針として初めて，「水道用プレストレストコンクリートタンク標準仕様書」が1980年に発刊され，構造細目などが規定され，1998年に地震に関する安全性の検討が改訂[1]された．一般的なPCタンクの設計では，供用時の荷重から決まる断面諸量を与えると，耐震性能は自動的に担保される場合が多い．

　水道施設は，水道施設の技術的基準を定める省令（平成二十年三月六日厚生労働省令第二六号）に規定するレベル1地震動及びレベル2地震動の2段階のレベルの地震動を考慮し，施設別重要度別に保持すべき耐震性能（**表-4.1.1**　**表-4.1.2**）を規定している．

表-4.1.1　施設重要度別の保持すべき耐震性能（レベル1地震動）[2]

重要度の区分	耐震性能1	耐震性能2	耐震性能3
ランクA1の水道施設	○	－	－
ランクA2の水道施設	○	－	－
ランクBの水道施設	－	○	△

△：ランクBの水道施設のうち，構造的な損傷が一部あるが，断面修復等によって機能回復が図れる施設に適用

表-4.1.2　施設重要度別の保持すべき耐震性能（レベル2地震動）[2]

重要度の区分	耐震性能1	耐震性能2	耐震性能3
ランクA1の水道施設	－	○	－
ランクA2の水道施設	－	－	○
ランクBの水道施設	－	－	※

※：ここでは保持すべき耐震性能は規定しないが，厚労省令では，「断水やその他の給水への影響ができるだけ少なくなるとともに，速やかな復旧が出来るよう配慮されていること」と規定している．

　水道用PCタンクの耐震性能と照査基準（照査用応答値と照査用限界値の照合）を**表-4.1.3**に示す．

　耐震性能1の損傷状態は，全く無被害または微細なひび割れが発生するものの，漏水は生じない状態にある．耐震性能2の損傷状態は，地震後に残留するひび割れからの軽微な漏水や滲みが発生するものの，構造物は短期的に修復できる状態にある．この損傷状態は，地震中にひび割れや目地が開きわずかに漏水するが，地震後にはそのひび割れや目地の開きは閉じて，水密性を保持できる状態である．円筒形PCタンクの場合，円周方向軸力によって，側壁を貫通するひび割れが生じても，プレストレスなどの効果によって残留するひび割れ幅は小さくなる．耐震性能3の損傷状態は，地震後に残留するひび割れ幅が大きく，漏水を生じるが二次災害は発生せず，修復可能な状態にある．

　耐震性能1は，発生応力が許容応力（限界値）以内であることを照査基準とする．耐震性能2は，地震後のPCタンクの水密性確保を目標として，応答ひずみが許容ひずみに至らないこと，かつ，発生断面力は断面耐力を超えないこととする．耐震性能3は，終局限界状態としての部分安全係数を定め，側壁円周方向は，

軸引張耐力，側壁鉛直方向の曲げ耐力を算定し，設計断面力を上回ることを照査基準とする．

表-4.1.3　PC構造物の耐震性能と照査基準[2]

耐震性能	耐震性能1		耐震性能2	耐震性能3
限界状態	限界状態1 （降伏耐力以下）		限界状態2 （最大耐荷力以下）	限界状態3 （終局変位以下， せん断耐力以下）
損傷状態	全く無被害	無被害 ひび割れが発 生するが漏水 は生じない．	側壁を貫通ひび割れが発生するが水密性は確保される． （ひび割れからの漏水や滲み）	地震後に残留するひび割れ幅が大きく，貯水機能に影響を与える漏水を生じる．
	補修不要		軽微な補修が必要	修復が必要
側壁の 照査基準	発生応力≦許容応力		地震後に残留するひび割れ幅 応答ひずみ≦許容ひずみ[※1] 発生断面力≦断面耐力	発生断面力≦断面耐力 円周方向PC鋼材≦降伏[※2]
レベル1の 耐震性能	ランクA1，ランクA2		ランクB	―
レベル2の 耐震性能	―		ランクA1	ランクA2

※1：側壁の照査基準の許容ひずみとは，地震力除荷後に水密性が確保される程度に復元するための許容ひずみ．実験または既往の研究成果などを参照して適切に定めるが，これを参照できない場合は一般に鉄筋の降伏ひずみとしてよい．

※2：側壁の照査基準の降伏とは，円筒形の場合，耐震壁や線部材の損傷のように，側壁下端に斜めひび割れが発生して降伏するような損傷状態とはならない．したがって，線部材のような側壁上端の変位制限を設ける必要はない．

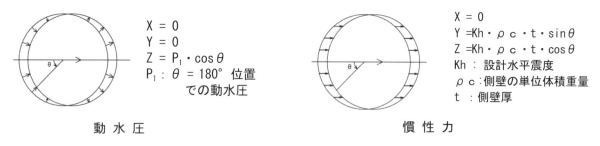

動水圧　　　　　　　　　　　　　　　慣性力

Xは高さ，Yは接線方向，Zは放射方向の力を示す．

図-4.1.1　地震の影響

円筒形PCタンクの場合，側壁に作用する力は動水圧が支配的であり，側壁の応力状態は円周方向に沿って変化しており一様ではない．地震時の影響によって，側壁に作用する荷重（図-4.1.1）は，円周方向に非対称に分布し，平面位置の0°位置および180°位置において最大断面力が発生する．側壁円周方向180°位置において円周方向軸力は圧縮となり，これにより発生する圧縮応力は制限値以内となり問題なく，PCタンクの設計施工指針では，0°位置における円周方向軸引張力に対して検討している．一般的形状のPCタンクに関して，地震時に対して問題にすべき破壊モードは，動水圧による円周方向引張破壊として，PCタンクの非線形挙動に関し，側壁円周方向応答ひずみ，応答平均累積塑性変形倍率，部材の仮想降伏荷重によるエネルギー一定則を用いることで，コンクリートのひび割れ発生や鉄筋の降伏による剛性低下を考慮した円周方向応答ひずみの算定法を規定し，円周方向の鋼材ひずみにより照査している[1]．

PCタンクの耐震性能を解明する目的で，容量10,000m³のPCタンクを対象として，実地震波を用いた非線形動的解析が実施されている[3]．解析に用いた加速度応答スペクトル図（図-4.1.2）と照査結果比較（図

-4.1.3）を示す．解析に用いた地震動は，釧路沖地震釧路海洋気象台観測波[KSR 波形]（1991 年 1 月）と，兵庫県南部地震神戸海洋気象台観測波[JMA 波形]（1995 年 1 月）を設定している．釧路沖地震で観測された地震波は，これまでに観測されてきた強震記録の中でも，特に固有周期の短い構造物の応答を増幅させる加速度波形であり，固有周期 0.1 秒〜0.3 秒程度において，図に示されるとおり加速度応答スペクトルは JMA 波形を上回っている．

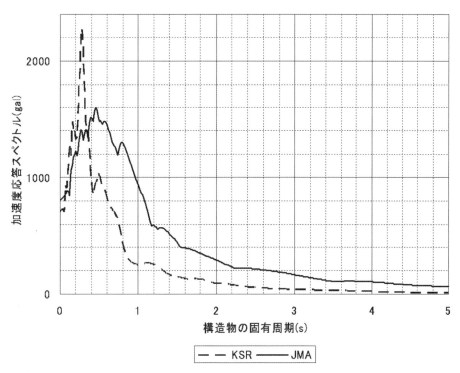

図-4.1.2　加速度応答スペクトル（h＝10%）[4]

側壁半径方向変位が最大となる位置の円周方向鉄筋の最大ひずみと，静的解析による円周方向鉄筋ひずみを比較し，図-4.1.3 に示す．容量 10,000m³ の PC タンクの円周方向鋼材ひずみは，限界値に対し十分な余裕があり，PC タンクの耐震性を示す結果となっている．

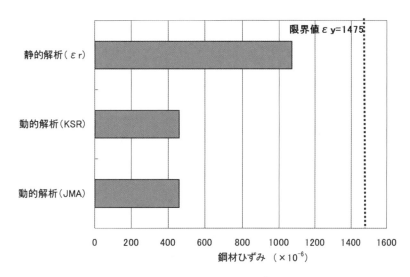

図-4.1.3　照査結果の比較[4]

4.2 東日本大震災の被害調査結果
4.2.1 調査範囲[5]

　東日本大震災によるPCタンクの被害調査結果を示す．調査方法は，目視による外観調査である．調査の範囲は，東北6県で震度5以上を観測（震災直後の発表）した市町村の一部と，調査依頼を受けた東北6県以外の2基の貯水用PCタンクとした．なお，福島第一原子力発電所事故に伴う制限区域と仙台港を除く津波被害の甚大な地域は調査範囲に含まれていない．

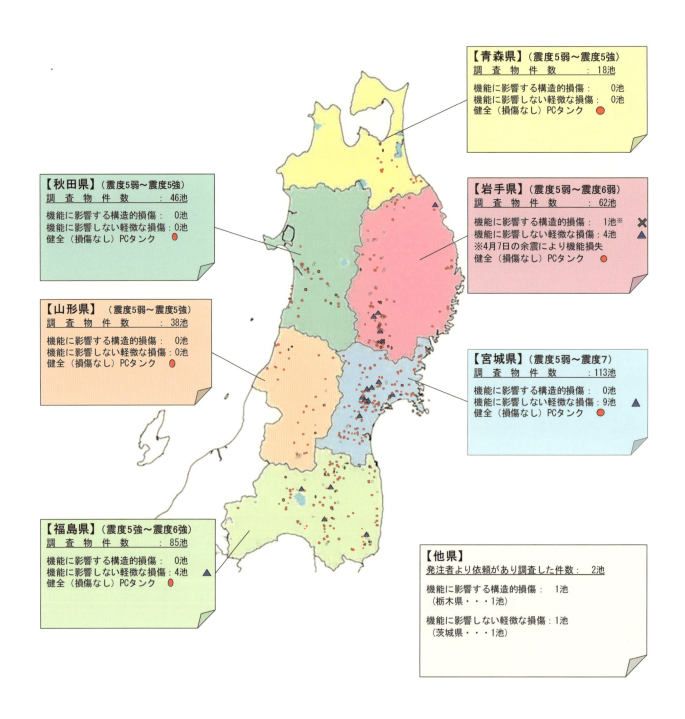

図-4.2.1　東北6県（震度5以上）のPCタンク位置と調査結果[5]

4.2.2 地震動による被害[5]

地震動による被害を受けたと判断されるPCタンク調査結果を**図-4.2.1**および**表-4.2.1**に示す．容器構造物に求められる機能は，水を貯留する貯水機能と外からの物質の侵入を防止する遮蔽機能などがある．この調査においては，貯水機能と遮蔽機能に影響を与えた損傷を機能に影響する構造的損傷，機能が正常なPCタンクの損傷を機能に影響しない軽微な損傷とした．なお，地震と津波の両方の影響を受けた仙台港の3基のタンクは調査結果から除外した．

表-4.2.1 PCタンク調査結果[5]

調査PCタンク数（仙台港の3基は含まない）		364基
機能が正常なPCタンク	健全（損傷なし）	344基
	機能に影響しない軽微な損傷	18基
機能に影響する構造的損傷		2基

PCタンクの機能に影響する構造的損傷が2基で確認されたが，いずれも，水道用プレストレストコンクリートタンク標準仕様書（日本水道協会：昭和55年）制定前に施工されたものであった．また，これらの損傷は，PCタンク本体の損傷でなく，PCタンクを支える地盤変位によるPCタンクの傾斜，もう一方は，PCタンクを支えるRC脚塔のせん断破壊によるものであった．

機能に影響しない軽微な損傷は18基のPCタンクで確認され，そのうちPCタンク本体の損傷が10基で，RC脚塔や付属物の損傷が8基であった．PCタンク本体の損傷については，地震によりPC造の側壁にひび割れが発生したが，その後プレストレスの復元性によりひび割れは閉じており，PCタンクは耐震性に優れていることが確認された．

4.2.3 本委員会での追加調査結果

2011年3月の地震の影響を受けたPCタンク（プレキャストPCタンク4基を含む）の中で，震度5以上の被害にあった物を選び出し2015年1月に被害状況調査を行った．調査対象は，秋田県1基，岩手県13基，山形県1基，宮城県5基，福島県3基となった．

アンケート内容は，用途，現在の稼働状況，3月11日の以前と以後の状態の確認である．調査結果は**表-4.2.2**に示すとおりであり，23基全ての構造物に異常は見られなかった．

4.2.4 調査の総括

東日本大震災後に行われたPCタンクの被害調査結果[5]によれば，調査した364基中2基のPCタンクにおいて機能に影響する構造的損傷が確認されたが，それらの損傷はPCタンク本体ではなく，それ以外の部位に生じたものであった．また，損傷が確認された2基のPCタンクは，水道用プレストレストコンクリートタンク標準仕様書（日本水道協会：昭和55年）制定前に施工されたものであった．

さらに，本委員会が行った追加調査においては，プレキャストPCタンクも場所打ちPCタンクと同様に耐震性に優れていることが確認された．

これらの調査結果より，PCタンクのもつ高い耐震性が確認されたと言える．

表-4.2.2 本委員会での追加調査結果

	件名	基数	用途	構造タイプ	状況	施工時期（平成）	震度
秋田県	稲川地区簡易水道	1	上水	場所打	稼働	6年	5弱
岩手県	畑かん用水路円筒形 A〜Gブロック	7	農水	場所打6基 プレキャスト1基	稼働	9年〜15年	5強
	岩手中部水道企業団タンク	3	上水	場所打	稼働	元年〜18年	5強
	滝沢村上水第3次拡張駒形配水池	1	上水	場所打	稼働	10年	6強
	和野山ファームポンド	1	農水	プレキャスト	稼働	10年	6強
	向野場ファームポンド	1	農水	場所打	稼働	11年	5強
山形県	諏訪山タンク	1	上水	場所打	稼働	9年	5弱
宮城県	住吉台PCタンク	1	上水	場所打	稼働	2年	6弱
	天の山タンク	2	上水	場所打	稼働	10年〜11年	5強
	須江山PCタンク	1	上水	場所打	稼働	10年	6強
	若柳町上水道事業PC配水池	1	上水	場所打	稼働	16年	6強
福島県	郡山東部ニュータウンタンク	1	上水	場所打	稼働	5年	6弱
	四倉配水池タンク	1	上水	プレキャスト	稼働	16年〜18年	6弱
	五十沢配水池タンク	1	上水	プレキャスト	稼働	17年〜18年	6弱

参考文献

1) 社団法人日本水道協会：水道用プレストレストコンクリートタンク設計施工指針・解説 1998年版
2) 社団法人日本水道協会：水道施設耐震工法指針・解説2009年版 Ⅰ総論
3) 西尾浩志，横山博司，秋山充良：プレストレストコンクリート製タンク側壁のレベル2地震動に対する耐震性能照査，土木学会論文集No.275/V-58, pp.85〜100, 2003
4) 社団法人日本水道協会：水道施設耐震工法指針・解説2009年版 設計事例集
5) 社団法人プレストレストコンクリート技術協会，東日本大震災PC構造物災害調査報告書，平成23年12月

第5章 基本構造の検討

5.1 概要

汚染水貯蔵用 PC タンクにおいては，貯蔵物が放射性物質を含む汚染水であることから，これまで建設されている水道用や農業用のプレキャスト PC タンクに比べて，外部に漏れ出すことを防止する高い水密性が要求される．また，対象貯蔵物には塩分が含まれていることから，PC タンクには塩分による鋼材腐食に対する耐久性が求められる．さらに，福島第一原子力発電所（以下，1F）での特殊条件として，PC タンクが放射線環境下で建設されることから，建設作業員の被ばく線量を抑えるために，現地での作業を極力減らす省力化や工期短縮などの施工性が求められる．

PC タンクには，構造的にもさまざまなタイプがあり，ディテールについても複数の形式があるが，上記のような要求性能および現地条件に適した基本構造を採用する必要がある．本委員会では，この点を踏まえ，**図-5.1.1** に示すプレキャスト PC タンクを基本構造とすることとした．特徴は，**表-5.1.1** に示すとおりであり，それぞれの詳細については，次節以降に示す．

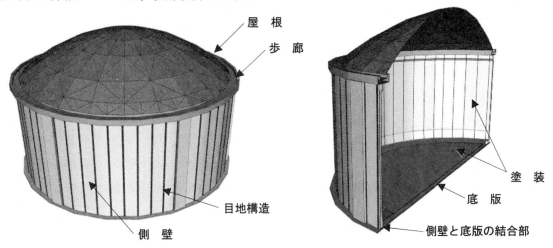

図-5.1.1　プレキャスト PC タンクの構造概要図

表-5.1.1　プレキャスト PC タンクの基本構造

基本構造	採用構造	採用理由
側　壁	・プレキャスト化	・現場作業の軽減および工期短縮
	・鉛直方向にプレテンション方式	
目地構造	・モルタル目地	・現場作業の軽減および工期短縮
	・プラスチックシース	・飛来塩分に対する耐久性の向上
側壁と底版の結合構造	・剛結構造	・水密性の向上
	・2段階緊張	
屋　根	・アルミ製屋根	・現場作業の軽減および工期短縮
表面塗装	・コンクリート表面の塗装	・塩分に対する耐久性の向上
		・止水性の向上
	・打継目の防水処理	・水密性の向上
歩　廊	・プレキャストコンクリート歩廊または鋼製歩廊	・現場作業の軽減および工期短縮

5.2 側壁

プレキャスト PC タンクの側壁は，円周方向に分割したプレキャストパネルとそれを繋ぎ合わせる目地部で構成される．通常の水道用 PC タンクでは，側壁の円周方向に，図-5.2.1 に示す静水圧に相当する力と余裕圧縮応力（0.5〜1.0N/mm²）の和を与えるのが一般的である．地震による影響は，慣性力と動水圧に分類でき，円筒形の側壁への影響は動水圧が支配的であり，動水圧によって側壁の円周方向に軸引張力が発生する．プレキャストパネルの目地部は，無筋構造であることから，余裕圧縮力を与えることで目地部に引張応力を発生させない設計とする．

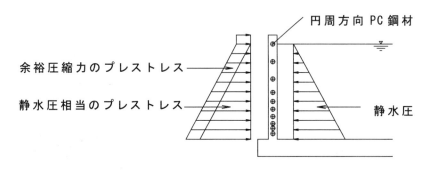

図-5.2.1 円周方向プレストレスと静水圧

PC 鋼材によって与えられる円周方向のプレストレスは，緊張材とシースとの間の摩擦損失などにより，円周方向には一定値とならない．したがって，プレストレス力ができるだけ一様となるように，図-5.2.2 に示すように PC 鋼材を①と②の交互に配置して緊張力の平均化を図る．国内実績における定着柱の数は，直径 20m 以内のタンクでは 4 ヶ所，直径 20m 以上では 6〜8 ヶ所が多く用いられている．

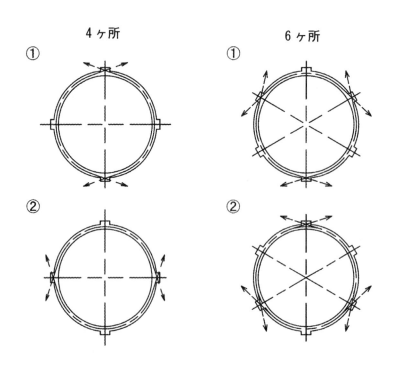

図-5.2.2 円周方向 PC 鋼材の配置図

側壁円周方向にはポストテンション方式のPC鋼材を配置し，側壁鉛直方向にはプレテンション方式によるPC鋼材を配置する．側壁をプレテンション方式による工場製品とすることで，現地での鉛直方向PC鋼材の緊張やグラウト注入作業を省略でき，高強度で緻密なコンクリート製品となり高い品質を確保できる．

5.3 目地構造
5.3.1 目地構造の種類

側壁のプレキャスト部材の目地部の構造には，プレキャストPCタンクの実績として，図-5.3.1に示すコンクリート目地とモルタル目地がある．

コンクリート目地は側壁部材から伸びている鉄筋を目地部で重ね継手として接合し，側壁部材に配置されているシース同士を接続，PC鋼線を挿入した上で，コンクリートを打設した後，プレストレスを導入して側壁部材と一体化させる．一方，モルタル目地は，側壁部材に配置されているシース同士を接続し，PC鋼線を挿入した上で，モルタルを充填した後，プレストレスを導入して側壁部材と一体化させる．

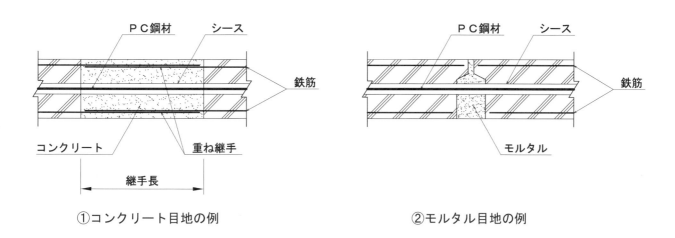

図-5.3.1　側壁部材間の目地構造

5.3.2 構造詳細

本検討の汚染水貯蔵用PCタンクの目地構造としては，汚染水の漏洩を防止するための高い水密性が要求される．それに加えて，現場施工期間の短縮や省力化・省人化も求められる．そのため，本検討の目地構造としては，目地部の鉄筋や型枠の組み立て作業が少なく，さらに，目地部の幅が狭いために，目地部に打設するモルタル量の少ないモルタル目地を採用する．

目地部の構造例を図-5.3.2に示す．目地部の水密性を確保するため，目地部の幅は貯留水と接するタンク内面側の目地幅を小さくする．目地部には鉛直方向にプレストレスが導入されていないため，収縮ひび割れが発生する可能性があるので，目地部のモルタルは，無収縮モルタルを使用する．また，ひび割れの発生が懸念されるときは無収縮モルタルのひび割れ抑制を目的として，目地部の下端部から上端部まで鉛直方向に鉄筋を配置し，円周方向には補強鉄筋を配置する．

建設地点が海岸線近くであることから，打継部からの飛来塩分の侵入対策として，シースには腐食しないプラスチック製シースを使用する．プラスチック製シースは，土木学会規準（JSCE-E704～E710-2010）に適合したものを使用する．

目地部は側壁部材に比べて漏水の可能性が高いため，タンク内側のプレキャスト部材目地部は，弾性シーリング材で止水し，さらに，目地部周辺に塗装を行う．

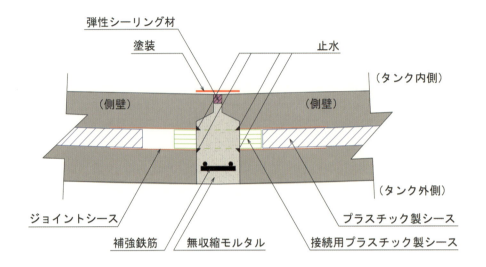

図-5.3.2　目地部の構造例

5.3.3　プラスチック製シースの接合方法

目地部のプラスチック製シースの接合方法の一例を図-5.3.3に示す．目地部の間隔が狭いので，プラスチック製シースの接合作業は煩雑である．そのため，側壁部材建て込み前に，あらかじめ接続用シースを側壁部材内に入れておき，側壁部材建て込み後，接続用シースを引き出し，シース同士を接続することで，目地部のシースを確実に接続できる．なお，シースの接合部から水，塩分等の劣化因子が侵入しないように，シースとジョイントシースの隙間はモルタルや樹脂製の接着剤により確実に止水することが重要である．

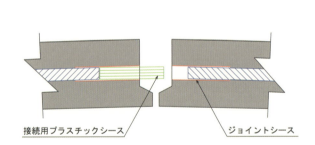

① 側壁部材建て込み時
側壁部材建て込み前に接続用シースを側壁部材のジョイントシース内に入れておく．

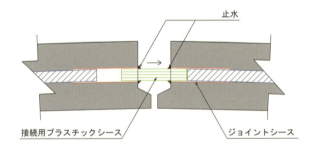

② シース接続時
接続用シースを引き出し，ジョイントシースと接続後，継目をモルタル等で止水する．

図-5.3.3　目地部シースの接合方法の例

5.4 側壁と底版の結合構造

プレキャストタンクの側壁と底版の結合構造は，**図-5.4.1**に示すように，自由，ヒンジ，剛結の3種類の構造がある．また，側壁の円周方向プレストレス導入時は自由構造としておき，その後ヒンジ構造もしくは剛結構造とするような組合せもある．

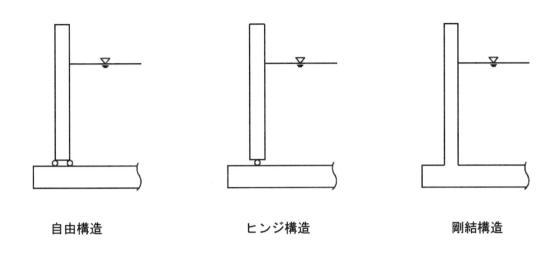

自由構造　　　　　　　ヒンジ構造　　　　　　　剛結構造

図-5.4.1　側壁と底版の結合構造

(1) 自由構造

底版に対して側壁の回転および水平方向変位を許す側壁下端と底版の結合構造で，理想的な自由構造であれば，鉛直方向の曲げモーメントは発生しない．

自由構造では，**図-5.4.2**に示すように，底版上に設置されたゴム沓上に側壁を構築し，ゴム沓のせん断変形を利用して半径方向の変形を許す構造が一般的である．この場合，地震時のせん断力を受け持つための特殊な耐震用アンカー（耐震ケーブル）が用いられる．

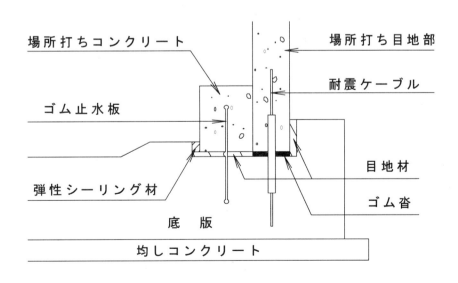

図-5.4.2　自由構造の例

(2) ヒンジ構造

底版に対して，側壁の回転のみを許す側壁下端と底版との結合構造で，図-5.4.3に示すように，底版上に設置したゴム沓上に側壁を構築し，半径および円周方向変位を拘束するアンカーを用いる構造が一般的である．アンカー材としては鉄筋やPC鋼材が用いられる．

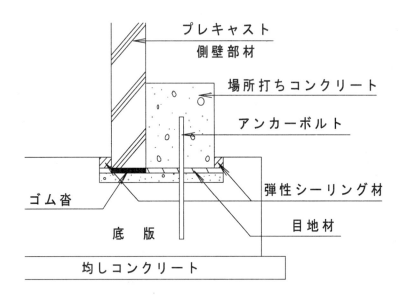

図-5.4.3　ヒンジ構造の例

(3) 剛結構造

図-5.4.4に示すように，底版に対して，側壁の回転および水平方向の変位を許さない側壁下端と底版との結合構造である．

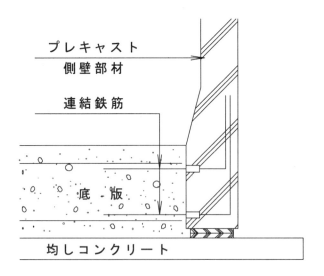

図-5.4.4　剛結構造の例

これらの構造形式には一長一短があり，一般的には自由，ヒンジ，剛結の順に後者ほど水密性は高まるが，シェルとしての応力特性を阻害しないという点においては，前者ほど優れているといえる．我が国では，現場製作するPCタンク場合は剛結構造が多く採用されている．工場で側壁部材を製作し，現場で組み立てる構造のプレキャストPCタンクでは自由構造，ヒンジ構造および剛結構造が採用されている．

本タンクにおいては，要求性能を踏まえ，より高い水密性と耐震性を確保できる剛結構造を採用した．剛結構造では，円周方向プレストレスによって空水時に鉛直方向曲げモーメントが発生し，その引張応力を制御するために鉛直方向にプレストレスを導入するのが一般的である．空水時の鉛直方向曲げモーメントが大きくなる側壁下端にハンチを設け，鉛直方向PC鋼材を直線配置することで側壁下端に偏心モーメントを発生させ，円周方向プレストレスによる曲げモーメントを打消すことができる．また，鉛直方向のプレストレスにより応力制御するため，側壁の部材厚を鉄筋コンクリート構造と比較して薄くできる．なお，プレキャスト部材の運搬および施工時に発生する応力と，供用中に発生する応力を曲げ引張強度以内に制限するのが良い．

側壁と底版の接合部の剛結構造は，プレキャスト部材である側壁を組み立てたあと，側壁にあらかじめ埋め込まれているインサート等に鉄筋を接続し，底版コンクリートを打設して構築する．

ただし，円周方向プレストレスは**図-5.4.5**に示すように，側壁下端を自由構造として円周方向の1次プレストレスを導入することで，側壁の全断面に圧縮力を導入する．その後，底版のコンクリートを打設した後に2次プレストレスを導入する．これにより，側壁と底版の接合面に圧縮応力を与えることができ，さらなる水密性の向上が期待できる．後述の試設計によれば，$0.2\sim0.3\text{N/mm}^2$程度の圧縮応力度を導入することができる．なお，1次プレストレス導入後，構造系が変化するためクリープによる不静定力を考慮する必要がある．

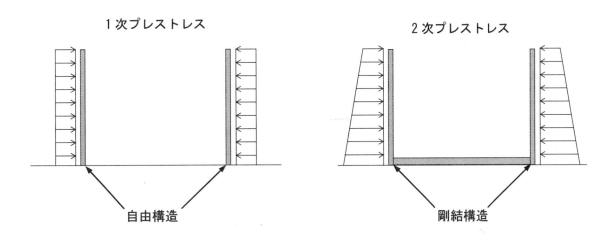

図-5.4.5 円周方向プレストレスの分割導入

5.5 屋根

PCタンクの屋根には，ドーム屋根，スラブ屋根などがあり，構造材料としては，鉄筋コンクリート（場所打ち，プレキャスト）および鋼材（SS，SUS，アルミ合金）がある．

一般に大型のPCタンクにはドーム屋根が用いられる．**表-5.5.1**に鉄筋コンクリートとアルミ合金の比較を示す．

表-5.5.1 ドーム構造材料の比較

構造材料	鉄筋コンクリート	鋼材（アルミ合金）
概要図	（RCドーム概要図）	（アルミ合金製ドーム概要図）
構造	最小厚12cm程度の球面形状鉄筋コンクリート．	単層の三角形パターンのアルミ合金製骨部材を球面上に配列したラチスシェル構造．
施工性	ドーム構築のために支保工が必要．	地上で組立，上架が可能な構造．組立は人力で溶接等は不要．
耐久性	ドーム厚が薄いため防水塗装等の対策が必要．	耐久性が高いため，防食は不要．

　汚染水貯蔵用 PC タンクの屋根としては，できるだけ作業員の被ばく線量を低く抑える工法の選定が重要であり，そのためには，可能な限り現場作業を省略することが望ましい．

　現場での作業工程を少なくする構造としては，鉄筋コンクリートのプレキャストタイプのドーム屋根とアルミ合金製ドーム屋根があるが，プレキャストタイプは支保工設置撤去や目地部の施工およびドームリングプレストレスの導入が必要となる．また，プレキャスト板の組立てには重機が必要となる．一方，アルミ合金製ドームは，地上においてボルトのみで組み立てることができる．

　上架方法は，**写真-5.5.1** に示すようなクレーンでの一括架設や，**写真-5.5.2** に示すようなウィンチを使用した人力上架が可能であり，最も現場作業を省略できる工法である．

写真-5.5.1　タンク外組立　重機上架

写真-5.5.2　タンク内組立　人力ウィンチ上架

　上記の理由により，当該汚染水タンクの屋根の構造としては，アルミ合金製ドーム工法で検討を行う．

　アルミニウムは，一般の大気環境下において優れた耐食性を示す．それはアルミニウムと酸素の親和力が強く，その表面に薄くて保護力の強い酸化皮膜(室温で 10^{-6}mm 程度)が形成されるためであり，この皮膜は破壊されても酸素の存在する雰囲気では直ちに回復する機能を有している．

国内の大気環境下におけるアルミニウム合金の腐食深さ（**図-5.5.1(a)**）と，引張強さの経年変化（**図-5.5.1(b)**）を示す[1]．アルミ合金製ドームの材料は，骨組材が6000系（A6061-T6等），屋根板材が3000系（A3003-H16等）であり，50年間の最大腐食量は3000系で約100μmと屋根板材の厚さ1.2mm程度に比べて十分小さいため，塗装等の防食は不要である．一方，6000系は約150μmであり，引張強さの経年変化は50年の暴露試験でほとんど変化しない．

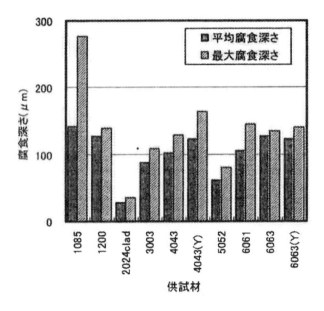 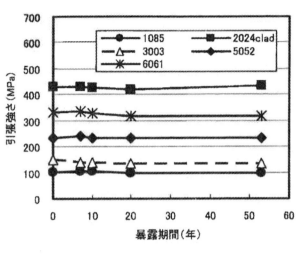

(a) 大気暴露53年後の腐食深さ　　　　　　　　(b) 大気暴露試験後の引張強さの経年変化

図-5.5.1　大気暴露53年後の腐食深さと引張強さの経年変化[1]

5.6　表面塗装

本検討における対象貯蔵物は，ALPSにより処理された低濃度汚染水である．塩分濃度は，当初は海水冷却を行ったことから最大40,000ppmを想定したが，その後の淡水化によって塩分濃度は大幅に低下している．耐久性と水密性を確保するため，タンク内部のかぶりは，水に接する部分として『水道用プレストレストコンクリートタンク設計施工指針・解説 1998年版』（（社）日本水道協会）を参考に，側壁のプレキャスト部材で25mm，底版部上面で60mmを確保するが，鋼材腐食を防止するため，タンク内面（側壁，底版）は塗装を行う．

また，放射性廃棄物の最終処分施設等では，コンクリート中のトリチウムの移流・拡散による移行が議論されている．過去の実験では，コンクリート構造物の高い止水性が報告されており[2,3]，今回のPCタンクのように高い止水性を確保したコンクリート部材中でのトリチウムの移流による移行は防止できるとともに，拡散による移行も放射線防護上問題とならない程度である．しかし，土木学会コンクリート標準示方書[設計編]に準じた透水量の計算（**参考資料5参照**）では，ひび割れがない状態でも一定量の透水が生じる結果となる．したがって，今回の汚染水貯蔵用PCタンク設計においては，止水性能を確実なものとするためにコンクリート表面に塗装を施すこととする．この塗装により，側壁・底版コンクリート中へのトリチウムの拡散による移行も防止できる．

プレキャストPCタンクでは，側壁部材間の目地部や側壁と底版との接合部などに打継目がある．打継目は，側壁部材や底版に比べて漏水の可能性が高い．そのため，より高い水密性を確保するように打継目に防水処理を行う．

5.6.1 側壁部および底版部

本タンクの場合，タンク内面の塗装はアルミドーム屋根で覆われており，紫外線劣化等による耐久性の問題はないと考えられる．一方，タンク外面に塗装する場合は紫外線劣化等に対する耐久性について検討する必要がある．また，タンク外面の塗装は，放射線環境下の屋外での作業が必要となる．以上より，本検討では，**図-5.6.1**に示すようにタンク外面の塗装を省略し，タンク内面の側壁部および底版部に塗装を行う．

底版部の塗装は現場施工となるが，プレキャストの側壁部材は，現場における塗装作業を省略するため，側壁部材のタンク内面側は工場製造時に塗装を行う．塗装の材料は，防水性能とともにひび割れ追従性や耐久性が求められる．塗装材料としては，水道用PCタンク等で使用実績のある以下の材料等が適用できる．

- エポキシ樹脂系
- アクリルウレタン樹脂系，ウレタン樹脂系
- ポリウレア樹脂系

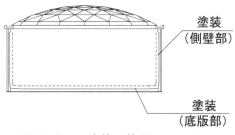

図-5.6.1　塗装の範囲

5.6.2 側壁部材の目地部および底版と側壁の接合部

プレキャストPCタンクでは，漏水を防止するために打継目である**図-5.6.2**に示す側壁部材の目地部や底版と側壁の接合部の水密性が重要である．そこで，目地部や接合部の水密性を向上させるために，**図-5.6.3**に示すような防水処理を，側壁目地部および底版と側壁の接合部に行なう．

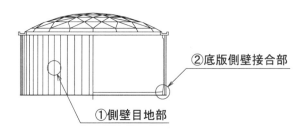

図-5.6.2　打継目の防水処理の施工範囲

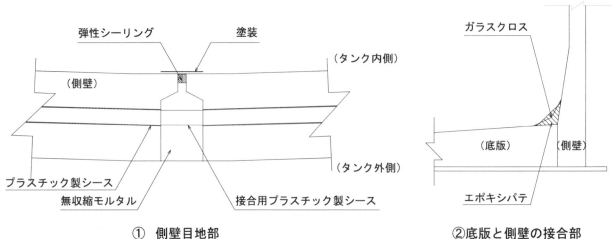

① 側壁目地部　　　　　　　　②底版と側壁の接合部

図-5.6.3　打継目の防水処理の例

5.6.3 タンク内面塗装材料の耐放射線性に対する検討

ALPS処理水は低濃度の放射線量があるため、以下の塗装材料について耐放射線性に対する検討を行う.

1) 塗装材料
   - エポキシ樹脂系
   - アクリルウレタン樹脂系,ウレタン樹脂系
   - ポリウレア樹脂系

2) 放射線吸収線量

タンク内に貯留するALPS処理水は,多核種(トリチウムを除く62種)を除去した汚染水であり,トリチウムが支配的な線源・核種となる.トリチウムによる放射線吸収線量の評価に当たっては,線源として支配的なβ線と制動X線による吸収量の合計から算定する.

今回,ALPS処理水の放射線吸収線量率(単位:Gy/year)[※1]に関する適当な公表データがないため,代わりにALPSによって多核種(トリチウムを除く62種)を除去した後に残る汚染水(HICという容器に収容される液体廃棄物(以下,HIC収容物))の放射線吸収線量率から以下のように推定した.

$$Y = X \times \frac{A}{B}$$

$$= 10 \times 24 \times 365 \times \frac{4.0 \times 10^6}{(2.2 \times 10^{10}) + (2.2 \times 10^{10})}$$

$$= 8.0$$

ここに、 Y:ALPS処理水の放射線吸収線量率(Gy/year)

X:HIC収容物の放射線吸収線量率(Gy/year)[4]

A:ALPS処理水の放射性物質濃度[※2](Bq/L)[5]

B:HIC収容物の放射性物質濃度[※3](Bq/L)[4]

※1: Gy(gray)は,電離放射線の照射により物質1kgにつき1Jの仕事に相当するエネルギーが与えられるときの吸収線量を1グレイと定義.

※2:保守的に事故後(2011年9月)の高い値(4.0×10^6Bq/L)を使用.なお,2015年11月時点では2.4×10^5Bq/L[6]まで低下している.

※3:HIC収容物の主要なβ核種であるSr90とY90の濃度の合計.

3) 塗装材料の耐放射線性

文献[7]~[10]より性能低下する線量は表-5.6.1の通りであり、内面塗装のいずれの材料に対しても上記の放射線吸収線量による劣化が顕著に現れるようになるのは、100年以上であると想定される.そのため、いずれの材料とも、ALPS処理水に対しては十分な耐放射線性を有しているといえる.

表-5.6.1 塗装材料の耐放射線性

塗装材料	性能低下する線量	対放射線性(推定)	備考
エポキシ樹脂系	1MGy 程度 [7]	100年以上	一般的なエポキシでは、1MGy程度の照射量から強度及び接着性等が劣化する[7]が、ガラス繊維やカーボン繊維との複合材料では30MGy程度の放射線照射に耐える[8](ここでは一般的なエポキシを仮定)
アクリルウレタン樹脂系 ウレタン樹脂系	1MGy 程度 [9],[10]	100年以上	1MGy程度の照射量から伸びが50%以下に低下、重量は2MGy程度から減少
ポリウレア樹脂系	1MGy 程度 [9],[10]	100年以上	1MGy程度の照射量から伸びが50%以下に低下、重量は5MGyまで減少しない

5.7 歩廊

PCタンクの屋根の点検用に歩廊が必要となる．**表-5.7.1**に示すように，側壁上にコンクリート製の歩廊を設ける構造と側壁側面に鋼製の歩廊を設置する構造がある．

当該汚染水タンクの歩廊の構造としては，経済性や施工性を勘案して決定する必要がある．

表-5.7.1　歩廊の構造の比較

	コンクリート製歩廊	鋼製歩廊
概要図		
事例写真		
構造概要	側壁上に歩廊を設置した後，歩廊内側にアルミドームを設置する．	側壁の天端にアルミドームを設置する．側壁の側面に鋼製の手摺り，歩廊を設置する．
経済性	アルミドーム径をタンク内径より小さくできるため，経済性は有利．	アルミドームの大きさはタンク径必要となるが，鋼製歩廊の設置は容易．
施工性	歩廊上でアルミドームの端部の施工ができる．	鋼製歩廊のため，コンクリート製よりも設置は容易．
備考	スロッシングに対しては，コンクリート歩廊張出しや重量により鋼製より有利となる．	

参考文献

1) 尾崎良太, 南和彦, 加藤良則, 兒島洋一, 長澤大介, 黒田周, 正路美房：アルミニウム合金板の50年間大気暴露試験結果, 軽金属学会第116回春期大会講演概要, pp.83-84, 2009

2) 小西一寛, 藤原愛, 三浦律彦, 辻幸和：採取コアの透水試験による中空円筒形RC構造物の透水性評価, 土木学会論文集No.788／V-67, pp.13-26, 2005.5.

3) 藤原愛, 小西一寛, 三浦律彦, 辻幸和：長期加圧注水実験による中空円筒形RC構造物の水密性評価, 土木学会論文集No.788／V-67, pp.27-41, 2005.5.

4) 東京電力株式会社：「資料2 HIC上のたまり水発生の原因と対策の検討・実施状況」, 第35回特定原子力施設監視・評価検討会, 2015年5月22日

5) 東京電力株式会社：「福島第一原子力発電所におけるトリチウム量及び多核種除去設備処理水化学的水質について」, トリチウム水タスクフォース（第8回）, 2014年4月24日

6) 東京電力株式会社：ホームページ「福島第一原子力発電所における日々の放射性物質の分析結果」, 2015年11月26日

7) A. Udagawa, S. Kawanishi, S. Egusa, and M. Hagiwara：Radiation induced debonding of matrix-filler interface in organic composite materials, Journal of Materials Science Letters, Vol 3, pp.68-70, 1984

8) 宇田川昂, 瀬口忠男：ビスフェノールA系エポキシを母材とするGFRPとCFRPの耐放射線性, 電気学会絶縁材料研究会資料EIM-90-121, pp.39-45, 1990

9) 東克洋, 増田健康, 堀江一志, 渡辺健, 三枝長生, 沼尾達弥, 鬼頭誠, 舟川勲：高強度・高密度な超速硬化型ポリウレタン, ポリウレアを用いた遮水工における放射線耐性の評価と開発, JAEA課題番号2012-C15

10) 東克洋, 鬼頭誠, 堀江一志：ポリウレタン・ポリウレア材料の耐放射線性能評価, 2013 日本建築学大会, 学術講演梗概集 2013(材料施工), pp.743-744, 2013

第6章　設計検討

6.1　基本条件と要求性能

過去にPCタンクを汚染水貯蔵に用いた事例はなく，設計規準はもちろん設計事例も存在しない．したがって，汚染水貯蔵用タンクの要求性能に適した構造設計法をあらたに検討する必要がある．要求性能については，既存の鋼製タンクを参考に設定することが妥当と考えられることから，これに準じることとした．表-6.1.1に本検討で採用した汚染水貯蔵用タンクの基本条件と要求性能を示す．

6.1.1　基本条件

第2章で詳述したように，福島第一原子力発電所内の汚染水は，多核種除去設備（以下，ALPS）の稼働によって高濃度汚染水から低濃度汚染水へと順次置き換えが進んでいる．したがって，本検討における対象貯留物はALPSによって処理された低濃度汚染水とする．なお，鋼製タンクでは20年の供用年数を想定しているが，汚染水の貯蔵が長期にわたる可能性も視野に入れ，本委員会の検討では50年の供用年数を想定することとする．

6.1.2　要求性能

貯留物は，ALPSによって処理された放射能汚染水であり，低濃度ではあるものの貯蔵タンク外部への漏えいは避けなければならない．したがって，常時および地震時においても水密性を確保することとした．

現在設置されている汚染水貯蔵用の鋼製タンクは，耐震重要度分類のBクラスに相当する施設として『原子力発電所耐震設計技術規程　JEAC4601-2008』（（社）日本電気協会　原子力規格委員会）[1]に従って設計されていることから，PCタンクについてもこれに準じた設計を行うこととする．ただし，鋼製タンクではALPS未処理の高濃度汚染水を貯蔵していたこともあり，Sクラス構造物に適用される基準地震動Ssに対しても耐荷力の照査を行っていた．低濃度汚染水を対象貯留物とする今回のPCタンクに対しては，基準地震動Ssに対する照査は要求されてはいないが，極めてまれにしか発生しないと思われる地震力に対しても，限定された損傷にとどめる必要があるとの見地から，基準地震動Ssに対しても機能維持することを要求性能とした．

また，雨水と汚染水が混ざらないことが要求性能として挙げられているが，これについてはタンク上部に屋根を設置することで対策とする．

表-6.1.1　汚染水貯蔵用タンクの基本条件と要求性能

基本条件	建設地	福島第一原子力発電所（1F）
	対象貯留物	低濃度汚染水（ALPS処理水）
要求性能	水密性	常時およびBクラス地震動[注1]に対して水密性を確保すること
	耐震性	基準地震動Ss[注2]に対して機能維持すること
	雨水対策	汚染水と混ざらないこと

注1）　Bクラスの施設に対して設定されている静的地震力

注2）　施設の供用期間中に極めてまれではあるが発生する可能性があり，施設に大きな影響を与えるおそれがあると想定することが適切な地震動

6.2 設計方針

上記で設定した基本条件と要求性能に対する具体的な構造設計の照査方法を**表-6.2.1**，**表-6.2.2**に示す．

表-6.2.1 要求性能と設計照査（側壁：PC部材）

区分		要求性能	円周方向の設計照査	鉛直方向の設計照査
常時	満水時	水密性を確保	フルプレストレス	ひび割れを発生させない（曲げひび割れ強度以下）
	空水時	満水時と同様	フルプレストレス	ひび割れを発生させない（曲げひび割れ強度以下）
Bクラス地震		水密性を確保	フルプレストレス	ひび割れを発生させない（曲げひび割れ強度以下）
基準地震動Ss		軽微な損傷（地震後の補修なく水密性を確保する．）	鋼材の発生応力が弾性範囲内（PC鋼材の引張降伏強度以下）	鋼材の発生応力が弾性範囲内（PC鋼材の引張降伏強度以下）

表-6.2.2 要求性能と設計照査（底版：RC部材）

区分		要求性能	設計照査（照査項目と制限値）
常時	満水時	水密性を確保	鉄筋の引張応力度を制限値以下とする ・内側　100 N/mm^2 さらに，部材厚の1/10以上の圧縮域を確保 ・外側　180 N/mm^2 ・ひび割れ幅の限界値[注]以下
	空水時	満水時と同様	
Bクラス地震		水密性を確保	鉄筋の引張応力度を制限値以下とする ・内側　100 N/mm^2 さらに，部材厚の1/10以上の圧縮域を確保 ・外側　180 N/mm^2
基準地震動Ss		軽微な損傷（地震後の補修なく水密性を確保する．）	鋼材の発生応力が弾性範囲内（鉄筋の引張降伏強度以下）

注）土木学会コンクリート標準示方書（2012）　設計編　2編2.1.2参照．

6.2.1 常時に対する設計

　常時に対しては，水密性を確保することが要求性能である．各部位ごとに着目すると，側壁の円周方向についてはプレキャスト目地部が存在することから，引張応力度の発生を許さないフルプレストレスとして設計する．また，側壁鉛直方向については，ひび割れを発生させない範囲に制御することとし，縁応力度を曲げひび割れ強度以下とする．一方，底版は鉄筋コンクリート構造であることから，RC部材として照査する．RC部材において水密性を直接照査する規準は少ないが，「水道用プレストレストコンクリートタンク設計施工指針・解説1998年版」[2]では，水密性を必要とする場合の鉄筋の許容応力度として$100N/mm^2$が示されている．一方，諸外国の水密性に対する規定では，表-6.2.3に示すように，貫通ひび割れが生じないようにすることや，一定の圧縮領域を確保するように規定している．また，北村の研究[3]によれば，引張鉄筋の応力度を$100N/mm^2$以下にするとともに，部材厚の1/10以上の圧縮域を確保することで水密性が確保されるとしている．これらを参考として，本試設計においても内側の引張鉄筋応力度を$100N/mm^2$以下とし，部材厚の1/10以上の圧縮域を確保することとした．ただし，作用する断面力が小さくコンクリートにひび割れが生じない場合には圧縮域の検討を省略してよいこととした．なお，汚染水に接しない外側については，通常の場合の許容応力度である$180N/mm^2$を制限値とする．さらに，内側，外側ともに，耐久性の観点から，底版についてはひび割れ幅の照査を行うこととする．

表-6.2.3　液密性に関する諸外国の規定[3]

	基準，指針	液密性を確保するための規定
1	ＤｎＶ（ノルウェー船級協会）「海洋構造物設計・施工・点検基準」	使用限界状態：静水（液）圧を受ける場合，部材の圧縮領域の高さとして0.25h（h：部材高），もしくは以下に示す値のうち，いずれか大きいほうを確保すること． 　静水（液）圧　　　圧縮域高さ 　$\leq 15tf/m^2$　　　10cm 　$\geq 15tf/m^2$　　　20cm
2	ＡＣＩ委員会357報告「海洋コンクリート構造物の設計・施工示方書」（プラットフォーム等を対象）	以下の要求が満たされている時，漏出に対して適切に設計されているとみなされる． 1）鉄筋の応力制限に基づくひび割れの限界 2）圧縮域が，壁厚さの25%以上，または8inch（20cm）以上のいずれか小さい値以上である． 3）漏出を防ぐ特別な障害のようなものを作っていない場合には膜引張応力がない．
3	ＦＩＰ「コンクリート海洋構造物の設計・施工指針（第4版）」	R4.4.3　3.使用限界状態　④水密性の限界状態 液体を貯蔵する構造物では，断面に貫通クラックが生じないようにすること．
4	ＢＳ6235「着底式海洋構造物」	液化ガス等を貯蔵する構造物では，使用時に作用するいかなる荷重状態においても，貫通ひび割れの発生は避けること．ただし，曲げによる引張応力の発生はやむを得ない．

6.2.2 地震時に対する設計

汚染水貯蔵タンクは，『原子力発電所耐震設計技術規程　JEAC4601-2008』((社)日本電気協会　原子力規格委員会) のBクラスに分類される施設である．したがって，同規定に準じて静的地震力を $1.5C_i \times 1.2$ として設計照査を行うこととする．ここに，$C_i=0.2$ は標準せん断力係数であり，1.2 は機器・配管系に対する割増係数である．したがって，静的地震力は $K_h=1.5\times0.2\times1.2=0.36$ となる．この荷重に対する要求性能は，常時と同様に水密性を確保することとしていることから，側壁円周方向についてはフルプレストレス，側壁鉛直方向については縁応力度を曲げひび割れ強度以下とする．また，底版についても同様に，内側については鉄筋の引張応力度を $100N/mm^2$ 以下とするとともに，部材厚の1/10以上の圧縮域を確保することとする．また，外側については $180N/mm^2$ 以下とする．通常の水道用PCタンクでは，地震時の制限値については常時より緩和していることから，この点が一般の水道用PCタンクの設計と大きく異なる．

一方，基準地震動 S_s については，軽微な損傷は許容し，地震後には補修なく水密性を確保できることを要求性能とした．具体的には，引張鋼材であるPC鋼材や鉄筋の引張応力度が弾性範囲内にあること，すなわち引張降伏強度以下となるよう設計することとする．これにより，地震時の一時的なひび割れは発生し得るが，地震後にはひび割れが閉じることになる．したがって，基準地震動 S_s 作用時には，ごく微量の漏水があったとしても，地震後には水密性が維持できるものと考える．

なお，基準地震動 S_s に対しては，地震時応答解析によって断面力を算出することとされているが，本委員会で行った後述の試設計ではSクラスの施設に対する静的地震力 $K_h=3.0\times C_i \times 1.2 = 0.72$ を用いて静的解析によって算出した断面力に対して試設計を行った．

6.3 試設計

6.3.1 概要

プレキャストPCタンクの成立性を検討する目的で試設計を実施した．対象とするタンク容量は，3,000 m^3，6,000 m^3，10,000 m^3 の3ケースとした．

第5章で示した基本構造を念頭に，6.1，6.2に示す要求性能や照査項目，限界値を満足するように構造設計を実施した．荷重状態としては，常時，Bクラス地震時，Sクラス地震時のそれぞれについて検討した．設計条件のうち，主要な条件や上記3ケースに共通の条件等について，以下に示す．各ケースの設計結果の詳細については，**参考資料2**を参照されたい．

(1) 設計条件

a) 構造型式
- プレキャスト円筒形プレストレストコンクリート
- 屋根　　　　　　　　：アルミドーム
- 側壁と底版の結合　：剛結構造（ただし，円周方向1次プレストレス導入時は自由構造）

b) 形状寸法

3,000m^3，6,000m^3，10,000m^3 のそれぞれの形状寸法を**表-6.3.1**に示す．また，**図-6.3.1**に構造の一例を示す．

表-6.3.1 形状寸法

容量		3,000m³	6,000m³	10,000m³
全容量（m³）		3,418	6,259	10,100
有効内径（m）		23.0	29.0	34.0
有効深さ（m）		8.0	9.5	11.0
側壁厚さ（m）		0.200	0.230	0.250
底版厚さ（m）	中央部	0.400	0.500	0.500
	端部	0.500	0.600	0.700

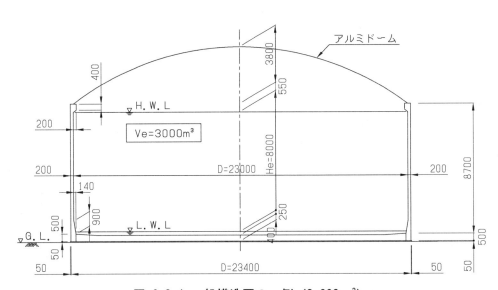

図-6.3.1 一般構造図の一例（3,000m³）

c) 材料条件

・コンクリート

種類	設計基準強度（N/mm²）
プレキャスト・プレストレストコンクリート	50
目地コンクリート	40
鉄筋コンクリート	30

・鉄筋

種類	降伏強度（N/mm²）
SD345	345

・PC鋼材

　円周方向　　　1T21.8 又は 1T28.6
　鉛直方向　　　1T12.7 又は 1T15.2

d) 荷重条件

以下の荷重を考慮する．
- 自重
- 1次プレストレス（円周）
- 2次プレストレス（円周）
- 鉛直プレストレス
- 不静定力
- 上載荷重
- 積雪荷重
- 静水圧
- 地震力（動水圧，躯体慣性力，積雪慣性力）

e) 材料強度

- コンクリートの圧縮応力度の制限値

設計基準強度（N/mm^2）	圧縮応力度の制限値
50	20
40	16
30	12

- 鉄筋の引張応力度の制限値（SD345）

荷重状態	常時	Bクラス地震時	Sクラス地震時
引張応力度制限値（N/mm^2）	100（内側） 180（外側）	100（内側） 180（外側）	345

- PC鋼材

種別	降伏強度（N/mm^2）	引張強度（N/mm^2）
1T28.6	1,516	1,780
1T21.8	1,570	1,810
1T15.2	1,570	1,860
1T12.7	1,570	1,860

f) 単位体積重量

プレストレストコンクリート ：24.5 kN/m^3
鉄筋コンクリート ：24.5 kN/m^3
水 ：10.0 kN/m^3

g) 設計震度

Bクラス地震時 $K_{h1} = 0.36$
Sクラス地震時 $K_{h2} = 0.72$

h) 荷重組合せ

常時，Bクラス地震時，Sクラス地震時の荷重組合せをそれぞれ**表-6.3.2〜表-6.3.4**に示す．

表-6.3.2 荷重組合せ（常時）

常時		空水				満水			
		クリープ有	クリープ無	クリープ有	クリープ無	クリープ有	クリープ無	クリープ有	クリープ無
		積雪有	積雪有	積雪無	積雪無	積雪有	積雪有	積雪無	積雪無
検討CASE		Ne11	Ne01	Ne10	Ne00	Nf11	Nf01	Nf10	Nf00
可動	1次プレストレス	○	○	○	○	○	○	○	○
	不静定力	○		○		○		○	
常時	上載荷重			○	○			○	○
	積雪荷重	○	○			○	○		
	自重	○	○	○	○	○	○	○	○
	2次プレストレス	○	○	○	○	○	○	○	○
	鉛直プレストレス	○	○	○	○	○	○	○	○
	静水圧					○	○	○	○

表-6.3.3 荷重組合せ（Bクラス地震時）

Bクラス地震時		空水				満水			
		クリープ有	クリープ無	クリープ有	クリープ無	クリープ有	クリープ無	クリープ有	クリープ無
		積雪有	積雪有	積雪無	積雪無	積雪有	積雪有	積雪無	積雪無
検討CASE		Be11	Be01	Be10	Be00	Bf11	Bf01	Bf10	Bf00
可動	1次プレストレス	○	○	○	○	○	○	○	○
	不静定力	○		○		○		○	
常時	上載荷重			○	○			○	○
	積雪荷重	○	○			○	○		
	自重	○	○	○	○	○	○	○	○
	2次プレストレス	○	○	○	○	○	○	○	○
	鉛直プレストレス	○	○	○	○	○	○	○	○
	静水圧					○	○	○	○
地震時	B動水圧					○	○	○	○
	B積雪慣性力	○	○			○	○		
	B躯体慣性力	○	○	○	○	○	○	○	○

第 6 章 設計検討

表-6.3.4 荷重組合せ（S クラス地震時）

S クラス地震時		空水				満水			
		クリープ有	クリープ無	クリープ有	クリープ無	クリープ有	クリープ無	クリープ有	クリープ無
		積雪有	積雪有	積雪無	積雪無	積雪有	積雪有	積雪無	積雪無
検討 CASE		Se11	Se01	Se10	Se00	Sf11	Sf01	Sf10	Sf00
可動	1次プレストレス	○	○	○	○	○	○	○	○
	不静定力	○		○		○		○	
常時	上載荷重			○	○			○	○
	積雪荷重	○	○			○	○		
	自重	○	○	○	○	○	○	○	○
	2次プレストレス	○	○	○	○	○	○	○	○
	鉛直プレストレス	○	○	○	○	○	○	○	○
	静水圧					○	○	○	○
地震時	S 動水圧					○	○	○	○
	S 積雪慣性力	○	○			○	○		
	S 躯体慣性力	○	○	○	○	○	○	○	○

b) 安全係数

　安全係数については，本試設計ではコンクリート標準示方書に示される標準的な値を用いることとし，**参考資料** 2 にその値を示した．

(2) 設計方法

a) 解析モデル

側壁および底版を軸対称シェルモデル,または三次元シェルモデルによりモデル化し,各荷重組合せケースに応じた断面力を算定し,発生する応力度を照査する.底版下の鉛直方向バネ定数については,固い地盤として常時において $K_v=6.0\times10^6 kN/m^3$ を設定した.

解析モデルの一例を**図-6.3.2**に示す.

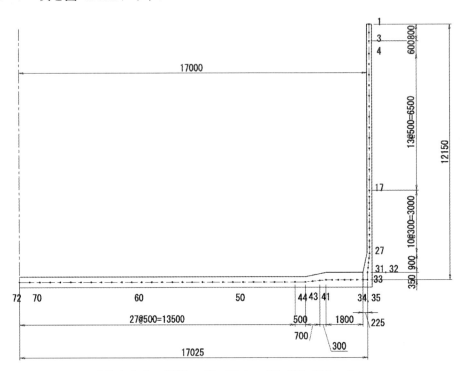

図-6.3.2 解析モデル図の一例(10,000 m³)

b) 断面力算定手順

各荷重組合せケースに相当する断面力は,個々の荷重に対して,それぞれの断面力を算定したのち,それらを荷重組合せケースに応じて足しあわせることにより算定した.1次プレストレス,2次プレストレス,不静定力は以下の方法にて算定した.

1次プレストレスは底版構築前に導入されるため,側壁のみをモデル化し,側壁下端は滑動を許容する自由支承として荷重を作用させた.

2次プレストレスは底版構築後に導入されるため,側壁と底版を一体とした完成系のモデルに荷重を作用させた.

不静定力は,1次プレストレス導入後に,底版構築による構造系の変化と1次プレストレスによるクリープ変形により発生するものである.これは以下の様にして算定した.

$$\Delta F_\phi = (X_0 - X_1)(1 - e^{-\phi})$$

ここで, ΔF_ϕ :不静定力

X_0 :完成構造系に1次プレストレス力を作用させた時の断面力

X_1 :底版構築前に1次プレストレス力を作用させた時の断面力

ϕ :完成構造系となった時点(底版構築直後)における各部材のクリープ係数の平均値

c) 照査方法

照査は，常時，Bクラス地震時，Sクラス地震時のそれぞれに対して，構造性能の照査と安定の照査を行った．構造性能の照査では，以下の**表-6.3.5**に示す方法で照査を行った．

表-6.3.5　構造性能の照査項目

荷重状態	項目		算定方法
常時	曲げ・軸力に対する照査	側壁	全断面有効とした縁応力度算定式
		底版	RC計算
	面外せん断		斜め引張応力度算定式
	ひび割れ幅		曲げひび割れ幅算定式
Bクラス地震時	曲げ・軸力に対する照査	側壁	全断面有効とした縁応力度算定式
		底版	RC計算
	面外せん断		斜め引張応力度算定式
Sクラス地震時	曲げ・軸力に対する照査	側壁	PC鋼材が発生する軸引張力を全て負担するとした場合のPC鋼材の応力度算定式
		底版	RC計算

ここで，地震時に面内せん断力に対する照査を省略しているが，これは側壁の鉛直方向と円周方向にプレストレスが導入されており，側壁面内の斜め引張応力度がコンクリートの引張強度を超えることが無いためである．また，Sクラス地震時の面外せん断照査を省略しているが，**4.1 PCタンクの耐震設計**に示した様に，側壁の円周方向が照査対象となり，面外せん断力は問題とならないためである．

安定の照査では，常時に対しては支持力，Bクラス地震時に対しては滑動，転倒，支持力について照査を行なうこととした．安定の検討方法については，**参考資料2**を参照されたい．

6.3.2 総括

3ケースの試設計の総括を，**表-6.3.6**に示す．

表-6.3.6 試設計総括

容量(m³)			3,000	6,000	10,000
全容量(m³)			3,418	6,259	10,100
内径(m)			23.0	29.0	34.0
液深(m)			8.25	9.50	11.20
側壁厚(m)			0.200	0.230	0.250
底版厚(m)			0.400 (0.500)	0.500 (0.600)	0.500 (0.700)
コンクリート強度 (N/mm²)	側壁(プレキャスト)		50		
	側壁(目地部)		40		
	底版		30		
プレキャストパネル枚数(枚/全周)			60	72	84
PC鋼材仕様	円周方向		1T21.8 (35段)	1T28.6 (36段)	1T28.6 (53段)
	鉛直方向		1T12.7 (8本/枚)	1T15.2 (8本/枚)	1T15.2 (8本/枚)
設計震度	Bクラス地震時		0.36	0.36	0.36
	Sクラス地震時		0.72	0.72	0.72
構造性能照査	側壁	常時	・円周方向：フルプレストレス ・鉛直方向：ひび割れを発生させない ・面外せん断：斜め引張応力度の制限値以内		
		Bクラス地震時	・円周方向：フルプレストレス ・鉛直方向：ひび割れを発生させない ・面外せん断：斜め引張応力度の制限値以内		
		Sクラス地震時	・鋼材の発生応力度が弾性範囲内		
	底版	常時	・内側鉄筋引張応力度：100N/mm²以下かつ部材厚の1/10以上の圧縮域を確保 ・外側鉄筋引張応力度：180N/mm²以下 ・ひび割れが許容ひび割れ幅以下		
		Bクラス地震時	・内側鉄筋引張応力度：100N/mm²以下かつ部材厚の1/10以上の圧縮域を確保 ・外側鉄筋引張応力度：180N/mm²以下		
		Sクラス地震時	鋼材の発生応力度が弾性範囲内		
安定照査	常時		支持力		
	Bクラス地震時		滑動，転倒，支持力		

底版配筋仕様	半径方向	端部	内側	D19@200	D22@200	D22@200
			外側	D19@200	D25@200	D25@200
		中間部	内側	D16@200	D16@200	D16@200
			外側	D16@200	D16@200	D16@200
	円周方向	端部	内側	D16@200	D16@200	D16@200
			外側	D16@200	D16@200	D16@200
		中間部	内側	D16@200	D16@200	D16@200
			外側	D16@200	D16@200	D16@200
底版最大ひび割れ幅 (mm)				0.29 < 0.30	0.18 < 0.25	0.19 < 0.24
残留相当プレストレス（コンクリート圧縮応力度）	1次プレストレス(N/mm^2)			1.0	1.2	1.4
	2次プレストレス(N/mm^2)			0.6	0.7	1.0
主要数量	底版コンクリート(m^3)			167.2	329.5	506.1
	側壁PCaコンクリート(m^3)			138.2	242.5	373.2
	目地コンクリート(m^3)			12.4	23.4	33.4
	円周方向PC量(ton)			6.6	14.6	25.2
	鉛直方向PC量(ton)			3.4	8.4	11.9
	塗装	底版 (m^2)		405.6	646.3	892.0
		側壁内面 (m^2)		634.3	917.9	1262.1

　これらの試設計の結果，10,000m^{3}クラスまでの成立性を確認することができた．通常の水タンクでは，水圧相当分に加え，1.0 N/mm^{2}程度の残留相当プレストレスを考慮するが，今回は容量に応じて，1.6～2.4 N/mm^{2}が必要となった．このため，今回提案した構造設計によれば，通常の水タンクに比べて円周方向PC鋼材量が20~30%増加することとなった．なお，これに伴い，側壁鉛直方向の曲げモーメントが増加し，空水時に厳しい応力状態となるが，プレテンション方式による鉛直方向プレストレスの導入量を調整することにより，コンクリートの引張応力度を曲げひび割れ強度以下に抑えることができることを確認した．また，常時およびBクラス地震に対して設計を行なうことで，部材厚，PC鋼材を更に増すことなくSクラスに対しても要求性能を満足する結果となった．

参考文献

1) 原子力発電所耐震設計技術規程　JEAC4601-2008，(社)日本電気協会，原子力規格委員会
2) 水道用プレストレストコンクリートタンク設計施工指針・解説 1998年版，(社)日本水道協会
3) 北村八朗，PCLNG貯槽の開発，東京大学学位論文，平成11年3月

第7章 施工性の検討

施工性の検討に当たっては,設計検討で示された3種類の容量に関する図面・数量に基づき,これらに共通した施工計画を示すとともに,各容量に応じた工程を検討する.ただし,東電福島第一原子力発電所(以下,1F)の作業制約時間,作業効率等の特殊事情を含まない通常の施工条件での施工を前提とした工程検討を行った上で,7.5で特殊事情に関する留意事項を述べる.また,工費に関しては既往のPCタンクの実績調査を行い,グラフ化して**参考資料6**に示す.

7.1 汚染水貯蔵タンク(プレキャストPCタンク)の施工条件
7.1.1 基本構造
第5章で試算した3ケースの基本構造および数量は,以下の通りである(**表-7.1.1**および**図-7.1.1**).

表-7.1.1 タンク容量別の工事数量一覧表

容量	単位	3,000m³	6,000m³	10,000m³
全容量		3,418m³	6,259m³	10,100m³
底版工		f_{ck}=30N/mm²	f_{ck}=30N/mm²	f_{ck}=30N/mm²
鉄筋工	kg	15,049.9	31,305.7	50,610.7
コンクリート工	m³	167.2	329.5	506.1
側壁(プレキャスト)		f_{ck}=50N/mm² B=1.2m L=8.700m t=0.2m 5.8t×60枚	f_{ck}=50N/mm² B=1.2m L=10.550m t=0.25m 8.4t×72枚	f_{ck}=50N/mm² B=1.2m L=12.500m t=0.25m 11.1t×84枚
鉄筋工	kg	12,434.0	23,036.4	29,855.0
コンクリート工	m³	138.2	242.5	373.2
目地工(無収縮モルタル)				
型枠工	m²	69.9	122.3	525.0
鉄筋工	kg	1,118.4	2,218.4	2,772.0
目地モルタル工	m³	12.4	23.4	42.0
PC工事				
横締めPC工		1T21.8	1T28.6	1T28.6
PC鋼線重量	t	6.6	14.6	25.2
横締PCケーブル緊張工	ヶ所	210	216	318
縦締めPC工		1T12.7	1T15.2	1T15.2
PC鋼線重量	t	3.4	8.4	11.9
縦締め緊張工	ヶ所	480	720	1,720
歩廊工事	t	15.6	19.6	22.8
アルミドーム工事	m²	415.0	661.0	908.0
塗装工事				
底版	m²	405.6	646.3	892.0
側壁内面	m²	634.3	917.9	1,262.1

側　壁：鉛直方向にプレテンション PC 鋼材を配置したプレキャスト部材を使用する．円周方向はポストテンション PC 構造とし，底版と側壁は水密性の観点から剛結構造とする．

支　承：円周方向の導入力により鉛直方向の曲げを大きく生じさせないため，1 次緊張時はすべり支承とし，剛結後 2 次緊張を行う．

底　版：場所打ちコンクリートとし，基礎は直接基礎とする．

歩　廊：プレキャストコンクリート製と鋼製が考えられるが，ここでは工程的に有利な鋼製歩廊とする．

屋　根：アルミ合金製ドーム屋根とする．

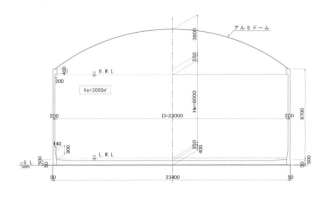

(a) 3,000m³ プレキャスト PC タンク

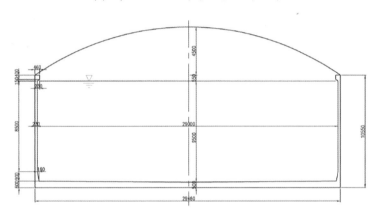

(b) 6,000m³ プレキャスト PC タンク

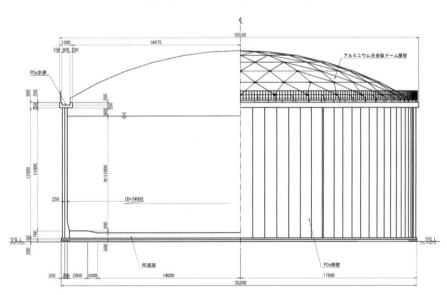

(c) 10,000m³ プレキャスト PC タンク

図-7.1.1　構造一般図

7.1.2 用地条件

用地条件としては，新設 PC タンク近傍に施工用地が十分に確保でき，クレーンその他重機が隣接できることとする．プレキャスト部材の運搬に必要な道路は確保可能とし，プレキャスト部材のストックヤードも確保できるものとする（図-7.1.2）．PC タンクは，鋼製タンク跡地に設置する場合は均しコンクリート施工済とする．新設する場合は事前に基面整正，均しコンクリート打設を行う．

出展：Google

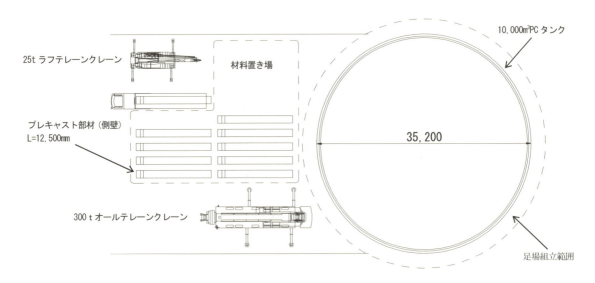

図-7.1.2　施工ヤード図（案）

7.1.3　その他

重機，仮設材，プレキャスト部材等は通常通り調達可能とする．

7.2 施工手順

一般的な施工の手順について，施工フロー（図-7.2.1）と施工手順図（図-7.2.2）を以下に示す．プレキャスト部材の側壁と鋼製歩廊については，場外の工場で製作し，現地に搬入する．また，側壁の建て込みでは，ヤードの制限の有無により，クレーンが施工箇所に近接可能か検討の上，クレーンの性能を選定することが重要となる．緊張工は，1次緊張と，2次緊張の2段階に分けて行う．歩廊工では，工程的に有利な鋼製歩廊を採用し，アルミドームはウィンチによる吊上げ架設とする．

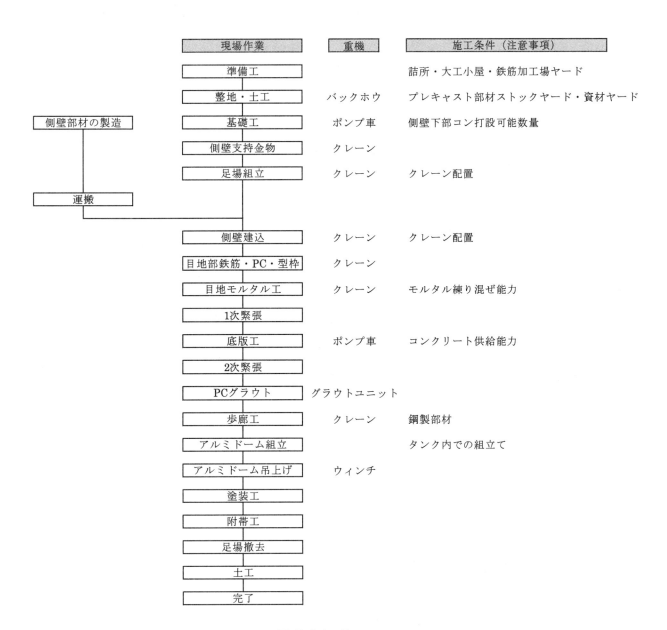

図-7.2.1 施工フロー

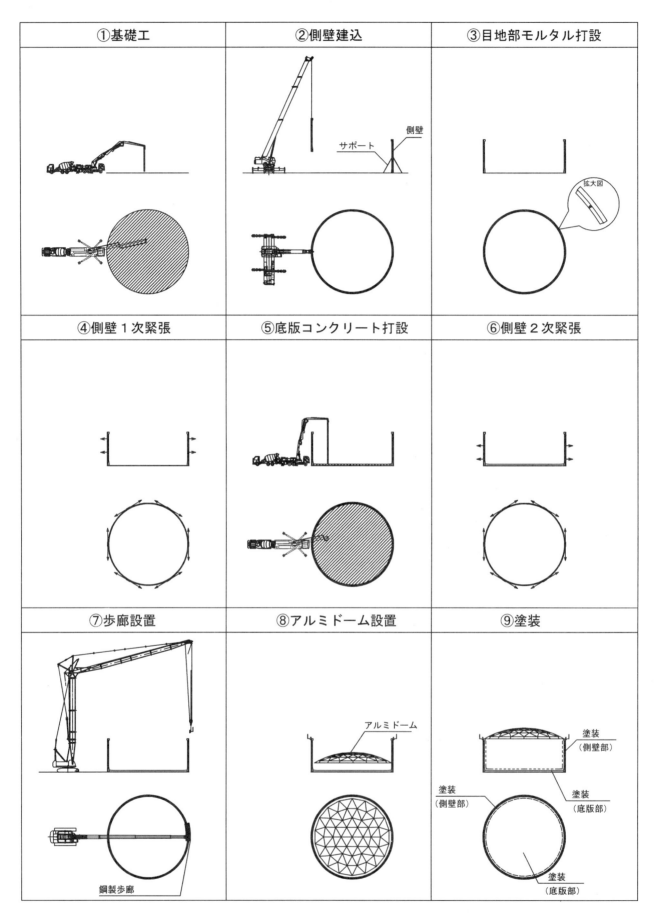

図-7.2.2 施工手順図

7.3 直接工事計画

本項では，一般的にプレキャストPCタンクで使用されている直接工事計画を示す．また，揚重機の選定に当っては，試設計による部材重量，作業半径等から決定して一例を示しているが，実施工に際しては，個々の施工条件や工程に合致した機械を選定することとする．

7.3.1 主要使用機械

主要な使用機械を**表-7.3.1**，**表-7.3.2**に示す．クレーンの選定には，側壁重量を考慮した．底版コンクリートの打設は側壁越しになるため，ブーム長さと圧送能力を考慮してコンクリートポンプ車を選定した．

表-7.3.1 クレーン性能表

	3,000m^3	6,000m^3	10,000m^3
仕　　　様	120t 吊	200t 吊	300t 吊
作 業 半 径	30.0m	36.0m	40.0m
ブーム長さ	33.9m	40.9m	50.0m
総定格荷重	7.6t	12.3t	12.2t
吊 荷 荷 重	5.8t	8.4t	11.1t
フック重量	1.3t	1.36t	1.0t
安 全 率	1.07	1.26	1.01

表-7.3.2 主要使用機械

	3,000m^3	6,000m^3	10,000m^3
クレーン	120t×1台 25t×1台	200t×1台 25t×1台	300t×1台 25t×1台
コンクリート ポンプ車	33m（4段ブーム）	52m（5段ブーム）	52m（5段ブーム）
緊張ジャッキ・ ポンプ	横締め　1S21.8 （縦締め　1S12.7）	横締め　1S28.6 （縦締め　1S15.2）	横締め　1S28.6 （縦締め　1S15.2）
グラウトポンプ	最大吐出圧力　2.5MPa スクイーズ式	最大吐出圧力　2.5MPa スクイーズ式	最大吐出圧力　2.5MPa スクイーズ式

7.3.2 施工計画

(1) 整地・土工

側壁にはプレキャスト部材を採用する（**図-7.3.1**）．一般に，プレキャスト部材の製作より側壁建込の施工サイクルの方が速いため，プレキャスト部材を十分にストックしておく必要がある．プレキャスト部材の製作と側壁建込（**表-7.3.3**）を考慮し，ストック数を勘案の上，十分な広さのストックヤード，資材ヤードを整成する．

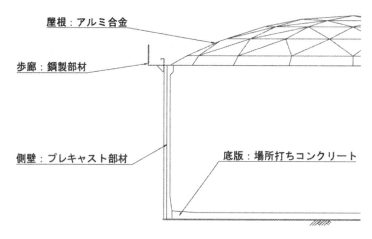

図-7.3.1　プレキャスト部材

表-7.3.3　プレキャスト側壁部材の一般的な建込歩掛り

	3,000m³	6,000m³	10,000m³
1枚当りの側壁重量	5.8t	8.4t	11.1t
1日当りの標準建込枚数	10枚	10枚	6枚

(2) 基礎工

　鋼製タンク設置時に設置した均しコンクリートを利用して，高さ調整のため側壁下部コンクリートを打設する．打設は，コンクリートポンプ車とする．施工フローおよび使用重機は**図-7.3.2**のとおりである．

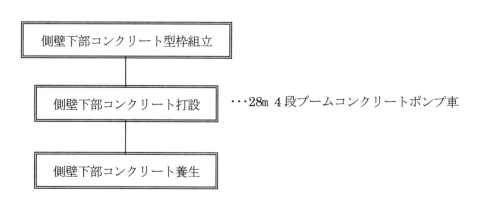

図-7.3.2　基礎工施工フロー

(3) 支承工

　側壁下部コンクリート天端に，側壁用支承を全周設置する．本施工では1次緊張の際，側壁の変位を拘束しないようすべり支承を使用する．1次緊張後，底版と側壁を剛結構造とするため，底版鉄筋と側壁鉄筋を機械式継手で繋ぐ．**図-7.3.3**に施工フローを示す．

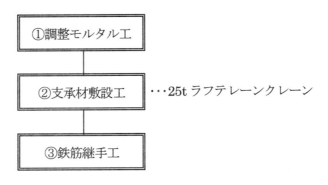

図-7.3.3 支承工施工フロー

①調整モルタル工
　支承を所定の高さに設置するため，調整モルタルにて高さ調整を行う．

②支承材敷設工
　1次緊張の際，緊張に伴う側壁の移動を拘束しないようすべり支承を設置する．支承は側壁1枚当たりに2箇所敷設する（**図-7.3.4**）．

③鉄筋継手工
　側壁の1次緊張完了後，側壁と底版を連結するための鉄筋継手を行う（**図-7.3.5**）．

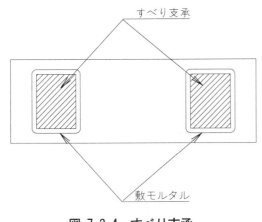
図-7.3.4　すべり支承

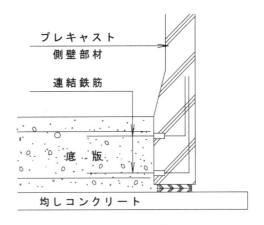
図-7.3.5　鉄筋継手

(4) 側壁建込
　側壁は薄い部材であり，仮置き・建て起し時の応力状態を照査した上で，仮置き時の台木の位置や建て起し時の吊り位置を決定することが重要である．使用するクレーンは側壁重量と作業半径から選定する．**図-7.3.6**に施工フローを示す．

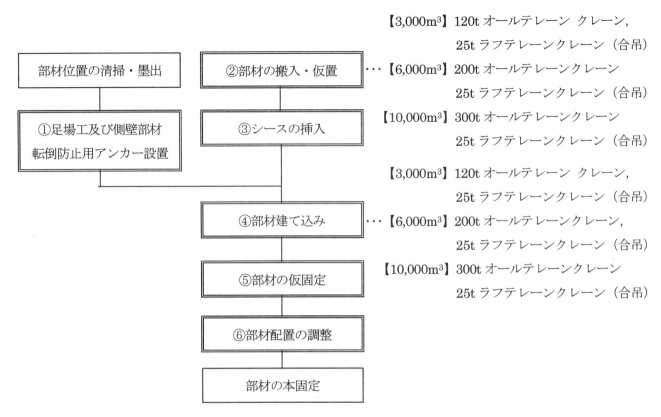

図-7.3.6　側壁建込施工フロー

①足場工及び側壁部材転倒防止用アンカー設置

　側壁の施工に先立ち，側壁外側に足場を組み立てる．足場は一例として図-7.3.7に示す方法等で転倒防止措置を行う．その後，側壁を建て込む際，側壁部材の転倒防止措置は図-7.3.8に示すように，ワイヤーと足場からの頭つなぎによる固定方法，支保工からの頭つなぎによる固定方法，ワイヤーとサポートによる固定方法等がある．同様のPCタンクを多数設置する場合は，図-7.3.9に示すような支保工を使用して側壁を固定するなど工程短縮を図る方法も考えられる．

第 7 章 施工性の検討

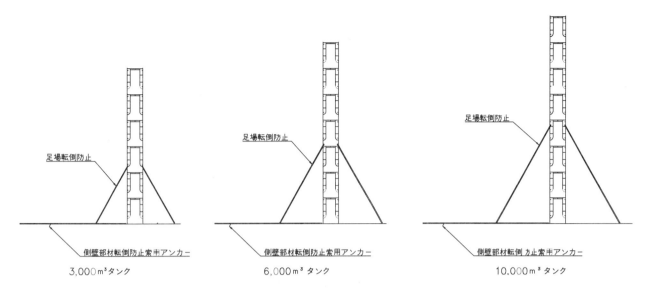

図-7.3.7　足場工及び側壁部材転倒防止アンカー（案）

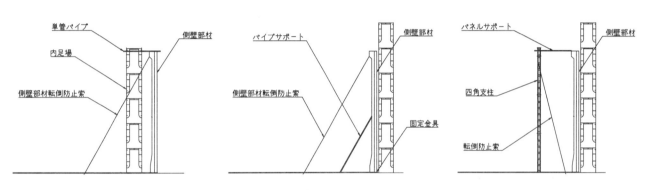

図-7.3.8　側壁の仮固定方法（案）

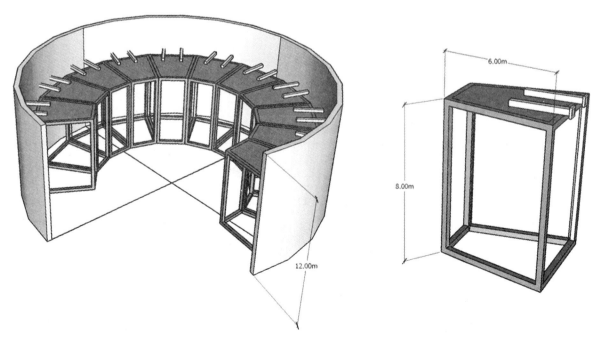

図-7.3.9　ユニット化された支保工による側壁の固定方法

②側壁部材の運搬・仮置

側壁部材の仮置きは，仮置き時の変形を抑止するため，3点支持とする．なお，プレキャスト部材を均一に支持できるよう，先に両端の2点でプレキャスト部材を支持した後，中間の支持部材を高さ調整し，設置することとする（図-7.3.10）．

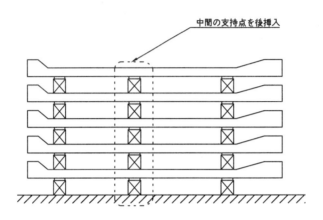

図-7.3.10　部材の仮置き

③シースの挿入

横締め鋼材は3,000m³では1S21.8，6,000m³では1S28.6，10,000m³では1S28.6であり，5.3.3で述べたように，側壁内のジョイントシース（3,000m³ではシース内径45.5mm，6,000m³では51mm，10,000m³では51mm）内に接続用PEシース（3,000m³ではシース内径38mm，6,000m³では45mm，10,000m³では45mm）を入れておき，側壁部材の建て込後ジョイントシースを送り出して接続する（図-7.3.11）．

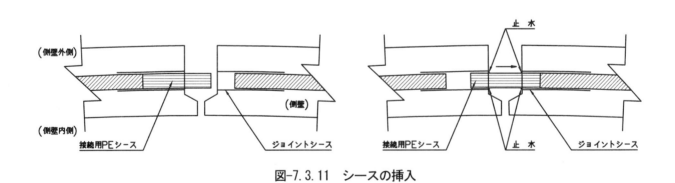

図-7.3.11　シースの挿入

④側壁部材建込

側壁内側に設置した足場の転倒防止を撤去し，オールテレーンクレーンにより側壁を建て込む．部材の建て起し時には，部材中央に発生する曲げモーメントを低減するためラフテレーンクレーンにより合吊りを行う．

⑤部材の仮固定

建て込みした部材は隣接する部材と専用の金具により固定し，ワイヤーとパイプサポートを用いて転倒防止措置を図り仮固定する（**図-7.3.12**）．

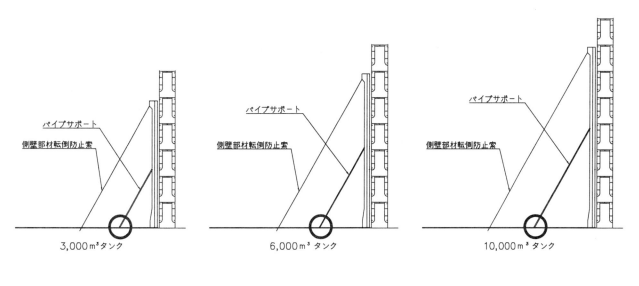

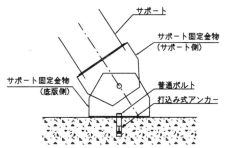

図-7.3.12 側壁の固定方法

⑥部材設置の調整

仮固定した部材の垂直度を確認し，調整する．

(5) 目地工

プレキャスト側壁目地部は，水密性確保の観点から非常に重要な部位であり，無収縮モルタルとプレキャスト側壁の一体性確保や，無収縮モルタルの確実な充填，ひび割れの防止が重要である．**図-7.3.13**に施工フローを示す．

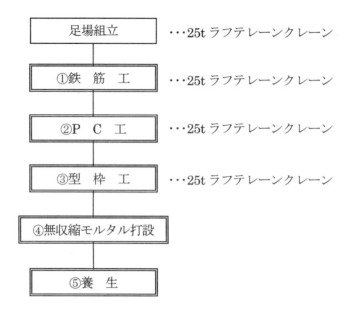

図-7.3.13　目地工施工フロー

① 鉄筋工

　目地部表面には，上端から下端まで鉛直方向に鉄筋を配置し，円周方向には補強筋を所定のかぶりを満足するように配置する（**図-7.3.14**）．

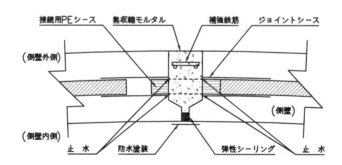

図-7.3.14　目地構造

② PC工

　側壁内のジョイントシースに挿入した接続用シースを引出し，隣り合う側壁内のジョイントシースに差し込む．接合箇所は止水テープにより確実に止水処理を行う(**図-7.3.15**)．シース接続後，プッシングマシーンを用いてPC鋼線を挿入する．

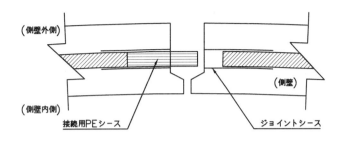

図-7.3.15 目地部シース接合方法

③型枠工

目地部の型枠の固定方法の一例を**図-7.3.16**に示す．無収縮モルタルは一度に側壁高さまで打ち上げるため，注入圧力や側圧を十分考慮したセパレータピッチとする．目地内には後で防水シール処理を行うため，発泡スチロール等を用いて空隙を確保する．

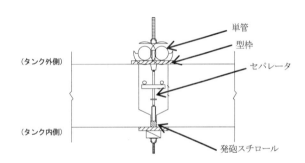

図-7.3.16 目地部の型枠

④無収縮モルタル打設

目地部の部材表面は工場で予め粗面処理しておく．無収縮モルタルの注入は，ホース等を上部から差込み，下部より上部へホースを引き抜きながら無収縮モルタルを充填する．その際，ホース先端がモルタル天端から出ないよう慎重に引き抜く．

⑤養生

目地部全面を養生シートで覆い，目地モルタルが所定の強度を得られるまで養生する．気温が低い場合はジェットヒーター等により給熱養生を行う．

(6) 緊張工

ピラスター部からPC鋼線を側壁外側に出し，定着体を取り付けて緊張を行う．緊張工は1次緊張と，2次緊張の2段階に分けて行う．**図-7.3.17**に施工フローを示す．

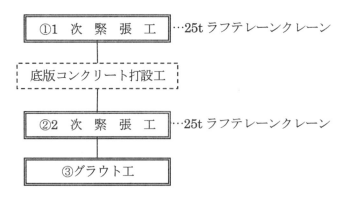

図-7.3.17 緊張工施工フロー

① 1次緊張工

　最終緊張力の 20% を目標緊張力とし 1 次緊張作業を行う．緊張方法は両引きで行い，同一段のケーブルは同時に緊張する．緊張順序は下段から上段方向に 1 本おきに緊張し，その後上段から下段方向へ緊張する（図-7.3.18）．

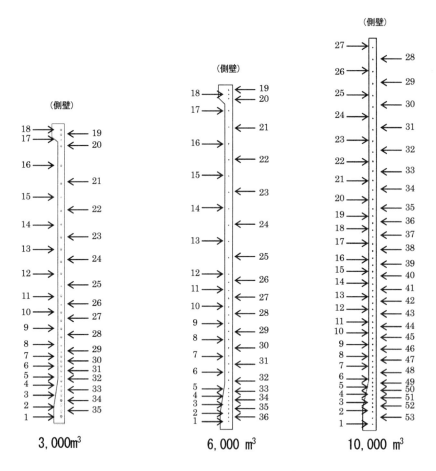

図-7.3.18 緊張順序図

②2次緊張

所定の緊張力まで緊張する．緊張方法は両引きで行い，同一段のケーブルは同時に緊張する．緊張順序は下段から上段方向に1本おきに緊張し，その後上段から下段方向へ同様に緊張する．

③グラウト工

グラウトは，十分にPC鋼材を包み，これを錆びないように保護し，確実で十分な付着が得られる品質のものでなければならない．

(7)底版コンクリート工

1次緊張の後，側壁内の鉄筋を機械式継手で底版内にのばし，底版鉄筋とラップさせて底版コンクリートを打設することで底版と側壁を剛結構造とする．底版コンクリートは打設面積が広く，コールドジョイントを防止する観点からコンクリートの打継時間管理が重要である．また，底版全周および下面が均しコンクリートで拘束されており，温度ひび割れが生じやすいため，十分な期間の保温保湿養生が重要である．図-7.3.19に施工フローを示す．

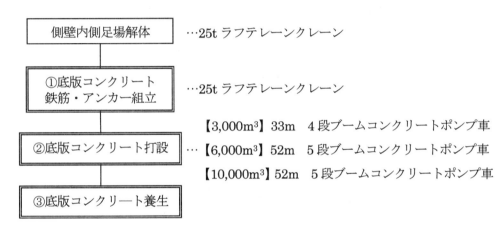

図-7.3.19 底版コンクリート工施工フロー

①底版コンクリート　鉄筋・アンカー組立

側壁内の鉄筋を機械式継手で底版内にのばし，底版鉄筋と所定の継手長を確保して結束する．

②底版コンクリート打設

事前に打設順序および打設時間を検討し，打継時間管理を行う（図-7.3.20）．コンクリート打設はコンクリートポンプ車でブームを用いて行う．底版のコンクリート打設量は，PCタンク容量が3,000m³では167.2m³，6,000m³では329.5m³，10,000m³では506.1m³であり，現地での過去の工事実績および周辺プラントへのヒアリングから，コンクリートの供給可能量は1日に500m³以上であることが分かっているため，本検討では1回でコンクリート全量を打設し，タンクの耐久性と水密性上の弱点となる打継目は設けないことを原則とする．

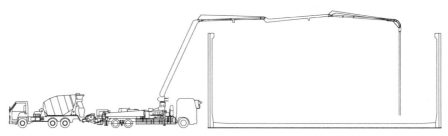

図-7.3.20 底版コンクリート打設状況

③底版コンクリート養生

所定の強度を得られるまで養生する．気温が低い場合はジェットヒーター等により給熱養生を行う．

(8) 歩廊工

本施工では工期短縮のため，鋼製歩廊を採用する．**図-7.3.21**に施工フローを示す．なお，側壁と歩廊の接合はボルト接合とし，側壁部材には埋込式アンカーを設置することとする．

図-7.3.21 歩廊工施工フロー

①足場設置

歩廊が設置される高さを考慮して側壁外側に足場を組み立てる(**図-7.3.22**)．

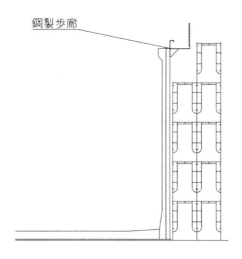

図-7.3.22 鋼製歩廊設置用足場

②鋼製部材設置

クレーンを用いて図-7.3.23に示すような鋼製部材を設置する．鋼製部材と側壁はボルトを用いて接合する．そのため，予め埋込式アンカーを側壁に設置することとする．

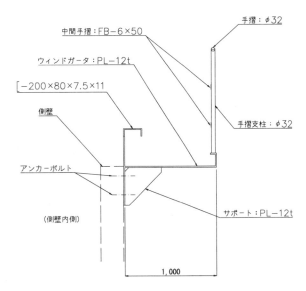

図-7.3.23　鋼製歩廊断面図

(9) アルミドーム設置工

アルミドームは予め防食塗装を施した部材を仮組する．アルミ屋根の重量により，クレーンを用いて一括架設する方法と，タンク内で組み立ててウィンチにより架設する方法があるが，ここでは，ウィンチによる架設について説明する．図-7.3.24に施工フローを示す．

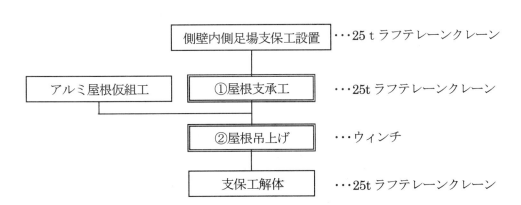

図-7.3.24　アルミ屋根設置工施工フロー

①屋根支承工

側壁上の支承部（ヒンジ支持）は，支承材としてゴム支承（t=10mm）を用いる．支承幅は内外部のシーリングを考慮して定める．

②アルミ屋根仮組工

　アルミ屋根は，ウィンチにて架設を行う場合は，側壁内部にて仮組を行う．クレーンにて一括架設を行う場合は側壁外部にて仮組を行う場合もある．

③屋根吊上げ

　アルミ屋根は全ての骨組みが同時に支承に載るよう，水平を保ちながら慎重に設置する．

(10) 塗装工

　塗装工は，汚染水タンクの機能を十分に維持する上で重要な工事である．施工に際しては，施工管理基準等に従い，高温多湿条件での施工を避け，塗膜厚を確保することが重要である．側壁や歩廊の目地部については弾性シーリングを施工し，塗装を行うこととする．底版と側壁の接合部については，防水シートを接着する．側壁の内面は，工場製作時に塗装を行い，底版部は現地で塗装を行う（図-7.3.25）．図-7.3.26に施工フローを示す．

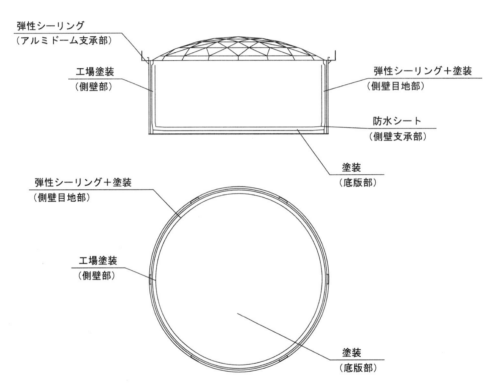

図-7.3.25　塗装工詳細

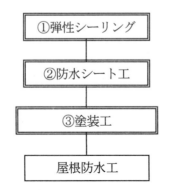

図-7.3.26　塗装工施工フロー

①弾性シーリング工

側壁内面側の目地部やアルミ屋根支承部，屋根目地部に施工する（**図-7.3.27**）．施工箇所のほこり等を十分に除去し，乾燥させた状態でプライマーを塗布する．プライマーが乾燥した後，弾性シーリング材を気泡が入らないよう施工する．施工後は損傷しないよう保護する．

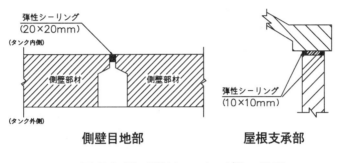

図-7.3.27 弾性シーリング施工箇所

②防水シート工

底版と側壁との接合部はエポキシパテとガラスクロスを接着させ，防水処理を行う（**図-7.3.28**）．

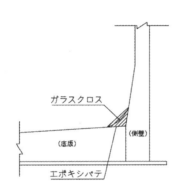

図-7.3.28 底版と側壁接合部

③塗装工

タンク内面の側壁目地部および底版面に塗装を行う．側壁目地部の塗装は100〜150mmの幅で行うことを原則とする（**図-7.3.29**）．

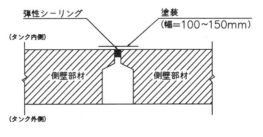

図-7.3.29 側壁目地部

7.4 PCタンクの工程

標準条件下での3,000m³, 6,000m³, 10,000m³のプレキャストPCタンクの実働標準工程を**図-7.4.1**, **図-7.4.2**, **図-7.4.3**に示す．なお，一日の作業時間は8時間とし，1Fでの作業時間の制約等の特殊条件は考慮していない．

3,000m³PCタンク

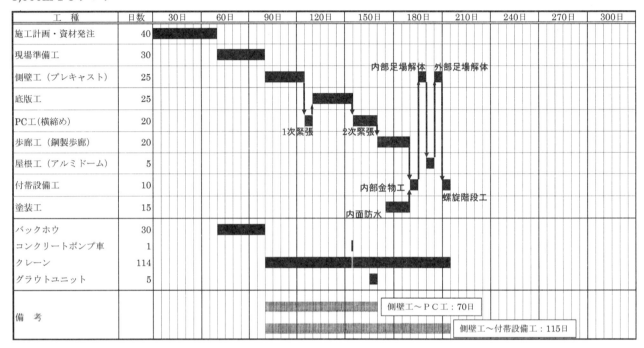

図-7.4.1　3,000m³タンクの標準工程（実働）

6,000m³PCタンク

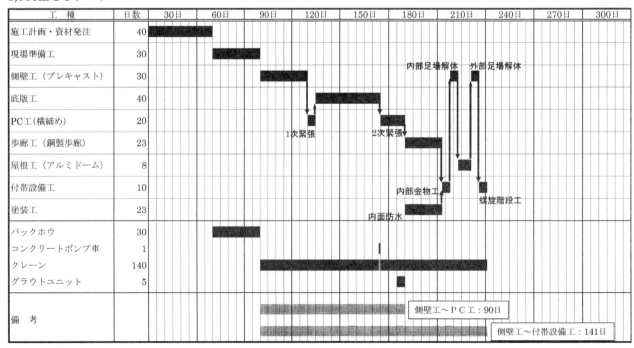

図-7.4.2　6,000m³タンクの標準工程（実働）

10,000m³PCタンク

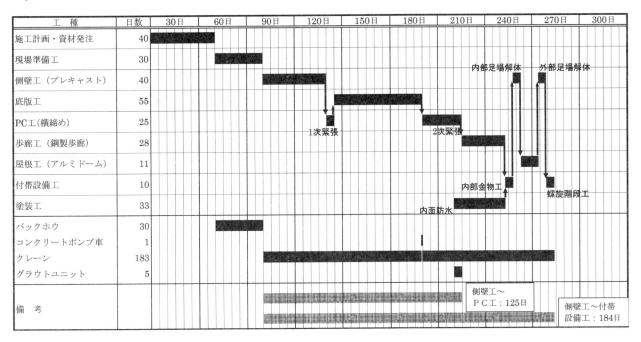

図-7.4.3 10,000m³タンクの標準工程（実働）

7.5 留意事項
7.5.1 作業時間

これまでの内容は，通常の条件下における検討であり，1F内工事の際には作業員の労働時間の制約等が，歩掛りに与える影響を考慮する必要がある．また，複数の既設タンクのリプレイスの場合，施工上の制約条件（施工箇所に重機が隣接できるか，資材の搬入スペースが確保できるか等）を検討する必要がある．

1F内の労働条件はいくつかの制約がある．標準労働時間は，一日8時間で，休憩には移動や保護衣の着脱等で約2時間を要する．また，寄宿舎から1Fまでの移動時間を考慮すると，現地での8時間労働を確保するためには2班必要となる．さらに，夏季は1Fでの連続作業が1時間程度に制約され，14時から17時までは作業禁止となるため，労働時間を8時間確保するためには早出の上，さらに班体制を強化する場合がある．これらの一例を標準時と夏季にわけて図-7.5.1に示す．

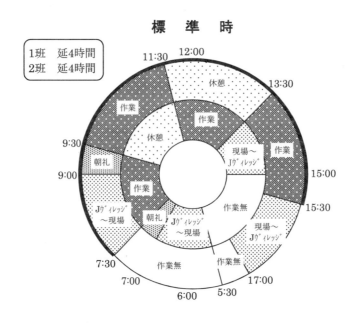

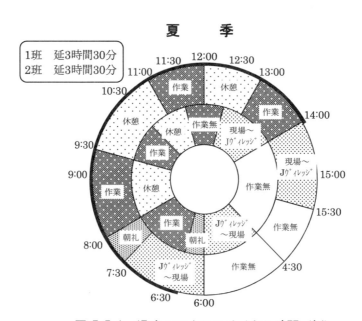

図-7.5.1 1F 内での 1 日のサイクル時間（例）

7.5.2 維持管理

側壁や底版に予期せぬひび割れが生じた場合，タンクの止水性が損なわれ汚染水が漏出する恐れがある．タンクの点検方法として，側壁については目視によるひび割れと漏水の調査とを実施することとする．ひび割れの補修方法としては，タンク供用を阻害しない工法が望ましく，漏水の程度に応じて材料や注入工法を選定することが重要である．漏水のないひび割れには，エポキシ樹脂等を用いた低圧注入工法などが考えられる．漏水が認められる場合には，親水性を有する止水材料を用いた高圧注入工法があるが，プレキャスト側壁を損傷せず，ひび割れを確実に閉塞するためには硬化時間を適切に設定することが重要である．目視ができない底版については，汚染水の貯蔵量と水位をモニタリングする等の方法が考えられる．また，目視点検の際にはタンク近辺での放射線量を計測し，放射線量の異常な変化の有無を確認することも重要である．

7.5.3 タンクの解体

プレキャストPCタンクの解体は，以下の手順で行う．

①既設移送ポンプや仮設ポンプにてタンク内の汚染水を排出する．

②タンク外周に足場を設置し，飛散防止対策として足場外周を防塵ネット等で養生する．

③タンク撤去時の粉じん発生を抑制するため，タンク表面に散水を行う．

④アルミドームは，端部パネルを撤去し，アンカーを取り外した後，クレーンにて一括して撤去し，地上にて解体する．

⑤コンクリートカッターにて側壁，底版の接合部を切断する．

⑥撤去するプレキャスト側壁が不用意に転倒しないよう，クレーンにてプレキャスト側壁を吊りながら，ワイヤーソーにて目地部に沿って切断し，一括して撤去する．

⑦底版はコンクリートカッターにて運搬可能な大きさに切断して撤去する．

解体されたコンクリートやアルミについては，できるだけ減容を行う．解体にあたっては，十分な飛散抑制対策を実施し，ALPS処理水による汚染状況（トリチウムの付着状況や部材表面の表面線量率など）を踏まえて，法規に則って適切に進める必要がある．

参考文献

1) 日本プレキャストタンク協会：プレキャストPCタンク標準積算要領 平成13年度版
2) （財）高速道路技術センター：土木工事積算基準平成20年度版

第8章　まとめ

　本委員会では，福島第一原子力発電所（以下，1F）内に建設する汚染水貯蔵用PCタンクの技術的成立性について検討してきた．これまでに豊富な施工実績を持つPCタンクであるが，汚染水貯蔵用として採用された事例はなく，その要求性能から検討することが必要であった．貯蔵対象物はALPSで処理された汚染水であり，低濃度ではあるが，タンク外部への漏水は許容されないことから高い水密性が要求される．さらに，建設地が1F内であることから，作業者の被ばく線量を抑制するために，可能な限り現地作業の軽減を図る必要がある．このような観点から，基本構造，設計方法，施工方法の検討を進めた結果を本報告書にまとめた．

以下にその概要を示す．

1) 東日本大震災後のPCタンクの被害調査によれば，ほとんどのPCタンクにおいて機能に影響する損傷は確認されなかった．調査した364基中2基のタンクにおいて機能に影響する損傷が確認されたが，いずれもPCタンク本体ではなく，それ以外の部位の損傷であった．また，損傷が確認された2基のPCタンクは，水道用PCタンクに関する規準[1]制定前に施工されたものであり，それ以降に建設されたPCタンクについては機能に関わるような損傷は確認されなかった．さらに，プレキャストPCタンクを含めて本委員会が独自に行った追加調査でも，東日本大震災による損傷は確認されなかったことから，PCタンクが有する高い耐震性が確認された．

2) 今回の条件に適した構造を検討し，下記の基本構造を提案する．
　・現地施工の軽減を目的として，側壁部材をプレキャスト化したプレキャストPCタンク構造を採用し，目地部をモルタル目地構造とする．
　・アルミ製屋根を採用することでクレーンでの一括架設を可能とし，現場施工の軽減および工期短縮を図る．
　・高い水密性を確保する構造として側壁と底版は剛結構造とする．
　・側壁円周方向のプレストレスを二段階で緊張して接合部に圧縮応力を与え，水密性をより一層向上させる．
　・プレキャスト部材と目地モルタルの打継部や，側壁と底版の継目部には防水処理を行い，内面のコンクリートには表面塗装を施す．この塗装により，側壁・底版コンクリート中へのトリチウムの拡散による移行を防止し，さらに，汚染水中の塩分に対する防食効果の向上も期待できる．

3) これまでに事例のない適用となることから，構造設計の方法について検討を行った．貯蔵物が放射能によって汚染された水であることを鑑み，常時はもちろんBクラス地震時においても高い水密性を確保することを要求性能とした．この要求性能を満足するための設計方法として，以下に示す照査方法を採用した．
　・側壁円周方向はプレキャスト目地部が存在することから，引張応力度の発生を許さないフルプレストレスとする．
　・鉛直方向については，ひび割れを発生させない範囲に制御することとし，コンクリートに発生する引張応力度を曲げひび割れ強度以下とする．
　・底版はRC部材であることから，汚染水と直接接する内面については鉄筋の引張応力度を$100N/mm^2$以下に制限するとともに，部材厚の1/10以上の圧縮域を確保することとする．汚染水と接しない底版外面については，これまでの水道用PCタンクの実績に準じて鉄筋の引張応力度の制限値を

180N/mm² とする．さらに，内面，外面ともに耐久性の照査として，ひび割れ幅の照査を行うこととする．

4) 低濃度汚染水を貯蔵するタンクは，耐震重要度分類の B クラスに相当する施設であり，S クラス相当地震に対する照査は要求されていないが，極めてまれにしか発生しないと思われる地震力に対しても，限定された損傷にとどめる必要があるとの見地から，基準地震動 Ss に対しても機能維持することを要求性能とした．具体的には，鉄筋および PC 鋼材に生じる引張応力度を降伏強度以下とする．これにより，地震時の一時的なひび割れは発生し得るが，地震後にはひび割れが閉じることになり，地震後の水密性が維持できる．

5) 上記の設計方法に則って容量 3,000m³，6,000m³，10,000m³ の 3 ケースの試設計を行った．その結果，一般の水道用 PC タンクの設計に比べて，PC 鋼材量は若干の増加となるが，十分に設計可能な範囲であることを確認した．また，基準地震動 Ss に代わって S クラスの静的地震力 $3.0Ci=0.72$ の設計水平震度に対して照査した結果，これによって PC 鋼材量や鉄筋量が決定されることはなく，上記 3)の照査によって決定された部材厚，PC 鋼材および鉄筋量で，S クラス地震に対しても限定された損傷に制御できることを確認した．

6) 試設計した 3,000m³，6,000m³，10,000m³ の PC タンクを対象に，施工性の検討を行った．
   ・試設計した各タンクについて，標準的な施工の手順および施工に必要な重機を明らかにした．
   ・各タンクの施工工程を検討した．その結果，側壁工から PC タンク本体の完成までに要する期間は，3,000m³ タンクについて 70 日，6,000m³ タンクで 90 日，10,000m³ タンクで 125 日となった（いずれも実働日数）．また，側壁工から付帯設備を含めた工事完成までに要する期間は，それぞれ 115 日，141 日，184 日であった（同，実働日数）．ただし，施工工程は現地の条件によって大きく影響されるが，現地での作業可能時間などの条件を現時点で確定することは困難であることから，上記工程の検討ではこの影響を考慮していない．

以上，1F に建設する汚染水貯蔵用タンクとして必要な性能を満足するプレキャスト PC タンクの基本構造および設計方法を提案した．また，試設計および施工の検討により，実現可能であることを確認した．さらに，塗装材の耐放射線性について問題はなく，汚染水に含まれる塩分や飛来塩分に対する耐久性も十分にあると考えられ，20 年は言うに及ばず，50 年の耐久性を満足することも可能であると考えている（**第 5 章 5.6 および参考資料 4** を参照）．

廃炉に向けた 1F の取組みにおいて，汚染水問題は解決しなくてはならない課題の一つである．その進展については予断を許さない状況が続いているが，今後の展開によっては，鋼製タンク以外の選択肢が必要になる可能性もある．今回の検討が，汚染水貯蔵用タンクの選択肢拡大につながることを期待している．

なお，PC タンクの実際の採用に当たっては，建設費についての詳細な検討が必要となる．しかし，建設費は現地の施工条件によって大きく影響されるが，現時点で施工条件を確定することができないことから，本委員会では建設費についての検討は行っていない．実際の施工段階において，施工条件を明確にしたうえであらためて建設費を試算することが必要である．

参考文献

1) 水道用プレストレストコンクリートタンク標準仕様書（昭和 55 年，日本水道協会）

参考資料

目　次

1 プレキャストPCタンク施工実績 75

2 試設計 83
 2.1　3,000m³プレキャストPCタンク 83
  2.1.1　設計条件 83
  2.1.2　解析モデル 86
  2.1.3　常時 88
  2.1.4　Bクラス地震時 98
  2.1.5　安定計算 106
  2.1.6　Sクラス地震時の確認 109
  2.1.7　主要数量表 118
 2.2　6,000m³プレキャストPCタンク 119
  2.2.1　設計条件 119
  2.2.2　解析モデル 122
  2.2.3　常時 124
  2.2.4　Bクラス地震時 133
  2.2.5　安定計算 140
  2.2.6　Sクラス地震時の確認 143
  2.2.7　主要数量表 151
 2.3　10,000m³プレキャストPCタンク 152
  2.3.1　設計条件 152
  2.3.2　解析モデル 157
  2.3.3　常時 160
  2.3.4　Bクラス地震時 170
  2.3.5　安定計算 178
  2.3.6　Sクラス地震時の確認 182
  2.3.7　主要数量表 191

3 余裕高さの検討 192
 3.1　余裕高さ 192
 3.2　スロッシング波高の計算 193
 3.3　検討タンクのスロッシング波高 194

4　塩害に対する耐久性の検討 195
　4.1　検討ケース 195
　4.2　塩化物イオン侵入に伴う鋼材腐食に対する照査 196
　4.3　検討結果 197

5　透水量の検討 200
　5.1　算出方法 200
　5.2　底版の透水量 201
　5.3　側壁の透水量 201
　5.4　まとめ 202

6　PCタンクの概算工費 203

7　原子力に関する法令・規格 204
　7.1　原子力施設・保安等に関わる法令の体系 204
　7.2　タンク建設に関わる規格等 204
　　7.2.1　構造強度 204
　　7.2.2　耐震性評価 205
　7.3　タンク運用に関わる法令等 205

1　プレキャストPCタンク施工実績

　本委員会で作成した施工実績は，2003年に作成された日本プレキャストタンク協会施工実績に，今回の実績調査（2015年11月）を加えたものである．表中のタイプの欄に示されているPは，プレキャスト部材を工場製作したもの，Cはプレキャスト部材を現場で製作したものであり，空欄はどちらか不明なものである（**表-1**）．

表－1 施工実績

	工事件名	発注者名	施工場所	工期（平成）	有効容量 m³	内径 m	壁高 m	壁厚 cm	用途	タイプ
1	守山地区ファームポンド	長崎県	長崎県吾妻町	5年6月～5年12月	665	13	5.5	18	農水	P
2	寺方配水池築造工事	新庄市	奈良県新庄市	5年8月～6年2月	2,000	16	10.4	20	上水	C
3	株之峯地区配水池工事	中山町	鳥取県中山町	5年9月～6年1月	300	9.8	4.4	18	上水	C
4	第三配水池築造工事	伊賀町	三重県伊賀町	5年9月～6年3月	2,000	20	6.7	18	上水	C
5	簡易水道拡張配水池	名和町	鳥取県名和町	5年10月～6年3月	490	12.5	4.55	18	上水	C
6	清水受水槽改築工事	高槻市	大阪府高槻市	5年10月～7年3月	5,000	30	7.6	25	上水	C
7	内ノ谷区配水池工事	春野町	高知県春野町	5年11月～6年4月	同心円 1,600	20.7 14.3	5.8 5.5	25	上水	C
8	第一配水池築造工事	益田市	島根県益田市	5年12月～6年3月	2,300	18	9.8	20	上水	C
9	榛原拡張配水池築造工事	榛原町	奈良県榛原町	6年7月～7年2月	250	8	5.4	18	上水	C
10	虫明ファームポンド本体工事	岡山県	岡山県邑久町	6年9月～7年2月	1,600	8	7.15	18	農水	P
11	高石配水場築造工事	高石市	大阪府高石市	6年9月～7年2月	3,000	19.6	10.5	20	上水	C
12	伊野配水池築造工事	伊野町	高知県伊野町	6年9月～7年3月	同心円 900	8.7	8.95	25	上水	C
13	野市配水池工事	野市町	高知県野市町	6年11月～7年6月	同心円 2,500	15.5 10.7	14.75 14.50	25 25	上水	C
14	岩農飲雑用水施設整備配水池	黒川村	新潟県黒川村	6年12月～7年3月	800	14.5	6.2	20	上水	C
15	新豊川配水池築造工事（2基）	茨木市	大阪府茨木市	7年1月～8年3月	4,000	21	12.5	25	上水	C
16	富士市民プール受水槽工事	富士市	静岡県富士市	7年3月～7年8月	500	11	6.7	17	上水	P
17	安田配水池工事	安田町	高知県安田町	7年3月～7年6月	860	14.8	5.3	25	上水	C
18	菊川町総合病院内調整池	菊川町	静岡県菊川町	7年4月～7年10月	4,400	29.5	6.5	20	調整池	P
19	つつじが丘配水池工事（2基）	能勢電鉄	兵庫県猪名川町	7年5月～8年3月	200	9.4	3.8	18	上水	C
20	三隅町工業用水道配水池工事	三隅町	島根県三隅町	7年7月～8年3月	1,800	20	6.5	20	工業水	C

参考資料

	工　事　件　名	発注者名	施工場所	工期（平成）	有効容量 m³	内径 m	壁高 m	壁厚 cm	用途	タイプ
21	柏木第二配水池築造工事	恵庭市	北海道恵庭市	7年 8月～8年 3月	2,500	23	6.3	20	上水	C
22	新羽原配水池工事	益田市	島根県益田市	7年 8月～8年 3月	400	8.7	9.5	18	上水	C
23	並松配水池築造工事	真鶴町	神奈川県真鶴町	7年 9月～8年 3月	1,000	楕円形 10×13	11.5	30	上水	P
24	海土方中央配水池工事	海土町	島根県海土町	7年 9月～8年 4月	600	12.5	5.4	18	上水	C
25	東浦東郷地区簡易水道事業（2基）	敦賀市	福井県敦賀市	7年 10月～8年 3月	90	5×5	3.7	20	上水	
26	東浦東郷地区簡易水道事業	敦賀市	福井県敦賀市	7年 10月～8年 3月	90	8×4	3	20	上水	
27	東浦東郷地区簡易水道事業	敦賀市	福井県敦賀市	7年 10月～8年 3月	150	6×6	4.3	20	上水	
28	第4低区配水池築造工事	島本町	大阪府島本町	7年 10月～8年 3月	3,000	19.6	10.2	20	上水	C
29	折原配水池築造工事	八雲村	島根県八雲村	7年 11月～8年 3月	同心円 1,000	15.0 10.5	6.2	18	上水	C
30	岐宿地区調整池工事	長崎県	長崎県岐宿町	8年 2月～8年 6月	800	16	4.4	20	農水	C
31	東浦配水池築造工事	敦賀市	福井県敦賀市	8年 8月～9年 3月	530	10×10	6.3	20	上水	C
32	日根野配水池	泉佐野市	大阪府泉佐野市	8年 8月～9年 8月	6,800	27	12.6	25	上水	C
33	野島地区水槽工事	和歌山県	和歌山県御坊市	8年 9月～9年 3月	1,500	20	5.7	18	農水	P
34	中条町上水道拡張工事	中条町	新潟県中条町	8年 11月～9年 3月	2,500	12.7	10.5	20	上水	C
35	担い手育成基盤整備事業	嶺南振興局	福井県名田庄村	8年 11月～9年 1月	200	7×7	4.15	20	農水	
36	菅又吐水槽	関東農政局	栃木県中貝町	8年 11月～9年 2月	2,500	17.7	10.3	20	農水	P
37	流通団地造成配水池	広島県	広島県千代田町	8年 12月～9年 8月	700	13	6.7	20	上水	P
38	グリーンテクノみたけ配水池	御嵩町	岐阜県御嵩町	9年 5月～9年 9月	150×2	8	4.6	17	上水	P
39	折居配水池建設工事	宇治市	京都府宇治市	9年 5月～10年 2月	3,000	27.65	5.5	20	上水	C
40	原代浄水場築造工事	伯太町	島根県伯太町	9年 7月～10年 10月	同心円 800	18.6 13.0	3.7	18	上水	C

	工　事　件　名	発注者名	施工場所	工期（平成）	有効容量m³	内径m	壁高m	壁厚cm	用途	タイプ
41	東浦東郷地区簡易水道事業	敦賀市	福井県敦賀市	9年7月～10年3月	110	5×5	4.4	20	上水	
42	東浦東郷地区簡易水道事業	敦賀市	福井県敦賀市	9年7月～10年3月	70	4×4	4.4	20	上水	
43	東新配水池築造工事	長岡京市	京都府長岡京市	9年8月～10年3月	同心円 6,000	28.7 20.0	11.4 11.1	25	上水	C
44	三原村総合簡易水道	三原村	高知県三原村	9年9月～10年3月	同心円 380	10.3 7.0	5.5	25	上水	C
45	香南工業用水道新設工事	高知県	高知県香我美町	9年9月～10年3月	1,000	11.5	10.3	25	上水	C
46	第二浄水場改修工事	明和村	群馬県明和村	9年10月～10年3月	300	8	6.7	17	上水	
47	南部地区住宅地開発水道工事	南海電鉄	大阪府熊取町	10年1月～10年8月	3,000	22	8.5	20	上水	C
48	和野山ファームポンド	岩手県	岩手県普代村	10年1月～10年5月	3,220	24.2	7.7	20	農水	P
49	盛岡南部農業水利事業	東北農政局	岩手県盛岡市	10年2月～10年4月	1,634	20	6.6	18	農水	P
50	岩屋谷ＰＣタンク築造工事	田辺市	和歌山県田辺市	10年3月～10年7月	同心円 700	14.4 8.7	6.5	20	上水	P
51	池田浄水場土木建築工事	西郷町	島根県西郷町	10年6月～10年9月	500	12	6.5	20	上水	C
52	松ケ丘配水池築造工事	小須戸町	新潟県小須戸町	10年6月～11年3月	2,500	23	6.1	20	上水	C
53	新宮配水池新設工事	西伯町	鳥取県西伯町	10年6月～10年11月	2,000	18	8.5	18	上水	C
54	長田配水池新設工事	大山町	鳥取県大山町	10年7月～10年12月	517	13	4.4	18	上水	C
55	薬原配水池築造工事	敦賀市	福井県敦賀市	10年7月～11年2月	110	5×5	4.4	20	上水	
56	塩沢低区配水池築造工事	塩沢町	新潟県塩沢町	10年8月～10年12月	4,000	27	7	24	上水	
57	新上来原配水池築造工事	金城町	島根県金城町	10年9月～11年2月	500	9.6	7	17	上水	
58	圃場整備事業第3号工事	福井県	福井県大野市	10年10月～11年2月	108	6.6×6.6	4.4	20	農水	
59	杜が峠配水池築造工事	三隅町	島根県三隅町	10年9月～11年2月	930	15	5.8	20	上水	C
60	第3配水池築造工事	二股町	宮崎県	10年9月～11年3月	1,000	16	5	18	上水	P

参考資料

	工　事　件　名	発注者名	施工場所	工期（平成）	有効容量m³	内径m	壁高m	壁厚cm	用途	タイプ
61	宮坂村配水場設置工事	宮坂村	群馬県宮坂村	10年10月～11年3月	3,000	23	8	17	上水	
62	遠田配水池築造工事	益田市	島根県益田市	10年11月～11年3月	1,000	16	5	17	上水	
63	大和高原北部ファームポンド	近畿農政局	奈良県室生村	10年11月～11年3月	1,340	17	6.4	18	兼用	P
64	圃場整備事業第7号工事	福井県	福井県大野市	10年11月～11年2月	128	8×8	3.5	20	農水	
65	元比田排水池築造工事	敦賀市	福井県敦賀市	10年11月～11年6月	60	4×4	5.05	20	上水	
66	簡水7号配水池築造工事	小千谷市	新潟県小千谷市	10年12月～11年3月	500	6.35	5.3	17	上水	
67	長山第二浄水場築造工事	宇治田原町	京都府宇治田原町	11年1月～11年5月	845	13.4	6.5	20	上水	C
68	ふるさと土水ふれあい事業	福井県	福井県美浜町	11年3月～11年6月	520	13×13	3.1	20	農水	
69	総社第2調整池築造	総社市	岡山県	11年3月～12年3月	1,750	25	4.2	18	上水	P
70	第一配水場築造工事	柳井市	山口県柳井市	11年6月～12年3月	同心円 8,950	38.4 26.8	8.6	30	上水	C
71	城辺浄水場築造工事	南宇和上水道企業団	愛媛県城辺町	11年7月～12年2月	2,000	16.5	10	18	上水	C
72	柏原農業用水タンク	滋賀県	滋賀県山東町	11年7月～12年3月	4,000	40	3.9	20	農水	P
73	北部配水池築造工事	小林市	宮崎県	11年8月～11年12月	860	14.9	5	18	上水	P
74	ソフトビジネスパーク配水池築造工事	松江市	島根県松江市	11年8月～12年2月	600	12.7	5	15	上水	P
75	佐賀地区統合簡易水道施設	佐賀町	高知県	11年8月～12年2月	830	13.3	6.3	25	上水	C
76	長田配水池築造工事	金城町	島根県金城町	11年9月～12年3月	256	8.3	5.5	25	上水	C
77	浅見工区第4号工事	福井県	福井県上志比村	12年2月～12年11月	90	5.5×5.5	4.85	20	農水	
78	筑北地区沓掛工区ため池	長野県	長野県坂井村	12年3月～13年2月	3,079	28	5.25	25	農水	
79	中区配水池移設工事	上野原町	山梨県	12年5月～12年9月	4,000	25.3	8.5	25	上水	C
80	深山寺配水池築造工事	敦賀市	福井県	12年6月～12年12月	60	4×4	3.75	20	上水	

工事件名	発注者名	施工場所	工期（平成）	有効容量 m³	内径 m	壁高 m	壁厚 cm	用途	タイプ
81	大門工区ため池工事	長野県	本城村	12年7月～13年2月	2,000	22.6	5.65	25	農水	
82	伊吹東部第5工区工事	滋賀県	滋賀県伊吹町	12年7月～12年10月	11,000	48.4	6.7	25	農水	P
83	県営畑地帯総合整備事業	福井県	福井県三国町	12年8月～13年3月	2,268	30×45	3.1	20	農水	
84	環境整備事業配水池工事	島根県	都万村	12年9月～13年1月	500	10	6.9	18	上水	C
85	芋野団地水源施設工事	近畿農政局	京都府弥栄町	12年9月～13年2月	3,800	26	7.55	20	農水	P
86	阿井タンク築造工事	仁多町	島根県	12年11月～13年3月	420	11	5	18	上水	C
87	初瀬川配水池築造工事	奈良県	奈良県桜井市	12年2月～13年2月	3,000	16	15.5	25	上水	C
88	盛岡南部地区ファームポンド	岩手県	岩手県盛岡市	13年3月～13年8月	889	16	5.3	18	農水	P
89	三里浜砂丘地区第9号工事	福井県	福井県三国町	13年3月～13年11月	3,570	33×66	3.1	20	農水	
90	三里浜砂丘地区第8号工事	福井県	福井県三国町	13年4月～13年6月	2,016	72×14	3.1	20	農水	
91	三里浜砂丘地区第8号工事 その2	福井県	福井県三国町	13年4月～13年11月	2,500	14×72	2.8	20	農水	
92	大津路排水地増設工事	大飯町	福井県大飯町	13年5月～13年7月	550	17×11	4.3	20	上水	
93	大樟排水地新設工事	越前町	福井県越前町	13年6月～14年3月	700	17×17	3.4	20	上水	
94	西浦中継ポンプ場ポンプ井築造工事	敦賀市	福井県敦賀市	13年6月～13年9月	90	5×5	4.75	20	上水	
95	津戸漁港排水地整備事業	都万村	島根県都万村	13年7月～13年12月	150	5	8.0	18	上水	C
96	飯田ファームポンド	九州農政局	宮崎県高岡町	13年9月～14年2月	4,250	26.7	7.6	21	農水	P
97	勝負浄水池築造工事	東出雲町	島根県東出雲町	13年9月～14年2月	200	8	4.3	18	上水	C
98	木子団地水源施設工事	近畿農政局	京都府宮津市	13年9月～14年2月	2,000	21.8	6.0	18	農水	P
99	大淀川右岸農業水利事業調整池	九州農政局	宮崎県田野町	13年10月～13年12月	3,800	24.9	8.0	21	農水	P
100	小倉簡易水道一工区拡張工事	弥生町	大分県	13年11月～14年3月	565	12	5.8	17	上水	

参考資料

	工　事　件　名	発注者名	施工場所	工期（平成）	有効容量 m³	内径 m	壁高 m	壁厚 cm	用途	タイプ
101	宮川地区第2号工事	福井県	福井県小浜市	13年12月～14年3月	210	10×10	3.4	20	上水	
102	三原配水池築造工事	宮崎県小林市	宮崎県小林市	13年10月～14年3月	716	16.4	7.4	18	上水	P
103	中農水第202工事	青森県	青森県弘前市	14年1月～14年3月	1,325	15.0	8.2	18	農水	P
104	垂水・蓮ヶ池ファームポンド工事	九州農政局	宮崎県	14年6月～14年9月	3,050	25.6	6.0	20	農水	P
105	虹ヶ配水池築造工事	滋賀県	滋賀県滋賀町	12年5月～12年12月	600	12.4	5.65	18	上水	P
106	相馬ファームポンド	青森県	青森県相馬町	14年8月～15年3月	1,225	10.0	8.22	18	農水	P
107	営農雑飲用水貯水施設設置工事	山梨県	山梨県武川村	14年10月～15年1月	520	15.0	3.55	18	兼用	P
108	宮山地区畑かん工事	掛川市	静岡県掛川市	14年10月～15年1月	1,600	18.0	6.8	20	農水	P
109	相馬川二期地区かんがい配水事業	青森県	青森県相馬町	14年11月～15年3月	3,250	24.0	7.4	20	農水	P
110	中農水第153号（中南タンク3号）	青森県	青森県相馬町	14年11月～15年3月	2,850	23.0	7.3	20	農水	P
111	南部配水場配水池築造工事	豊橋市	愛知県豊橋市	14年9月～15年12月	10,000	36.0	11.6	30	上水	
112	中農水第156号工事	青森県	青森県弘前市	14年12月～15年3月	1,043	15.0	6.6	20	農水	P
113	大淀川左岸農業水利事業高浜ファームポンドその他工事	九州農政局	宮崎県	15年8月～H16年2月	3,350	24.8	7.0	21	農水	P
114	青木配水池等整備工事	鳥取県大栄町	鳥取県大栄町	16年6月～17年3月	1,590	19.0	6.11	18	上水	C
115	四倉配水池新設工事	福島県いわき市	福島県いわき市	16年9月～18年2月	2,600	26.1	6.8	25	上水	P
116	万ヶ塚ファームポンド工事	九州農政局	宮崎県山田町	16年11月～17年3月	5,250	28.1	9.02	43.5	農水	
117	西部地区簡易水道統合事業西部浄水場・配水池築造工事	宮崎県小林市	宮崎県小林市	17年8月～18年1月	900	15.6	5.0	17	上水	P
118	五十沢配水池築造工事	福島県梁川町	福島県梁川町	17年6月～18年2月	630	13.0	5.5	17	上水	P
119	里浦揚水機場3工事	徳島県	徳島県鳴門市里浦	17年11月～18年3月	750	13.0	6.75	17	農水	P
120	里浦揚水機場4工事	徳島県	徳島県鳴門市里浦	18年3月～18年6月	750	13.0	6.75	17	農水	P

	工事件名	発注者名	施工場所	工期（平成）	有効容量 m³	内径 m	壁高 m	壁厚 cm	用途	タイプ
121	刈和野地区配水池増設工事	秋田県	秋田県大仙市	18年9月〜19年3月	402	11.4	4.9	25	上水	P
122	里浦揚水機場1工事	徳島県	徳島県鳴門市里浦	18年11月〜19年2月	750	13.0	6.75	17	農水	P
123	里浦揚水機場2工事	徳島県	徳島県鳴門市里浦	18年11月〜19年2月	750	13.0	6.75	17	農水	P
124	里浦揚水機場3工事	徳島県	徳島県鳴門市里浦	18年12月〜19年2月	750	13.0	6.75	17	農水	P
125	小富士・長津地区簡易水道整備工事	愛媛県	愛媛県四国中央市	18年9月〜19年3月	848	14.7	5.5	17	上水	C
126	上野第三配水池築造工事	三重県	三重県伊賀市	19年9月〜20年3月	1,000	13.0	8	25	上水	C
127	温根湯温泉配水地更新工事	北見市	北海道北見市	21年9月〜21年12月	557	14.9	3.7	18	上水	P
128	田住配水池築造工事（PC配水池本体工事）	南部町	鳥取県西伯郡南部	22年7月〜23年3月	1,000	16.0	5.3	18	上水	C
129	情報公園低区配水池（1期）工事	三木市	兵庫県三木市	23年2月〜23年9月	1,130	19.0	7.4	18	上水	C
130	北摂三田第三テクノパーク土地区画整理事業I期上水道施設工事（2基分）	大和ハウス工業(株)	兵庫県三田市	23年12月〜24年5月	535	11.7	5.8	18	上水	C
131	岩松第2配水池築造工事（2基）	富士市	静岡県富士市	24年12月〜25年9月	2,000	17.4	9	18	上水	C
132	情報公園低区配水池（2期）工事	三木市	兵庫県三木市	25年3月〜26年3月	1950	19	7.6	18	水道	C
133	楠根配水場受水池更新工事（2基）	寝屋川市	大阪府寝屋川市	25年6月〜26年1月	3,150	24	7.6	20	上水	C
134	楠根配水場受水池更新工事（2基）	寝屋川市	大阪府寝屋川市	26年6月〜27年2月	3,150	24	7.6	20	上水	C
135	三木山配水池更新工事	三木市	兵庫県三木市	26年3月〜27年3月	1950	19	7.6	18	水道	C

2 試設計

2.1 3,000m³ プレキャスト PC タンク
2.1.1 設計条件
(1) 設計概要

a) 構造形式

プレキャスト円筒形プレストレストコンクリートタンク

側壁下端構造

円周方向1次プレストレス導入時：自由構造

円周方向2次プレストレス導入時：剛結構造

b) 形状寸法

有効容量	V_e	=	3000 m³
全容量	V	=	3418m³
有効内径	D	=	23.000 m
設計水深	H	=	8.150 m
有効水深	H_e	=	8.000 m
側壁厚	t	=	0.200 m

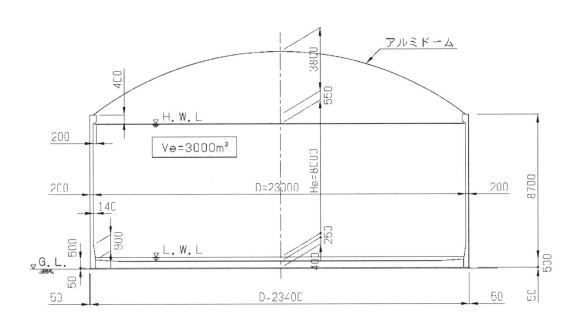

図-2.1.1 一般構造図 （3,000m³）

(2) コンクリート打設・緊張作業手順

側壁は円周方向に分割したプレキャストパネルとそれを繋ぎ合わせる目地部で構成される．側壁円周方向にはポストテンション方式のPC鋼材を配置し，側壁鉛直方向にはプレテンション方式によるPC鋼材を配置する．

側壁下端の構造は1次プレストレス導入時には滑動を許す自由構造とし，底版の打設を行った後，2次プレストレスを導入する．2次プレストレス導入時および供用時には底版と一体化させた剛結構造とする．

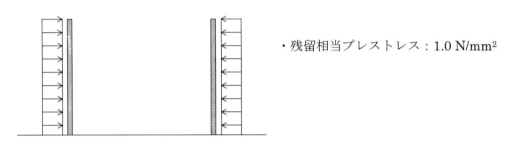

・残留相当プレストレス：1.0 N/mm²

(a) 1次プレストレスの導入

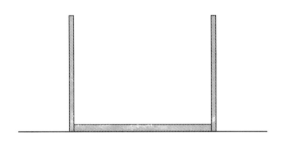

(b) 底版コンクリートの打設

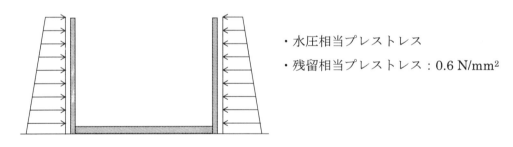

・水圧相当プレストレス
・残留相当プレストレス：0.6 N/mm²

(c) 2次プレストレスの導入

図-2.1.2 コンクリート打設・緊張作業手順

(3) PC鋼材配置

側壁に配置する円周方向および鉛直方向 PC 鋼材の配置は以下の通りとする．

円周方向	1T21.8
鉛直方向	1T12.7 @ 250mm

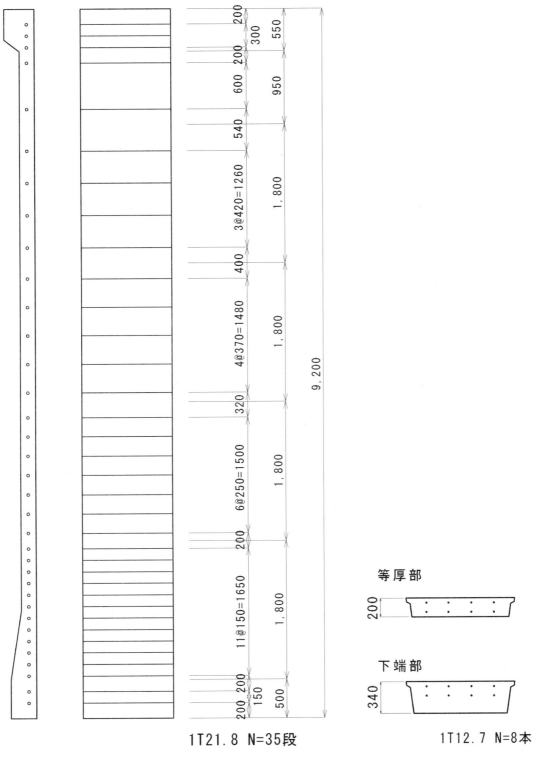

図-2.1.3　PC鋼材配置

2.1.2 解析モデル

プレキャストPCタンクの側壁および底版を**図-2.1.4**に示す軸対称シェルモデルによりモデル化し，発生する応力の照査を行った．設計荷重およびその組み合わせは，**第6章　表-6.3.2**に示す．

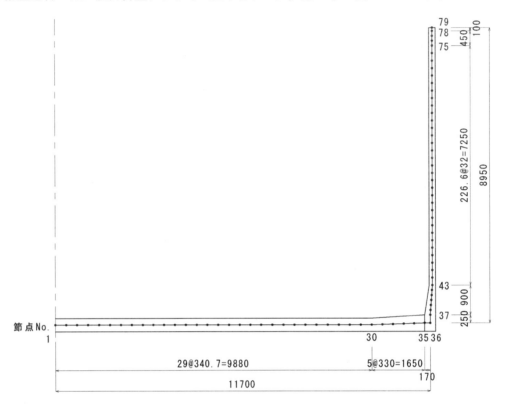

図-2.1.4　解析モデル

なお，求められる軸力Nおよび曲げモーメントMは**表-2.1.1**の矢印の向きを正とする．

表-2.1.1　軸力および曲げモーメントの方向

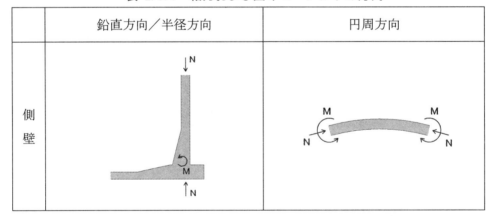

参考資料

| 底版 | 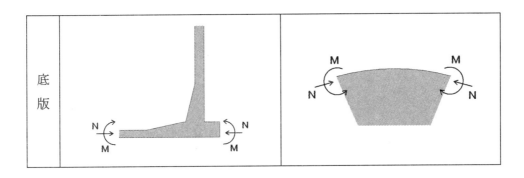 |

2.1.3 常時
(1) 側壁の照査

　プレキャスト PC タンクでは，側壁の目地部分は鉄筋が配置されない，もしくは少ないため，ひび割れ幅を抑制できない．よって，常時は，円周方向はフルプレストレス状態，鉛直方向はひび割れを発生させないこととする．

応力度は全断面有効として次式にて計算を行う．

$$\sigma = \frac{N}{A} \pm \frac{M}{Z}$$

ここに，σ：発生応力度（N/mm²）（正：圧縮応力　負：引張応力）
　　　　N：軸力（N/m）
　　　　A：単位長さあたりの断面積（mm²/m）
　　　　M：曲げモーメント（N・mm/m）
　　　　Z：単位長さあたりの断面係数（mm³/m）

a) 円周方向応力度

各節点において，発生する縁応力が最小となる時のケース名と応力度を示す．

（正：圧縮応力　負：引張応力）

常時　円周方向		内側		外側	
節点No.	高さ(m)	ケース名	応力度(N/mm^2)	ケース名	応力度(N/mm^2)
37	0.00	NF00	1.17	NE11	0.73
38	0.15	NF01	1.15	NF11	0.84
39	0.30	NF01	1.13	NF11	0.84
40	0.45	NF01	1.12	NF11	0.85
41	0.60	NF01	1.12	NF11	0.86
42	0.75	NF01	1.14	NF11	0.87
43	0.90	NF01	1.17	NF11	0.90
44	1.05	NF11	1.16	NF01	1.01
45	1.20	NF11	1.16	NF01	1.12
46	1.35	NF11	1.20	NF01	1.22
47	1.50	NF11	1.24	NF01	1.31
48	1.65	NF11	1.30	NF01	1.39
49	1.80	NF11	1.35	NF01	1.46
50	2.00	NF11	1.41	NF01	1.52
51	2.20	NF11	1.46	NF01	1.56
52	2.40	NF11	1.50	NF01	1.59
53	2.60	NF11	1.53	NF01	1.61
54	2.80	NF11	1.56	NF01	1.63
55	3.00	NF11	1.58	NF01	1.63
56	3.20	NF11	1.60	NF00	1.64
57	3.40	NF11	1.61	NF00	1.64
58	3.60	NF11	1.62	NF00	1.64
59	3.90	NF11	1.62	NF00	1.64
60	4.20	NF01	1.63	NF10	1.63
61	4.50	NF01	1.63	NF10	1.63
62	4.80	NF11	1.62	NF00	1.63
63	5.10	NF11	1.62	NF00	1.63
64	5.40	NF10	1.62	NF01	1.63
65	5.70	NF11	1.61	NF01	1.62
66	6.00	NF10	1.60	NF01	1.62
67	6.30	NF11	1.59	NF01	1.62
68	6.60	NF10	1.58	NF01	1.61
69	6.90	NF10	1.57	NF01	1.61
70	7.20	NF11	1.55	NF01	1.60
71	7.40	NF10	1.53	NF01	1.59
72	7.60	NF10	1.51	NF00	1.57
73	7.80	NF10	1.49	NF00	1.54
74	8.00	NF10	1.47	NF00	1.51
75	8.15	NF10	1.44	NF00	1.48
76	8.30	NF11	1.32	NF01	1.33
77	8.45	NE11	1.37	NE01	1.37
78	8.60	NE01	1.28	NE11	1.27
79	8.70	NE01	1.21	NE11	1.21

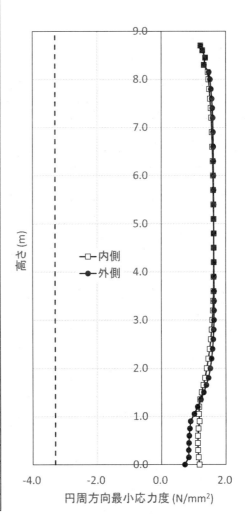

以上より，常時の側壁円周方向は，引張応力が発生しないフルプレストレス状態である．

b) 鉛直方向応力度

　各節点において，発生する縁応力が最小となる時のケース名と応力度を示す．

　（正：圧縮応力　負：引張応力）

常時 鉛直方向		内側		外側	
節点No.	高さ(m)	ケース名	応力度(N/mm^2)	ケース名	応力度(N/mm^2)
37	0.00	NF00	3.01	NE11	-1.09
38	0.15	NF00	3.19	NE11	-0.50
39	0.30	NF00	3.37	NE11	0.09
40	0.45	NF00	3.58	NE11	0.72
41	0.60	NF00	3.85	NE11	1.43
42	0.75	NF00	4.21	NE11	2.25
43	0.90	NF10	4.61	NE01	3.24
44	1.05	NE10	3.73	NF01	3.70
45	1.20	NE10	2.98	NF00	3.90
46	1.35	NE10	2.53	NF00	4.05
47	1.50	NE10	2.32	NF00	4.14
48	1.65	NE10	2.28	NF00	4.19
49	1.80	NE10	2.36	NF00	4.22
50	2.00	NE10	2.51	NF00	4.22
51	2.20	NE10	2.71	NF00	4.21
52	2.40	NE10	2.92	NF00	4.18
53	2.60	NE10	3.13	NF00	4.15
54	2.80	NE10	3.33	NF00	4.12
55	3.00	NE10	3.50	NF00	4.09
56	3.20	NE10	3.64	NF00	4.06
57	3.40	NE10	3.76	NF00	4.04
58	3.60	NE10	3.85	NF00	4.01
59	3.90	NE10	3.92	NF00	3.99
60	4.20	NF10	3.94	NE00	3.96
61	4.50	NF10	3.94	NE00	3.92
62	4.80	NF10	3.94	NE00	3.89
63	5.10	NF10	3.93	NE00	3.88
64	5.40	NF10	3.91	NE00	3.87
65	5.70	NF10	3.89	NE00	3.87
66	6.00	NF10	3.87	NE00	3.87
67	6.30	NF10	3.84	NE00	3.88
68	6.60	NF10	3.81	NE00	3.88
69	6.90	NF10	3.78	NE00	3.89
70	7.20	NF10	3.75	NE00	3.89
71	7.40	NF10	3.73	NE00	3.90
72	7.60	NF10	3.71	NE00	3.90
73	7.80	NF10	3.71	NE00	3.89
74	8.00	NF10	3.72	NE00	3.89
75	8.15	NF10	3.35	NE00	3.46
76	8.30	NF10	2.79	NE00	2.81
77	8.45	NF10	1.98	NE00	1.98
78	8.60	NE10	0.92	NE00	0.91
79	8.70	NE10	0.06	NE00	0.06

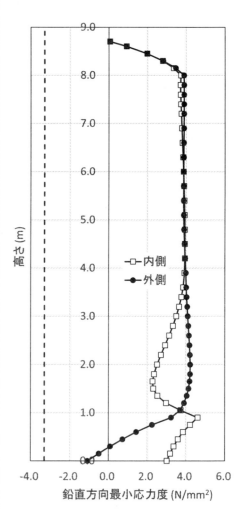

　以上より，常時の側壁鉛直方向は，引張応力が生じるが，曲げひび割れ強度（3.3 N/mm^2）以下であり，曲げひび割れは発生しない．

c) 面外せん断に対する検討

面外せん断に対しては，緊張直後にクリティカルとなる空水時の側壁下端について斜引張応力度に対する検討を行う．

1) せん断応力度

$$\tau = \frac{Q \cdot G}{b \cdot I} = \frac{3}{2} \frac{Q}{b \cdot h}$$

$$= \frac{3 \times 97.8 \times 10^3}{2 \times 1000 \times 340}$$

$$= 0.43 \ \mathrm{N/mm^2}$$

ここに，Q：空水時せん断力（円筒シェルの基礎方程式より）
G：中立軸からの断面1次モーメント
I：中立軸に対する断面2次モーメント
b：断面幅
h：断面高さ

2) 斜引張応力度

$$\sigma_I = \frac{\sigma_c}{2} - \frac{1}{2}\sqrt{\sigma_c^2 + 4\tau_c^2}$$

ここに，σ_I：斜引張応力度
σ_c：垂直応力度の平均値（空水時，クリープなし，積雪なし）
τ_c：せん断応力度

$$\sigma_c = \frac{5.50 + (-0.75)}{2} \quad \text{（解析結果より）}$$

$$= 2.375 \ \mathrm{N/mm^2}$$

$$\sigma_I = \frac{2.375}{2} - \frac{1}{2}\sqrt{2.375^2 + 4 \times 0.43^2}$$

$$= -0.075 \ \mathrm{N/mm^2} \ \geq -0.90 \ \mathrm{N/mm^2} \ \text{（許容斜引張応力度）}$$

したがって，面外せん断力に対して安全である．

(2) 底版の照査

a) 断面力の算定

鉛直方向バネ定数は，固い地盤としての鉛直方向反力係数より，$K_v = 1.0 \times 10^6$ kN/m³ とする．この鉛直バネが底版下面に一様に分布するようにモデル化する．

b) 応力度算出式

配置鉄筋は，**表-2.1.1** の通りとする．

下式によりコンクリートおよび鉄筋に発生する応力度を算出する．

$$p = \frac{A_s}{bd}$$

$$k = \sqrt{2np + (np)^2} - np$$

$$j = 1 - \frac{k}{3}$$

$$\frac{1}{L_c} = \frac{2}{k \cdot j}$$

$$\frac{1}{L_s} = \frac{1}{p}\frac{1}{j}$$

$$\sigma_c = \frac{M}{bd^2}\frac{1}{L_c} \quad \frac{N}{A_c \; n \cdot A_s}$$

$$\sigma_s = \frac{M}{bd^2}\frac{1}{L_s} \quad \frac{N}{A_c \; n \; A_s}$$

ここに，

- A_s ：配置鉄筋
- b ：部材幅
- d ：有効高さ（＝底版厚－70mm）
- p ：鉄筋比
- M ：作用モーメント
- n ：ヤング係数比（＝200,000 / 28,000）
- σ_c ：コンクリート応力度
- σ_s ：鉄筋応力度
- N ：作用軸力
- A_c ：コンクリート断面積

表-2.1.1 底版配置鉄筋

配置間隔：200mm			配置鉄筋	決定要因
半径方向	端部	上側	D19	Bクラス：応力
		下側	D19	常時：ひび割れ幅 Bクラス：応力
	中間部	上側	D16	最小鉄筋比
		下側	D16	最小鉄筋比
円周方向	端部	上側	D16	最小鉄筋比
		下側	D16	
	中間部	上側	D16	最小鉄筋比
		下側	D16	

最小鉄筋比（底版厚 t_s (cm)）

$$p_{\min}(\%) = 0.45 - (t_s - 15) \times 0.2 / 85$$

端部（$t_s = 50$ cm）

　$p_{\min} = 0.368$ %

　$A_{s\,\min} = 500 \times 1000 \times 0.368\% = 1,840$ mm²

中間部（$t_s = 40$ cm）

　$p_{\min} = 0.391$ %

　$A_{s\,\min} = 400 \times 1000 \times 0.391\% = 1,564$ mm²

D16@200mm ダブル

　$A_s = 198.6 \times 1000 / 200 \times 2 = 1,986$ mm²

　　　　　　　$> A_{s\,\min}$

c) ひび割れ幅算出式

2012年制定 コンクリート標準示方書［設計編：標準］4編 2.3.4「曲げひび割れ幅の設計応答値の算定」より，曲げひび割れ幅の設計応答値は次式により求められる．

$$w = 1.1 \cdot k_1 k_2 k_3 \{4c + 0.7(c_s - \phi)\} \left(\frac{\sigma_{se}}{E_s} + \varepsilon'_{csd} \right)$$

ここに，

k_1：鋼材の表面形状がひび割れ幅に及ぼす影響を表す係数で，異形鉄筋の場合 1.0

k_2：コンクリートの品質がひび割れ幅に及ぼす影響を表す係数で，次式による

$$k_2 \quad \frac{15}{f'_c + 20} + 0.7 \quad \frac{15}{30 + 20} + 0.7 = 1.0$$

f'_c：コンクリートの圧縮強度 $= 30 \text{ N/mm}^2$

k_3：引張鋼材の段数の影響を表す係数で，次式による

$$k_3 = \frac{5(n+2)}{7n+8} \quad \frac{5(1+2)}{7 \cdot 1 + 8} = 1.0$$

n：引張鋼材の段数 $= 1$

c：かぶり(mm)

c_s：鋼材の中心間隔 $= 200$ mm

φ：鋼材径(mm)

ε'_{csd}：コンクリートの収縮およびクリープ等によるひび割れ幅の増加を考慮するための数値．本検討ではこの影響は考慮しないこととする．($= 0$)

σ_{se}：鋼材位置のコンクリートの応力度が0の状態からの鉄筋応力度の増加量(N/mm^2)

d) 解析結果

・半径方向(上側鉄筋) (σ_c…正：圧縮, 負：引張, σ_s…正：引張, 負：圧縮)

節点No.	板厚 (mm)	半径方向 上側鉄筋 ケース名	M (kN・m)	N (kN)	配置鉄筋	応力度 (N/mm²) σ_c	応力度 (N/mm²) σ_s	応力度の制限値 (N/mm²) σ_{ca}	応力度の制限値 (N/mm²) σ_{sa}	圧縮域 (mm)	部材厚の 1/10 (mm)	かぶり c	ひび割れ幅 w	ひび割れ幅の限界値 0.005×c
1	400	NE01	0.0	98.5	D16@200	0.2	-0.2	12.0	100.0	—	40.0	62	0.00	0.31
2	400	NE01	0.0	90.0	D16@200	0.2	-0.2	12.0	100.0	—	40.0	62	0.00	0.31
3	400	NF01	-0.1	24.7	D16@200	0.1	0.2	12.0	100.0	228.8	40.0	62	0.00	0.31
4	400	NF01	-0.1	24.9	D16@200	0.1	0.3	12.0	100.0	215.2	40.0	62	0.00	0.31
5	400	NF00	-0.1	23.8	D16@200	0.1	0.2	12.0	100.0	226.2	40.0	62	0.00	0.31
6	400	NF10	-0.1	34.8	D16@200	0.1	0.1	12.0	100.0	283.8	40.0	62	0.00	0.31
7	400	NF10	0.0	34.8	D16@200	0.1	0.0	12.0	100.0	316.1	40.0	62	0.00	0.31
8	400	NF10	0.0	34.8	D16@200	0.1	-0.0	12.0	100.0	—	40.0	62	0.00	0.31
9	400	NF10	0.0	34.8	D16@200	0.2	-0.1	12.0	100.0	—	40.0	62	0.00	0.31
10	400	NF10	0.0	109.0	D16@200	0.3	-0.2	12.0	100.0	—	40.0	62	0.00	0.31
11	400	NE11	0.0	110.2	D16@200	0.3	-0.2	12.0	100.0	—	40.0	62	0.00	0.31
12	400	NE11	0.0	110.2	D16@200	0.3	-0.2	12.0	100.0	—	40.0	62	0.00	0.31
13	400	NE11	0.0	110.2	D16@200	0.3	-0.2	12.0	100.0	—	40.0	62	0.00	0.31
14	400	NF01	0.0	25.0	D16@200	0.1	0.0	12.0	100.0	322.6	40.0	62	0.00	0.31
15	400	NF01	0.0	25.0	D16@200	0.1	0.0	12.0	100.0	304.2	40.0	62	0.00	0.31
16	400	NF01	0.0	25.0	D16@200	0.1	0.0	12.0	100.0	299.1	40.0	62	0.00	0.31
17	400	NF01	0.0	25.0	D16@200	0.1	-0.0	12.0	100.0	323.0	40.0	62	0.00	0.31
18	400	NF01	0.0	25.0	D16@200	0.1	-0.0	12.0	100.0	—	40.0	62	0.00	0.31
19	400	NF00	0.1	23.9	D16@200	0.1	0.2	12.0	100.0	227.5	40.0	62	0.00	0.31
20	400	NF00	0.2	23.9	D16@200	0.1	0.6	12.0	100.0	164.9	40.0	62	0.00	0.31
21	400	NE10	0.1	109.1	D16@200	0.3	-0.0	12.0	100.0	—	40.0	62	0.00	0.31
22	400	NE10	-0.4	109.1	D16@200	0.3	1.1	12.0	100.0	220.4	40.0	62	0.00	0.31
23	400	NE10	-1.3	109.1	D16@200	0.4	4.0	12.0	100.0	138.5	40.0	62	0.01	0.31
24	400	NE10	-2.6	109.1	D16@200	0.5	8.2	12.0	100.0	105.7	40.0	62	0.02	0.31
25	400	NE10	-4.1	109.1	D16@200	0.7	13.2	12.0	100.0	90.8	40.0	62	0.03	0.31
26	400	NE11	-5.5	110.2	D16@200	0.8	17.5	12.0	100.0	84.5	40.0	62	0.04	0.31
27	400	NE11	-5.6	110.2	D16@200	0.9	18.0	12.0	100.0	83.9	40.0	62	0.04	0.31
28	400	NF01	-6.2	25.0	D16@200	0.7	20.1	12.0	100.0	66.5	40.0	62	0.04	0.31
29	400	NF01	-9.2	25.1	D19@200	0.9	20.9	12.0	100.0	76.9	40.0	60.5	0.04	0.3025
30	400	NF01	-11.2	24.7	D19@200	1.1	25.5	12.0	100.0	76.1	40.0	60.5	0.05	0.3025
31	420	NF01	-11.3	24.8	D19@200	1.0	24.2	12.0	100.0	78.8	42.0	60.5	0.05	0.3025
32	440	NF01	-10.1	24.7	D19@200	0.8	20.4	12.0	100.0	81.9	44.0	60.5	0.04	0.3025
33	460	NF01	-7.1	24.6	D19@200	0.5	13.6	12.0	100.0	86.5	46.0	60.5	0.03	0.3025
34	480	NF01	-1.9	24.5	D19@200	0.2	3.4	12.0	100.0	108.5	48.0	60.5	0.01	0.3025
35	500	NF01	6.2	24.8	D19@200	0.4	10.7	12.0	100.0	93.2	50.0	60.5	0.02	0.3025

・応力度は制限値以下である. ・圧縮域は部材厚の1/10以上確保されている. ・ひび割れ幅は限界値以下である.

参考資料

・半径方向（下側鉄筋）（σ_c…正：圧縮，負：引張，σ_s…正：引張，負：圧縮）

節点No.	半径方向 下側鉄筋 版厚 (mm)	ケース名	M (kN・m)	N (kN)	配置鉄筋	応力度 (N/mm²) σ_c	σ_s	応力度の制限値 (N/mm²) σ_{ca}	σ_{sa}	圧縮縁 (mm)	部材厚の 1/10 (mm)	かぶり c	ひび割れ 幅 w	ひび割れ幅 の限界値 0.005×c
1	400	NF11	0.6	35.6	D16@200	0.1	1.8	12.0	180.0	122.2	40.0	62	0.00	0.31
2	400	NF11	0.0	32.6	D16@200	0.1	-0.0	12.0	180.0	—	40.0	62	0.00	0.31
3	400	NE10	0.0	107.5	D16@200	0.3	-0.3	12.0	180.0	—	40.0	62	0.00	0.31
4	400	NE11	0.0	109.6	D16@200	0.3	-0.3	12.0	180.0	—	40.0	62	0.00	0.31
5	400	NE11	0.0	109.9	D16@200	0.3	-0.2	12.0	180.0	—	40.0	62	0.00	0.31
6	400	NE01	0.0	99.1	D16@200	0.2	-0.2	12.0	180.0	—	40.0	62	0.00	0.31
7	400	NE01	0.0	99.2	D16@200	0.2	-0.2	12.0	180.0	—	40.0	62	0.00	0.31
8	400	NE01	0.0	99.2	D16@200	0.2	-0.2	12.0	180.0	—	40.0	62	0.00	0.31
9	400	NE01	0.0	99.3	D16@200	0.2	-0.2	12.0	180.0	—	40.0	62	0.00	0.31
10	400	NF01	0.0	25.0	D16@200	0.1	-0.1	12.0	180.0	—	40.0	62	0.00	0.31
11	400	NF01	0.0	25.0	D16@200	0.1	-0.0	12.0	180.0	—	40.0	62	0.00	0.31
12	400	NF00	0.0	23.9	D16@200	0.1	-0.0	12.0	180.0	—	40.0	62	0.00	0.31
13	400	NF00	0.0	23.9	D16@200	0.1	-0.3	12.0	180.0	—	40.0	62	0.00	0.31
14	400	NE10	0.0	109.1	D16@200	0.3	-0.2	12.0	180.0	—	40.0	62	0.00	0.31
15	400	NE10	0.0	109.1	D16@200	0.3	0.0	12.0	180.0	328.0	40.0	62	0.00	0.31
16	400	NE10	0.1	109.1	D16@200	0.3	0.3	12.0	180.0	293.0	40.0	62	0.00	0.31
17	400	NF01	0.2	109.1	D16@200	0.3	0.5	12.0	180.0	263.3	40.0	62	0.00	0.31
18	400	NF01	0.2	110.2	D16@200	0.3	0.7	12.0	180.0	246.0	40.0	62	0.00	0.31
19	400	NF01	0.3	110.2	D16@200	0.3	0.7	12.0	180.0	249.3	40.0	62	0.00	0.31
20	400	NE11	0.3	25.0	D16@200	0.1	1.1	12.0	180.0	127.3	40.0	62	0.00	0.31
21	400	NF01	0.4	25.0	D16@200	0.1	1.7	12.0	180.0	110.6	40.0	62	0.00	0.31
22	400	NF01	0.5	25.0	D16@200	0.1	1.9	12.0	180.0	105.2	40.0	62	0.00	0.31
23	400	NF01	0.6	25.0	D16@200	0.1	1.4	12.0	180.0	116.9	40.0	62	0.00	0.31
24	400	NF01	0.5	25.0	D16@200	0.1	0.3	12.0	180.0	204.7	40.0	62	0.00	0.31
25	400	NF01	-0.1	25.0	D16@200	0.2	4.0	12.0	180.0	83.2	40.0	62	0.00	0.31
26	400	NF00	-1.3	23.9	D16@200	0.4	10.0	12.0	180.0	70.8	40.0	62	0.01	0.31
27	400	NF00	-3.1	23.9	D16@200	0.5	7.2	12.0	180.0	110.6	40.0	62	0.02	0.31
28	400	NE10	-2.3	109.1	D16@200	0.5	7.2	12.0	180.0	100.3	40.0	62	0.01	0.31
29	400	NE10	5.7	109.1	D19@200	0.8	12.7	12.0	180.0	100.3	40.0	60.5	0.03	0.3025
30	400	NE10	20.7	109.2	D19@200	2.1	46.9	12.0	180.0	80.8	40.0	60.5	0.10	0.3025
31	420	NE10	30.1	112.3	D19@200	2.7	64.4	12.0	180.0	81.4	42.0	60.5	0.13	0.3025
32	440	NE10	41.3	112.3	D19@200	3.4	83.5	12.0	180.0	82.4	44.0	60.5	0.17	0.3025
33	460	NE10	54.1	112.3	D19@200	4.0	103.6	12.0	180.0	83.8	46.0	60.5	0.21	0.3025
34	480	NE10	67.7	112.4	D19@200	4.5	123.2	12.0	180.0	85.5	48.0	60.5	0.25	0.3025
35	500	NE10	81.2	114.6	D19@200	5.0	140.8	12.0	180.0	87.4	50.0	60.5	0.29	0.3025

・応力度は制限値以下である．　・圧縮域は部材厚の1/10以上確保されている．　・ひび割れ幅は限界値以下である．

常時・円周方向（上側鉄筋）（σ_c…正：圧縮，負：引張，σ_s…正：引張，負：圧縮）
・円周方向 円周方向 上側鉄筋

節点No.	板厚(mm)	ケース名	M (kN·m)	N (kN)	配置鉄筋	応力度 (N/mm²) σc	σs	応力度の制限値 (N/mm²) σca	σsa	圧縮域 (mm)	部材厚の1/10 (mm)	かぶり c	ひび割れ幅 w	ひび割れ幅の限界値 0.005×c
1	400	NE01	-0.1	182.0	D16@200	0.5	-0.1	12.0	100.0	—	40.0	62	0.00	0.31
2	400	NE01	0.0	102.0	D16@200	0.3	-0.2	12.0	100.0	—	40.0	62	0.00	0.31
3	400	NE01	0.0	101.0	D16@200	0.2	-0.2	12.0	100.0	—	40.0	62	0.00	0.31
4	400	NE01	0.0	99.9	D16@200	0.2	-0.2	12.0	100.0	—	40.0	62	0.00	0.31
5	400	NE00	0.0	98.5	D16@200	0.2	-0.2	12.0	100.0	—	40.0	62	0.00	0.31
6	400	NE00	0.0	98.4	D16@200	0.1	-0.1	12.0	100.0	—	40.0	62	0.00	0.31
7	400	NF10	0.0	34.9	D16@200	0.1	-0.1	12.0	100.0	—	40.0	62	0.00	0.31
8	400	NF10	0.0	34.9	D16@200	0.3	-0.3	12.0	100.0	—	40.0	62	0.00	0.31
9	400	NE10	0.0	109.2	D16@200	0.3	-0.3	12.0	100.0	—	40.0	62	0.00	0.31
10	400	NE10	0.0	109.2	D16@200	0.3	-0.3	12.0	100.0	—	40.0	62	0.00	0.31
11	400	NE10	0.0	109.2	D16@200	0.3	-0.2	12.0	100.0	—	40.0	62	0.00	0.31
12	400	NE11	0.0	110.3	D16@200	0.2	-0.2	12.0	100.0	—	40.0	62	0.00	0.31
13	400	NE11	0.0	110.3	D16@200	0.1	-0.0	12.0	100.0	—	40.0	62	0.00	0.31
14	400	NF01	0.0	25.1	D16@200	0.1	-0.0	12.0	100.0	—	40.0	62	0.00	0.31
15	400	NF01	0.0	25.1	D16@200	0.1	-0.0	12.0	100.0	—	40.0	62	0.00	0.31
16	400	NF01	0.0	25.1	D16@200	0.1	-0.0	12.0	100.0	—	40.0	62	0.00	0.31
17	400	NF01	0.0	25.1	D16@200	0.1	-0.1	12.0	100.0	—	40.0	62	0.00	0.31
18	400	NF00	0.0	23.9	D16@200	0.1	-0.0	12.0	100.0	—	40.0	62	0.00	0.31
19	400	NF00	0.0	23.9	D16@200	0.1	0.1	12.0	100.0	279.8	40.0	62	0.00	0.31
20	400	NE10	0.1	109.1	D16@200	0.1	-0.1	12.0	100.0	—	40.0	62	0.00	0.31
21	400	NE10	0.0	109.1	D16@200	0.3	-0.1	12.0	100.0	258.5	40.0	62	0.00	0.31
22	400	NE10	-0.3	109.1	D16@200	0.3	0.6	12.0	100.0	192.5	40.0	62	0.00	0.31
23	400	NE10	-0.6	109.1	D16@200	0.3	1.7	12.0	100.0	153.2	40.0	62	0.00	0.31
24	400	NE10	-1.0	109.1	D16@200	0.4	3.1	12.0	100.0	133.1	40.0	62	0.01	0.31
25	400	NE11	-1.5	110.3	D16@200	0.4	4.5	12.0	100.0	125.7	40.0	62	0.01	0.31
26	400	NE11	-1.7	110.3	D16@200	0.4	5.2	12.0	100.0	81.5	40.0	62	0.01	0.31
27	400	NF01	-1.4	25.1	D16@200	0.2	4.6	12.0	100.0	74.5	40.0	62	0.01	0.31
28	400	NF01	-2.3	25.1	D16@200	0.3	7.4	12.0	100.0	71.5	40.0	62	0.02	0.31
29	400	NF01	-3.0	25.0	D16@200	0.4	9.7	12.0	100.0	73.5	40.0	62	0.02	0.31
30	400	NF01	-3.3	25.3	D16@200	0.4	10.1	12.0	100.0	76.1	40.0	62	0.02	0.31
31	420	NF01	-3.4	25.5	D16@200	0.4	9.8	12.0	100.0	79.7	42.0	62	0.02	0.31
32	440	NF01	-3.1	25.4	D16@200	0.3	8.5	12.0	100.0	86.4	44.0	62	0.02	0.31
33	460	NF01	-2.3	25.2	D16@200	0.2	6.0	12.0	100.0	114.6	46.0	62	0.01	0.31
34	480	NF01	-0.9	25.1	D16@200	0.1	2.2	12.0	100.0	114.6	48.0	62	0.00	0.31
35	500	NF01	-0.9	25.1	D16@200	0.1	2.2	12.0	100.0	114.6	50.0	62	0.00	0.31

・応力度は制限値以下である．　・圧縮域は部材厚の1/10以上確保されている．　・ひび割れ幅は限界値以下である．

参考資料

・常時 円周方向（下側鉄筋）(σ_c…正：圧縮，負：引張，σ_s…正：引張，負：圧縮）

節点No.	板厚 (mm)	ケース名	配置鉄筋	M (kN・m)	N (kN)	応力度 (N/mm²) σ_c	応力度 (N/mm²) σ_s	応力度の制限値 (N/mm²) σ_{ca}	応力度の制限値 (N/mm²) σ_{sa}	圧縮域 (mm)	部材厚の1/10 (mm)	かぶり c	ひび割れ幅 w	ひび割れ幅の限界値 $0.005×c$
1	400	NF11	D16@200	1.3	65.9	0.3	3.9	12.0	180.0	115.1	40.0	62	0.01	0.31
2	400	NF11	D16@200	0.3	36.9	0.1	1.0	12.0	180.0	156.6	40.0	62	0.00	0.31
3	400	NF11	D16@200	0.1	36.4	0.1	0.4	12.0	180.0	221.0	40.0	62	0.00	0.31
4	400	NF11	D16@200	0.1	36.2	0.1	0.1	12.0	180.0	289.9	40.0	62	0.00	0.31
5	400	NF11	D16@200	0.0	36.1	0.1	-0.0	12.0	180.0	—	40.0	62	0.00	0.31
6	400	NE01	D16@200	0.0	36.1	0.1	-0.1	12.0	180.0	—	40.0	62	0.00	0.31
7	400	NE01	D16@200	0.0	99.5	0.2	-0.2	12.0	180.0	—	40.0	62	0.00	0.31
8	400	NE01	D16@200	0.0	99.5	0.2	-0.2	12.0	180.0	—	40.0	62	0.00	0.31
9	400	NF01	D16@200	0.0	25.1	0.1	-0.1	12.0	180.0	—	40.0	62	0.00	0.31
10	400	NF01	D16@200	0.0	25.1	0.1	-0.1	12.0	180.0	—	40.0	62	0.00	0.31
11	400	NF01	D16@200	0.0	25.1	0.1	-0.1	12.0	180.0	—	40.0	62	0.00	0.31
12	400	NF00	D16@200	0.0	23.9	0.1	-0.1	12.0	180.0	—	40.0	62	0.00	0.31
13	400	NF00	D16@200	0.0	23.9	0.1	-0.0	12.0	180.0	—	40.0	62	0.00	0.31
14	400	NE10	D16@200	0.0	109.1	0.3	-0.3	12.0	180.0	—	40.0	62	0.00	0.31
15	400	NE10	D16@200	0.0	109.1	0.3	-0.3	12.0	180.0	—	40.0	62	0.00	0.31
16	400	NE10	D16@200	0.0	109.1	0.3	-0.2	12.0	180.0	—	40.0	62	0.00	0.31
17	400	NE10	D16@200	0.0	109.1	0.3	-0.1	12.0	180.0	—	40.0	62	0.00	0.31
18	400	NE10	D16@200	0.1	109.1	0.3	-0.0	12.0	180.0	—	40.0	62	0.00	0.31
19	400	NE11	D16@200	0.1	110.3	0.3	0.0	12.0	180.0	324.7	40.0	62	0.00	0.31
20	400	NE11	D16@200	0.1	110.3	0.3	0.1	12.0	180.0	319.3	40.0	62	0.00	0.31
21	400	NF01	D16@200	0.1	25.1	0.1	0.2	12.0	180.0	225.2	40.0	62	0.00	0.31
22	400	NF01	D16@200	0.1	25.1	0.1	0.4	12.0	180.0	190.5	40.0	62	0.00	0.31
23	400	NF01	D16@200	0.2	25.1	0.1	0.5	12.0	180.0	172.6	40.0	62	0.00	0.31
24	400	NF01	D16@200	0.2	25.1	0.1	0.5	12.0	180.0	177.3	40.0	62	0.00	0.31
25	400	NF01	D16@200	0.1	25.1	0.1	0.1	12.0	180.0	262.3	40.0	62	0.00	0.31
26	400	NF00	D16@200	-0.2	23.9	0.1	0.6	12.0	180.0	157.1	40.0	62	0.00	0.31
27	400	NF00	D16@200	-0.7	23.9	0.1	2.1	12.0	180.0	100.5	40.0	62	0.01	0.31
28	400	NE10	D16@200	-1.1	109.1	0.4	3.4	12.0	180.0	147.7	40.0	62	0.00	0.31
29	400	NE10	D16@200	0.6	109.1	0.3	1.6	12.0	180.0	198.1	40.0	62	0.00	0.31
30	400	NE10	D16@200	4.0	109.1	0.7	12.8	12.0	180.0	91.6	40.0	62	0.03	0.31
31	420	NE10	D16@200	6.3	114.5	0.9	19.1	12.0	180.0	86.1	42.0	62	0.04	0.31
32	440	NE10	D16@200	9.2	119.1	1.1	26.4	12.0	180.0	83.2	44.0	62	0.05	0.31
33	460	NE10	D16@200	12.7	123.8	1.3	34.5	12.0	180.0	82.0	46.0	62	0.07	0.31
34	480	NE10	D16@200	16.6	129.5	1.5	42.9	12.0	180.0	81.9	48.0	62	0.09	0.31
35	500	NE10	D16@200	20.8	135.3	1.7	51.3	12.0	180.0	82.4	50.0	62	0.11	0.31

・応力度は制限値以下である．　・圧縮域は部材厚の1/10以上確保されている．　・ひび割れ幅は限界値以下である．

2.1.4 Bクラス地震時
(1) 側壁の照査

　プレキャストPCタンクでは，側壁の目地部分は鉄筋が配置されない，もしくは少ないため，ひび割れ幅を抑制できない．Bクラス地震時は，耐震性能1を満足することとし，円周方向はフルプレストレス状態，鉛直方向はひび割れを発生させないこととする．

応力度は全断面有効として次式にて計算を行う．

$$\sigma = \frac{N}{A} \pm \frac{M}{Z}$$

ここに，σ：発生応力度（N/mm²）（正：圧縮応力　負：引張応力）
　　　　N：軸力（N/m）
　　　　A：単位長さあたりの断面積（mm²/m）
　　　　M：曲げモーメント（N・mm/m）
　　　　Z：単位長さあたりの断面係数（mm³/m）

参考資料

a) 円周方向応力度

各節点において，発生する縁応力が最小となる時のケース名と応力度を示す．

（正：圧縮応力　負：引張応力）

Bクラス 円周方向		内側		外側	
節点No.	高さ(m)	ケース名	応力度(N/mm²)	ケース名	応力度(N/mm²)
37	0.00	BF00_0	1.00	BF11_180	0.53
38	0.15	BF01_0	0.93	BF11_180	0.62
39	0.30	BF01_0	0.85	BF11_180	0.73
40	0.45	BF01_0	0.78	BF11_0	0.83
41	0.60	BF01_0	0.72	BF11_0	0.70
42	0.75	BF01_0	0.68	BF11_0	0.57
43	0.90	BF01_0	0.66	BF11_0	0.42
44	1.05	BF11_0	0.54	BF01_0	0.29
45	1.20	BF11_0	0.43	BF01_0	0.19
46	1.35	BF11_0	0.34	BF01_0	0.11
47	1.50	BF11_0	0.27	BF01_0	0.07
48	1.65	BF11_0	0.22	BF01_0	0.05
49	1.80	BF11_0	0.20	BF01_0	0.05
50	2.00	BF11_0	0.19	BF01_0	0.06
51	2.20	BF11_0	0.19	BF01_0	0.08
52	2.40	BF11_0	0.21	BF01_0	0.12
53	2.60	BF11_0	0.24	BF01_0	0.16
54	2.80	BF11_0	0.27	BF01_0	0.20
55	3.00	BF11_0	0.32	BF01_0	0.25
56	3.20	BF11_0	0.36	BF00_0	0.30
57	3.40	BF11_0	0.41	BF00_0	0.36
58	3.60	BF11_0	0.47	BF00_0	0.41
59	3.90	BF11_0	0.52	BF00_0	0.47
60	4.20	BF00_0	0.58	BF10_0	0.53
61	4.50	BF01_0	0.64	BF10_0	0.60
62	4.80	BF11_0	0.70	BF00_0	0.66
63	5.10	BF10_0	0.75	BF01_0	0.73
64	5.40	BF11_0	0.81	BF01_0	0.80
65	5.70	BF10_0	0.86	BF01_0	0.87
66	6.00	BF11_0	0.91	BF00_0	0.94
67	6.30	BF10_0	0.95	BF01_0	1.01
68	6.60	BF11_0	0.98	BF01_0	1.07
69	6.90	BF11_0	1.01	BF01_0	1.12
70	7.20	BF10_0	1.02	BF01_0	1.16
71	7.40	BF10_0	1.01	BF00_0	1.19
72	7.60	BF10_0	0.99	BF01_0	1.19
73	7.80	BF10_0	0.95	BF00_0	1.17
74	8.00	BF10_0	0.91	BF00_0	1.12
75	8.15	BF10_0	0.85	BF00_0	1.03
76	8.30	BF11_0	0.89	BF01_0	0.92
77	8.45	BE11_0	0.76	BE01_0	0.76
78	8.60	BE01_0	0.59	BE11_0	0.58
79	8.70	BE01_0	0.48	BE11_0	0.46

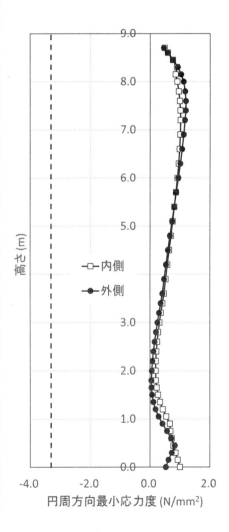

以上より，Bクラス地震時の側壁円周方向は，引張応力が発生しないフルプレストレス状態である．

b) 鉛直方向応力度

　各節点において，発生する縁応力が最小となる時のケース名と応力度を示す．

　（正：圧縮応力　負：引張応力）

Bクラス 鉛直方向		内側		外側	
節点No.	高さ(m)	ケース名	応力度(N/mm^2)	ケース名	応力度(N/mm^2)
37	0.00	BF00_0	2.00	BE11_180	-1.27
38	0.15	BF00_0	2.30	BE11_180	-0.66
39	0.30	BF00_0	2.63	BE11_180	-0.06
40	0.45	BF00_0	3.01	BE11_180	0.59
41	0.60	BF00_0	3.47	BE11_180	1.32
42	0.75	BF00_0	4.06	BE11_180	2.17
43	0.90	BF10_180	4.45	BF01_180	3.09
44	1.05	BE10_180	3.54	BF01_0	3.69
45	1.20	BE10_180	2.79	BF00_0	3.67
46	1.35	BE10_180	2.36	BF00_0	3.68
47	1.50	BE10_180	2.16	BF00_0	3.71
48	1.65	BE10_180	2.13	BF00_0	3.75
49	1.80	BE10_180	2.22	BF00_0	3.79
50	2.00	BE10_180	2.39	BF00_0	3.83
51	2.20	BE10_180	2.60	BF00_0	3.87
52	2.40	BE10_180	2.82	BF00_0	3.90
53	2.60	BE10_180	3.04	BF00_0	3.93
54	2.80	BE10_180	3.24	BF00_0	3.94
55	3.00	BE10_180	3.41	BF00_0	3.96
56	3.20	BE10_180	3.56	BF00_0	3.96
57	3.40	BF10_180	3.66	BF00_0	3.96
58	3.60	BF10_180	3.72	BF00_0	3.96
59	3.90	BF10_180	3.76	BF00_0	3.96
60	4.20	BF10_180	3.79	BE00_180	3.92
61	4.50	BF10_180	3.82	BE00_180	3.88
62	4.80	BF10_180	3.84	BE00_180	3.85
63	5.10	BF10_180	3.86	BE00_180	3.82
64	5.40	BF10_180	3.87	BE00_180	3.80
65	5.70	BF10_180	3.88	BE00_180	3.78
66	6.00	BF10_0	3.84	BE00_180	3.75
67	6.30	BF10_0	3.76	BE00_180	3.72
68	6.60	BF10_0	3.68	BE00_180	3.69
69	6.90	BF10_0	3.59	BE00_180	3.65
70	7.20	BF10_0	3.49	BE00_180	3.61
71	7.40	BF10_0	3.41	BE00_180	3.57
72	7.60	BF10_0	3.34	BE00_180	3.53
73	7.80	BF10_0	3.30	BE00_180	3.50
74	8.00	BF10_0	3.30	BE00_180	3.48
75	8.15	BF10_0	2.95	BE00_180	3.09
76	8.30	BF10_0	2.71	BE00_180	2.72
77	8.45	BF10_0	1.91	BE00_180	1.92
78	8.60	BE10_0	0.88	BE00_180	0.88
79	8.70	BE10_0	0.06	BE00_0	0.06

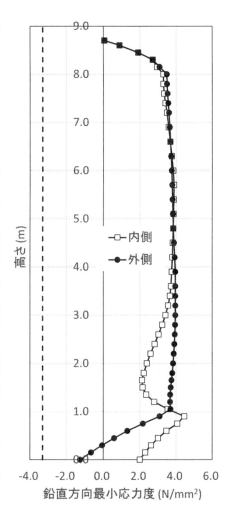

　以上より，Bクラス地震時の側壁鉛直方向は，引張応力が生じるが，曲げひび割れ強度（3.3 N/mm²）以下であり，曲げひび割れは発生しない．

(2) 底版の照査

a) 断面力の算定

鉛直方向バネ定数は，固い地盤としての鉛直方向反力係数より，$K_v = 2.0 \times 10^6$ kN/m^3 とする．この鉛直バネが底版下面に一様に分布するようにモデル化する．

b) 応力度算出式

2.1.3 (2) b) 参照．

c) 解析結果

・半径方向（上側鉄筋）（σ_c…正：圧縮，負：引張，σ_s…正：引張，負：圧縮）

- 応力度は制限値以下である。
  （表中太枠内は全断面引張となるが，発生する引張力は非常に小さく，ひび割れが発生しない範囲である。）
- 圧縮域は部材厚の1/10以上確保されている。
  （一部確保されていない箇所があるが，発生する引張力は非常に小さく，ひび割れが発生しない範囲である。）

Bクラス	半径方向	上側鉄筋					応力度 (N/mm²)		応力度の制限値 (N/mm²)		圧縮域 (mm)	部材厚の1/10 (mm)
節点No.	板厚 (mm)	ケース名	M (kN・m)	N (kN)	配置鉄筋	σ_c	σ_s	σ_{ca}	σ_{sa}		
1	400	BE01_0	0.0	97.5	D16@200	0.2	-0.2	12.0	100.0	—	40.0
2	400	BE01_0	0.0	86.9	D16@200	0.2	-0.2	12.0	100.0	—	40.0
3	400	BF01_0	-0.1	14.4	D16@200	0.0	0.3	12.0	100.0	184.8	40.0
4	400	BF01_0	-0.1	11.8	D16@200	0.0	0.3	12.0	100.0	156.9	40.0
5	400	BF01_0	-0.1	9.5	D16@200	0.0	0.3	12.0	100.0	153.4	40.0
6	400	BF01_0	-0.1	17.3	D16@200	0.0	0.1	12.0	100.0	224.0	40.0
7	400	BF10_0	0.0	15.7	D16@200	0.0	0.1	12.0	100.0	251.2	40.0
8	400	BF10_0	0.0	14.3	D16@200	0.0	0.1	12.0	100.0	281.9	40.0
9	400	BF10_0	0.0	13.1	D16@200	0.0	0.0	12.0	100.0	307.4	40.0
10	400	BF10_0	0.0	12.0	D16@200	0.0	0.0	12.0	100.0	319.4	40.0
11	400	BE10_180	0.0	118.9	D16@200	0.3	-0.2	12.0	100.0	—	40.0
12	400	BE10_180	0.0	118.9	D16@200	0.3	-0.2	12.0	100.0	—	40.0
13	400	BF11_0	-0.1	10.9	D16@200	0.0	0.0	12.0	100.0	279.7	40.0
14	400	BF11_0	0.0	-0.6	D16@200	-0.0	0.1	12.0	100.0	36.1	40.0
15	400	BF01_0	0.0	-1.0	D16@200	0.0	0.1	12.0	100.0	29.1	40.0
16	400	BF01_0	-0.1	-1.4	D16@200	0.0	0.1	12.0	100.0	28.5	40.0
17	400	BF01_0	-0.1	-1.7	D16@200	0.0	0.2	12.0	100.0	28.1	40.0
18	400	BF01_0	-0.1	-2.0	D16@200	0.0	0.2	12.0	100.0	22.1	40.0
19	400	BF00_0	0.0	-3.3	D16@200	-0.0	0.1	12.0	100.0	—	40.0
20	400	BF01_0	-0.1	2.3	D16@200	0.0	0.2	12.0	100.0	104.1	40.0
21	400	BF11_0	-0.3	13.4	D16@200	0.1	0.9	12.0	100.0	109.6	40.0
22	400	BF11_0	-0.7	13.5	D16@200	0.1	2.2	12.0	100.0	83.6	40.0
23	400	BE10_180	-1.5	114.9	D16@200	0.4	4.5	12.0	100.0	135.3	40.0
24	400	BE10_180	-2.9	114.9	D16@200	0.6	9.2	12.0	100.0	103.4	40.0
25	400	BE11_180	-4.6	114.9	D16@200	0.8	14.7	12.0	100.0	89.4	40.0
26	400	BE11_180	-5.9	114.9	D16@200	0.9	19.0	12.0	100.0	83.6	40.0
27	400	BE11_180	-6.8	114.9	D16@200	0.9	18.4	12.0	100.0	84.2	40.0
28	400	BF01_0	-7.8	-3.8	D16@200	0.8	25.2	12.0	100.0	61.1	40.0
29	400	BF01_0	-17.7	-4.2	D19@200	1.6	40.4	12.0	100.0	72.2	40.0
30	400	BF01_0	-31.1	-5.4	D19@200	2.8	71.0	12.0	100.0	72.3	40.0
31	420	BF01_0	-37.8	-7.2	D19@200	3.1	81.2	12.0	100.0	74.7	42.0
32	440	BF01_0	-42.9	-7.5	D19@200	3.2	87.0	12.0	100.0	77.1	44.0
33	460	BF01_0	-45.1	-7.9	D19@200	3.1	86.6	12.0	100.0	79.3	46.0
34	480	BF01_0	-42.3	-8.2	D19@200	2.7	77.2	12.0	100.0	81.5	48.0
35	500	BF01_0	-32.3	-8.3	D19@200	1.9	56.1	12.0	100.0	83.5	50.0

参考資料

・半径方向（下側鉄筋）（σ_c…正：圧縮，負：引張，σ_s…正：引張，負：圧縮）

Bクラス 半径方向 下側鉄筋

節点No.	板厚(mm)	ケース名	M(kN・m)	N(kN)	配置鉄筋	応力度(N/mm²) σ_c	σ_s	応力度の制限値(N/mm²) σ_{ca}	σ_{sa}	圧縮域(mm)	部材厚の1/10(mm)
1	400	BF11_0	0.6	33.2	D16@200	0.1	1.8	12.0	180.0	118.8	40.0
2	400	BF10_180	0.0	37.9	D16@200	0.1	-0.0	12.0	180.0	—	40.0
3	400	BE10_0	0.0	102.7	D16@200	0.3	-0.2	12.0	180.0	—	40.0
4	400	BE11_180	0.0	115.9	D16@200	0.3	-0.3	12.0	180.0	—	40.0
5	400	BE11_180	0.0	116.9	D16@200	0.3	-0.3	12.0	180.0	—	40.0
6	400	BE01_180	0.0	107.0	D16@200	0.3	-0.3	12.0	180.0	—	40.0
7	400	BE01_180	0.0	107.0	D16@200	0.3	-0.3	12.0	180.0	—	40.0
8	400	BE01_180	0.0	108.0	D16@200	0.3	-0.3	12.0	180.0	—	40.0
9	400	BF01_180	0.0	46.8	D16@200	0.1	-0.1	12.0	180.0	—	40.0
10	400	BF01_180	0.0	47.8	D16@200	0.1	-0.1	12.0	180.0	—	40.0
11	400	BF01_180	0.0	48.7	D16@200	0.1	-0.1	12.0	180.0	—	40.0
12	400	BF00_180	0.0	48.3	D16@200	0.1	-0.1	12.0	180.0	—	40.0
13	400	BF00_180	0.0	49.0	D16@200	0.1	-0.1	12.0	180.0	—	40.0
14	400	BE10_0	0.0	100.1	D16@200	0.2	-0.2	12.0	180.0	—	40.0
15	400	BE10_0	0.0	100.3	D16@200	0.2	-0.1	12.0	180.0	—	40.0
16	400	BE10_180	0.1	117.9	D16@200	0.3	-0.0	12.0	180.0	—	40.0
17	400	BE10_180	0.2	117.9	D16@200	0.3	0.3	12.0	180.0	294.6	40.0
18	400	BE10_180	0.3	116.9	D16@200	0.3	0.6	12.0	180.0	263.5	40.0
19	400	BE10_180	0.3	117.9	D16@200	0.3	0.8	12.0	180.0	244.9	40.0
20	400	BE11_180	0.4	63.3	D16@200	0.2	1.1	12.0	180.0	187.6	40.0
21	400	BF11_180	0.5	52.6	D16@200	0.2	1.4	12.0	180.0	155.1	40.0
22	400	BF01_180	0.5	52.7	D16@200	0.2	1.4	12.0	180.0	157.1	40.0
23	400	BF01_180	0.2	52.8	D16@200	0.1	0.4	12.0	180.0	237.3	40.0
24	400	BF01_180	-0.6	53.0	D16@200	0.2	1.8	12.0	180.0	141.6	40.0
25	420	BF00_0	-1.6	4.2	D16@200	0.2	5.3	12.0	180.0	64.8	40.0
26	400	BF01_0	-0.9	3.3	D16@200	0.1	3.0	12.0	180.0	66.0	40.0
27	400	BF00_0	-1.5	-4.7	D16@200	0.1	5.0	12.0	180.0	57.9	40.0
28	400	BE10_180	-1.4	112.9	D16@200	0.4	4.4	12.0	180.0	134.9	40.0
29	400	BE10_180	8.5	112.9	D19@200	1.0	19.1	12.0	180.0	92.4	40.0
30	400	BE10_180	26.3	113.0	D19@200	2.6	59.7	12.0	180.0	79.3	40.0
31	420	BE10_180	37.2	115.3	D19@200	3.3	79.6	12.0	180.0	80.3	42.0
32	440	BE10_180	49.5	115.3	D19@200	4.0	100.1	12.0	180.0	81.7	44.0
33	460	BE10_180	62.8	115.3	D19@200	4.6	120.3	12.0	180.0	83.4	46.0
34	480	BE10_180	75.9	115.4	D19@200	5.1	138.1	12.0	180.0	85.2	48.0
35	500	BE10_180	87.4	117.6	D19@200	5.4	151.6	12.0	180.0	87.2	50.0

・応力度は制限値以下である。
・圧縮域は部材厚の1/10以上確保されている。

- 円周方向（上側鉄筋）（σ_c…正：圧縮，負：引張，σ_s…正：引張，負：圧縮）

Bケース 節点No.	円周方向 板厚 (mm)	上側鉄筋 ケース名	M (kN・m)	N (kN)	配置鉄筋	応力度 (N/mm²) σ_c	応力度 (N/mm²) σ_s	応力度の制限値 (N/mm²) σ_{ca}	応力度の制限値 (N/mm²) σ_{sa}	圧縮域 (mm)	部材厚の 1/10 (mm)
1	400	BE01_0	-0.1	180.0	D16@200	0.5	-0.1	12.0	100.0	-	40.0
2	400	BE01_0	0.0	93.6	D16@200	0.2	-0.2	12.0	100.0	-	40.0
3	400	BE01_0	0.0	88.3	D16@200	0.2	-0.2	12.0	100.0	-	40.0
4	400	BE01_0	0.0	85.1	D16@200	0.2	-0.2	12.0	100.0	-	40.0
5	400	BE00_0	0.0	81.9	D16@200	0.2	-0.2	12.0	100.0	-	40.0
6	400	BE00_0	0.0	80.5	D16@200	0.2	-0.2	12.0	100.0	-	40.0
7	400	BF10_0	0.0	0.5	D16@200	0.0	0.0	12.0	100.0	157.6	40.0
8	400	BF10_0	0.0	-0.6	D16@200	-0.0	0.0	12.0	100.0	-	40.0
9	400	BF10_0	0.0	-1.4	D16@200	-0.0	0.0	12.0	100.0	-	40.0
10	400	BF10_0	0.0	-1.6	D16@200	-0.0	0.0	12.0	100.0	-	40.0
11	400	BF10_0	0.0	-1.5	D16@200	-0.0	0.0	12.0	100.0	-	40.0
12	400	BE11_180	0.0	129.9	D16@200	0.3	-0.3	12.0	100.0	-	40.0
13	400	BF11_0	0.0	0.8	D16@200	0.0	0.0	12.0	100.0	146.3	40.0
14	400	BF11_0	0.0	-9.1	D16@200	-0.0	0.1	12.0	100.0	-	40.0
15	400	BF01_0	0.0	-7.8	D16@200	-0.0	0.1	12.0	100.0	-	40.0
16	400	BF01_0	0.0	-6.2	D16@200	-0.0	0.1	12.0	100.0	-	40.0
17	400	BF01_0	0.0	-4.4	D16@200	-0.0	0.1	12.0	100.0	-	40.0
18	400	BF01_0	0.0	-2.3	D16@200	-0.0	0.1	12.0	100.0	-	40.0
19	400	BF01_0	0.0	-1.1	D16@200	-0.0	0.1	12.0	100.0	-	40.0
20	400	BF00_0	0.0	1.5	D16@200	0.0	0.1	12.0	100.0	225.6	40.0
21	400	BF00_0	0.0	15.4	D16@200	0.0	0.1	12.0	100.0	266.3	40.0
22	400	BE10_180	-0.1	119.9	D16@200	0.3	-0.1	12.0	100.0	-	40.0
23	400	BE10_180	-0.3	118.9	D16@200	0.3	0.7	12.0	100.0	256.0	40.0
24	400	BE10_180	-0.7	116.9	D16@200	0.4	1.9	12.0	100.0	188.9	40.0
25	400	BE11_180	-1.2	114.9	D16@200	0.4	3.5	12.0	100.0	149.7	40.0
26	400	BE11_180	-1.6	113.9	D16@200	0.4	4.9	12.0	100.0	129.9	40.0
27	400	BE11_180	-1.8	111.9	D16@200	0.5	5.4	12.0	100.0	124.0	40.0
28	400	BF01_0	-1.6	37.3	D16@200	0.3	5.0	12.0	100.0	88.2	40.0
29	400	BF01_0	-4.0	43.9	D16@200	0.5	12.9	12.0	100.0	74.5	40.0
30	400	BF01_0	-7.5	51.0	D16@200	0.9	24.1	12.0	100.0	69.8	40.0
31	420	BF01_0	-9.5	56.2	D16@200	1.0	29.1	12.0	100.0	71.3	42.0
32	440	BF01_0	-11.5	61.5	D16@200	1.1	33.1	12.0	100.0	73.2	44.0
33	460	BF01_0	-13.0	66.7	D16@200	1.2	35.5	12.0	100.0	75.3	46.0
34	480	BF01_0	-13.5	71.8	D16@200	1.2	35.0	12.0	100.0	78.0	48.0
35	500	BF01_0	-12.6	76.9	D16@200	1.0	31.1	12.0	100.0	81.7	50.0

- 応力度は制限値以下である。
  (表中太枠内は全断面引張となるが、発生する引張力は非常に小さく、ひび割れが発生しない範囲である。)
- 圧縮域は部材厚の1/10以上確保されている。

参考資料

- 円周方向（下側鉄筋）（σ_c…正：圧縮，負：引張，σ_s…正：引張，負：圧縮）
- 応力度は制限値以下である．
- 圧縮域は部材厚の1/10以上確保されている．

Bクラス 円周方向 下側鉄筋							応力度 (N/mm²)		応力度の制限値 (N/mm²)		圧縮域 (mm)	部材厚の 1/10 (mm)
節点No.	板厚 (mm)	ケース名	M (kN・m)	N (kN)	配置鉄筋		σ_c	σ_s	σ_{ca}	σ_{sa}		
1	400	BF11_0	1.3	63.0	D16@200		0.3	3.9	12.0	180.0	113.1	40.0
2	400	BF11_0	0.3	21.7	D16@200		0.1	1.0	12.0	180.0	125.2	40.0
3	400	BF11_180	0.1	58.6	D16@200		0.2	0.3	12.0	180.0	258.2	40.0
4	400	BF11_180	0.1	63.1	D16@200		0.2	0.0	12.0	180.0	321.2	40.0
5	400	BF11_180	0.0	66.4	D16@200		0.2	-0.1	12.0	180.0	―	40.0
6	400	BF11_180	0.0	68.8	D16@200		0.2	-0.1	12.0	180.0	―	40.0
7	400	BF01_180	0.0	59.5	D16@200		0.1	-0.1	12.0	180.0	―	40.0
8	400	BF01_180	0.0	60.7	D16@200		0.2	-0.1	12.0	180.0	―	40.0
9	400	BF01_180	0.0	61.3	D16@200		0.2	-0.1	12.0	180.0	―	40.0
10	400	BF01_180	0.0	61.5	D16@200		0.2	-0.1	12.0	180.0	―	40.0
11	400	BF01_180	0.0	61.4	D16@200		0.2	-0.1	12.0	180.0	―	40.0
12	400	BF00_180	0.0	59.8	D16@200		0.1	-0.1	12.0	180.0	―	40.0
13	400	BF00_180	0.0	59.1	D16@200		0.2	-0.2	12.0	180.0	―	40.0
14	400	BF10_180	0.0	69.0	D16@200		0.2	-0.2	12.0	180.0	―	40.0
15	400	BE10_0	0.0	90.9	D16@200		0.2	-0.2	12.0	180.0	―	40.0
16	400	BE10_180	0.0	126.9	D16@200		0.3	-0.3	12.0	180.0	―	40.0
17	400	BE10_180	0.0	125.9	D16@200		0.3	-0.2	12.0	180.0	―	40.0
18	400	BE10_180	0.1	124.9	D16@200		0.3	-0.1	12.0	180.0	―	40.0
19	400	BE10_180	0.1	124.9	D16@200		0.3	0.0	12.0	180.0	327.1	40.0
20	400	BE11_180	0.1	123.9	D16@200		0.3	0.1	12.0	180.0	321.3	40.0
21	400	BF11_180	0.1	44.5	D16@200		0.1	0.3	12.0	180.0	239.0	40.0
22	400	BF01_180	0.2	41.2	D16@200		0.1	0.4	12.0	180.0	223.9	40.0
23	400	BF01_0	0.3	12.6	D16@200		0.1	0.8	12.0	180.0	111.8	40.0
24	400	BF01_0	0.4	16.6	D16@200		0.1	1.3	12.0	180.0	105.0	40.0
25	400	BF01_0	0.5	21.0	D16@200		0.1	1.6	12.0	180.0	106.2	40.0
26	400	BF00_0	0.4	24.8	D16@200		0.1	1.2	12.0	180.0	125.1	40.0
27	400	BF00_0	-0.1	30.2	D16@200		0.1	0.4	12.0	180.0	203.3	40.0
28	400	BE10_180	-1.0	108.6	D16@200		0.4	3.0	12.0	180.0	156.0	40.0
29	400	BE10_180	1.2	106.1	D16@200		0.4	3.5	12.0	180.0	144.7	40.0
30	400	BE10_180	5.3	103.3	D16@200		0.8	17.0	12.0	180.0	83.7	40.0
31	420	BE10_180	8.0	106.7	D16@200		1.0	24.3	12.0	180.0	80.4	42.0
32	440	BE10_180	11.3	109.6	D16@200		1.2	32.4	12.0	180.0	79.0	44.0
33	460	BE10_180	15.0	112.8	D16@200		1.4	40.9	12.0	180.0	78.8	46.0
34	480	BE10_180	19.1	116.5	D16@200		1.7	49.4	12.0	180.0	79.3	48.0
35	500	BE10_180	23.1	121.3	D16@200		1.8	57.1	12.0	180.0	80.3	50.0

2.1.5 安定計算

Bクラス地震動に対する安定計算を震度法により行う．

(1) 水平力および転倒モーメントの算定

a) 自重による水平力および転倒モーメント

	計算式	重量 (kN)	作用高 (m)	モーメント (kNm)
ドーム屋根		1807.5	11.700	21147.8
ドーム受け	$\pi \times 22.8 \times 0.2 \times 0.4 \times 24.5$	140.4	9.000	1263.5
	$\pi \times 22.9 \times 1/2 \times 0.2 \times 0.15 \times 24.5$	26.4	8.750	231.3
側壁	$\pi \times 23.2 \times 8.7 \times 0.2 \times 24.5$	3107.1	4.850	15069.4
	$\pi \times 22.9 \times 1/2 \times 0.9 \times 0.14 \times 24.5$	111.0	0.800	88.8
	$\pi \times 23.06 \times 0.34 \times 0.5 \times 24.5$	301.7	0.250	75.4
	$6 \times 9.2 \times 0.2 \times 1.206 \times 24.5$	326.2	4.600	1500.5
底版	$\pi \times 11.36 \times 11.36 \times 0.4 \times 24.5$	3973.1	0.200	794.6
	$\pi \times 21.7 \times 1/2 \times 1.480 \times 0.1 \times 24.5$	123.6	0.433	53.5
	合計	9917.1		40224.9

Bクラス地震動($K_{h1}=0.36$)における自重による底版底面での転倒モーメント

$$M_d = 40224.9 \times K_{h1} = 14481.0 \text{ kNm}$$

b) 動水圧による水平力および転倒モーメント

地震時動水圧の影響を衝撃力と振動力に分けたHousnerによる地上水槽の耐震計算式を用いる．

＜衝撃力の計算＞

タンク内の水の全重量 W

$$W = \rho \pi R^2 \cdot H = 33861.3 \text{ kN}$$

ここに，ρ：水の単位体積重量
R：タンク半径
H：全水深

衝撃力 P_r を生じさせる水の等価重量 W_r

$$W_r = \frac{\tanh\left(\sqrt{3}\frac{R}{H}\right)}{\sqrt{3}\frac{R}{H}} W = 13647.6 \text{ kN}$$

底版の水圧を考慮した場合の作用高さ h_{ri}

$$h_{ri} = \frac{H}{8} \times \left(\frac{4}{\left(\frac{W_r}{W}\right)} - 1\right) = 9.092 \text{ m}$$

底版底面からの作用高さ $h_{ri}' = 9.092 + 0.5 = 9.592$ m

以上より，衝撃力 $P_r = K_{h1} \times W_r = 4913.1$ kN
衝撃力 P_r により底版に生じるモーメント $M_{ri} = P_r \times h_{ri}' = 47125.8$ kNm

＜振動力の計算＞
振動力 P_s を生じさせる水の等価重量 W_s

$$W_s = 0.318 \frac{R}{H} \tanh\left(1.84 \frac{H}{R}\right) \cdot W = 13108.6 \text{ kN}$$

作用高さ h_{si}

$$h_{si} = \left(1 - \frac{\cosh\left|1.84 \frac{H}{R}\right| - 2.01}{\left|1.84 \frac{H}{R}\right| \sinh\left|1.84 \frac{H}{R}\right|}\right) H = 8.268 \text{ m}$$

底版底面からの高さ $h_{si}' = 8.268 + 0.5 = 8.768$ m

水面動揺の固有円振動数 ω_s および固有周期 T

$$\omega_s^2 \quad \frac{1.841g}{R} \tanh\left(1.841 \frac{H}{R}\right) = 1.354$$

$$_s \quad \sqrt{\omega_s^2} = 1.164 \text{ rad/sec}$$

$$T = \frac{2\pi}{\omega_s} = 5.40 \text{ sec}$$

II種地盤における固有周期 T の応答加速度 S_a は

$K_{h01} = 0.298 T^{-2/3} = 0.097$
$S_a = 0.097 \times 980 = 94.9$ gal
　　　　$= 0.949$ m/sec^2
$S_v = 0.949 / 1.164 = 0.815$ m/sec

よって，
$A_s = S_v / \omega_s = 0.701$ m
$\theta_h \quad 1.534 \frac{A_s}{R} \tanh\left(1.841 \frac{H}{R}\right) = 0.081$ rad

以上より，振動力 $P_s = 1.2 \times W_s \times \theta_h \times \sin(\omega_s t)$
　　　　　　$P_{s\,max} = 1.2 \times W_s \times \theta_h = 1269.0$ kN
振動力 P_s によるモーメント $M_{si} = 1269.0 \times 8.768 = 11126.8$ kNm

c) PCタンク底面に作用する転倒モーメントおよび水平力

タンク底面に作用する転倒モーメント

$\Sigma M = M_d + M_{ri} + M_{si} = 14481.0 + 47125.8 + 11126.8 = 72733.5 \text{ kNm}$

タンク底面に作用する水平力

$\Sigma H = K_{h1} \times W_d + P_r + P_s = 0.36 \times 9917.1 + 4913.1 + 1269.0 = 9752.3 \text{ kN}$

(2) 支持力に対する検討

底版底面の転倒モーメント $M_b = 72733.5 \text{ kNm}$

底版底面に作用する鉛直荷重 $V_b = 9917.1 + 33861.3 = 43778.4 \text{ kN}$

転倒モーメントの偏心 $e = M_b / V_b = 1.661$

円形断面の核は

$\dfrac{R_b}{4} \quad \dfrac{11.7}{4} = 2.925 > e$ より，荷重作用位置は核内にある．

よって，底版底面における最大，最小地盤反力度は下式で求められる．

$q_{\max}, q_{\min} = \dfrac{V_b}{A} \pm \dfrac{4M_b}{\pi R_b^3} = \dfrac{43778.4}{430.1} \pm \dfrac{4 \times 72733.5}{\pi \times 11.7^3} = 101.8 \pm 57.8 = 159.6 \text{ kN/m}^2, 44.0 \text{ kN/m}^2$

地震時許容支持力 300 kN/mm² 以下であり，安全である．

(3) 滑動に対する検討

岩盤とコンクリートの摩擦角 $\tan\phi = 0.6$

底面の面積 $A = 430.1 \text{ m}^2$

底版底面と地盤との間の粘着力 C'=0

底版底面と地盤との間に働くせん断抵抗 $R_u \quad C'A' + V_b \cdot \tan\phi$

$R_u = 0 \times 430.1 + 43778.4 \times 0.6 = 26267.0 \text{ kN}$

滑動に対する抵抗力 $R_a = \dfrac{1}{1.2} R_u = 21889.2 \text{ kN} > \Sigma H = 9752.3 \text{ kN}$

したがって，滑動に対して安全である．

(4) 転倒に対する検討

転倒に対する安全率は 1.5 とする．地震時の底版底面における荷重作用位置が，底版外縁から底版直径の 1/6 内側に入った位置より内側に存在すれば，安全率が 1.5 以上となる．

地震時の底版底面における荷重作用位置 $e \quad 1.661 < R_b - \dfrac{D}{6} = 7.8 \text{ m}$

したがって，転倒に対し安全である．

2.1.6 Sクラス地震時の確認
(1) 側壁の照査

Sクラス地震時は，耐震性能2を満足することとし，鋼材の発生応力が弾性範囲内となるようにする．側壁は円周方向および鉛直方向のPC鋼材が引張降伏強度以下，底版は鉄筋が引張降伏強度以下であることを確認する．

応力度は全断面有効として次式にて計算を行う．

$$\sigma = \frac{N}{A} \pm \frac{M}{Z}$$

ここに，σ：発生応力度（N/mm²）（正：圧縮応力　負：引張応力）
　　　　N：軸力（N/m）
　　　　A：単位長さあたりの断面積（mm²/m）
　　　　M：曲げモーメント（N・mm/m）
　　　　Z：単位長さあたりの断面係数（mm³/m）

a) 円周方向応力度

各節点において，発生する縁応力が最小となる時のケース名と応力度を示す．

（正：圧縮応力　負：引張応力）

Sクラス 円周方向		内側		外側	
節点No.	高さ(m)	ケース名	応力度(N/mm²)	ケース名	応力度(N/mm²)
37	0.00	SF00_0	0.83	SF11_180	0.21
38	0.15	SF01_0	0.70	SF11_180	0.40
39	0.30	SF01_0	0.58	SF11_180	0.62
40	0.45	SF01_0	0.45	SF11_0	0.82
41	0.60	SF01_0	0.32	SF11_0	0.55
42	0.75	SF01_0	0.22	SF11_0	0.26
43	0.90	SF01_0	0.15	SF11_0	-0.06
44	1.05	SF11_0	-0.07	SF01_0	-0.44
45	1.20	SF11_0	-0.31	SF01_0	-0.75
46	1.35	SF11_0	-0.53	SF01_0	-0.99
47	1.50	SF11_0	-0.71	SF01_0	-1.18
48	1.65	SF11_0	-0.85	SF01_0	-1.30
49	1.80	SF11_0	-0.96	SF01_0	-1.37
50	2.00	SF11_0	-1.03	SF01_0	-1.40
51	2.20	SF11_0	-1.07	SF01_0	-1.39
52	2.40	SF11_0	-1.07	SF01_0	-1.36
53	2.60	SF11_0	-1.05	SF01_0	-1.30
54	2.80	SF11_0	-1.01	SF01_0	-1.23
55	3.00	SF11_0	-0.95	SF01_0	-1.14
56	3.20	SF11_0	-0.87	SF00_0	-1.04
57	3.40	SF11_0	-0.78	SF00_0	-0.93
58	3.60	SF11_0	-0.69	SF00_0	-0.81
59	3.90	SF11_0	-0.58	SF00_0	-0.69
60	4.20	SF01_0	-0.47	SF10_0	-0.57
61	4.50	SF01_0	-0.35	SF10_0	-0.44
62	4.80	SF11_0	-0.23	SF00_0	-0.30
63	5.10	SF10_0	-0.11	SF00_0	-0.16
64	5.40	SF10_0	0.00	SF01_0	-0.02
65	5.70	SF10_0	0.12	SF01_0	0.12
66	6.00	SF11_0	0.22	SF01_0	0.26
67	6.30	SF11_0	0.31	SF00_0	0.40
68	6.60	SF11_0	0.39	SF01_0	0.53
69	6.90	SF10_0	0.44	SF01_0	0.64
70	7.20	SF10_0	0.48	SF01_0	0.73
71	7.40	SF10_0	0.49	SF01_0	0.79
72	7.60	SF10_0	0.47	SF00_0	0.82
73	7.80	SF10_0	0.42	SF01_0	0.80
74	8.00	SF10_0	0.35	SF00_0	0.72
75	8.15	SF10_0	0.25	SF00_0	0.59
76	8.30	SF11_0	0.46	SF01_0	0.52
77	8.45	SE11_0	0.15	SE01_0	0.16
78	8.60	SE01_0	-0.09	SE11_0	-0.11
79	8.70	SE01_0	-0.25	SE11_0	-0.30

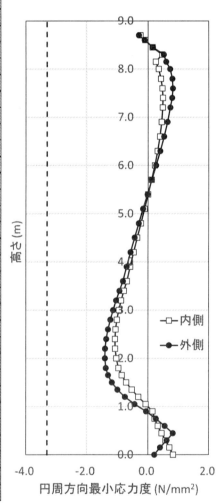

以上より，Sクラス地震時に側壁円周方向に軸引張力が発生する．

Sクラス地震時には，側壁円周方向に軸引張力が発生する箇所があるため，側壁目地部における円周方向PC鋼材の発生応力度について検討する．検討ケースは，軸引張力が最大となるSF01（満水，クリープ0%，積雪あり）とし，検討位置は，フープテンションが最大となる高さ2.0m，$\theta=0°$の位置とする．

コンクリートは引張を受け持たず，円周方向PC鋼材が発生する軸引張力をすべて受け持つものとし，PC鋼材に発生する応力度 σ_p を以下の式で算定する．

$$\sigma_p = \sigma_{pe} + \sigma_{p\_S_s} = \sigma_{pe} + \frac{N_{\theta\_S_s}}{\dfrac{A_p}{C_p}}$$

ここに，σ_{pe} ：円周方向PC鋼材の有効応力度（N/mm²）

σ_{p_Ss} ：Ss相当地震時のPC鋼材の有効応力度（N/mm²）

N_{θ_Ss} ：Ss相当地震時に発生する最大円周方向軸引張力（N）

A_p ：PC鋼材1本あたりの断面積（mm²）

C_p ：PC鋼材の中心間隔（m）

解析結果より，該当する位置での円周方向軸引張力 N_{θ_Ss} は，441.0 kN である．

したがって，$\sigma_p = 783.3 + \dfrac{441.0 \times 10^3}{\dfrac{312.9}{0.250}} = 1135.6$ N/mm²

一方，設計に用いる降伏強度 f_{yd} は次式により求められる．

$$f_{yd} = \frac{f_y}{\gamma_s} = \frac{1570.0}{1.0} = 1570.0 \text{ N/mm}^2$$

ここに，f_y：PC鋼材の降伏強度の特性値

γ_s：PC鋼材の材料係数

以上より，$\dfrac{\sigma_p}{f_{yd}} = \dfrac{1135.6}{1570.0} = 0.723 < 1.0$ となるため，Sクラス地震時に円周方向PC鋼材に発生する応力度は降伏強度以下であり，安全である．

b) 鉛直方向応力度

各節点において，発生する縁応力が最小となる時のケース名と応力度を示す．

（正：圧縮応力　負：引張応力）

Sクラス 鉛直方向		内側		外側	
節点No.	高さ (m)	ケース名	応力度 (N/mm^2)	ケース名	応力度 (N/mm^2)
37	0.00	SF00_0	0.99	SE11_180	-1.45
38	0.15	SF00_0	1.41	SE11_180	-0.83
39	0.30	SF00_0	1.89	SF11_180	-0.28
40	0.45	SF00_0	2.43	SF11_180	0.30
41	0.60	SF00_0	3.09	SF11_180	0.97
42	0.75	SF00_0	3.91	SF11_180	1.76
43	0.90	SF10_180	4.30	SF01_180	2.76
44	1.05	SE10_180	3.34	SF01_0	3.68
45	1.20	SE10_180	2.61	SF00_0	3.44
46	1.35	SE10_180	2.18	SF00_0	3.31
47	1.50	SE10_180	2.00	SF00_0	3.28
48	1.65	SE10_180	1.98	SF00_0	3.30
49	1.80	SE10_180	2.09	SF00_0	3.37
50	2.00	SE10_180	2.27	SF00_0	3.45
51	2.20	SF10_180	2.47	SF00_0	3.54
52	2.40	SF10_180	2.66	SF00_0	3.62
53	2.60	SF10_180	2.84	SF00_0	3.70
54	2.80	SF10_180	3.01	SF00_0	3.77
55	3.00	SF10_180	3.17	SF00_0	3.82
56	3.20	SF10_180	3.30	SF00_0	3.86
57	3.40	SF10_180	3.42	SF00_0	3.89
58	3.60	SF10_180	3.51	SF00_0	3.91
59	3.90	SF10_180	3.58	SF00_0	3.92
60	4.20	SF10_180	3.64	SE00_180	3.89
61	4.50	SF10_180	3.69	SE00_180	3.84
62	4.80	SF10_180	3.74	SE00_180	3.80
63	5.10	SF10_180	3.78	SE00_180	3.77
64	5.40	SF10_180	3.83	SE00_180	3.73
65	5.70	SF10_180	3.87	SE00_180	3.69
66	6.00	SF10_0	3.80	SE00_180	3.63
67	6.30	SF10_0	3.68	SE00_180	3.57
68	6.60	SF10_0	3.54	SE00_180	3.50
69	6.90	SF10_0	3.39	SE00_180	3.41
70	7.20	SF10_0	3.24	SE00_180	3.32
71	7.40	SF10_0	3.09	SE00_180	3.23
72	7.60	SF10_0	2.97	SE00_180	3.16
73	7.80	SF10_0	2.89	SE00_180	3.10
74	8.00	SF10_0	2.87	SE00_180	3.08
75	8.15	SF10_0	2.55	SF00_180	2.71
76	8.30	SF10_0	2.62	SF00_180	2.63
77	8.45	SF10_0	1.84	SF00_180	1.85
78	8.60	SE10_0	0.85	SF00_180	0.85
79	8.70	SE10_0	0.05	SE00_0	0.05

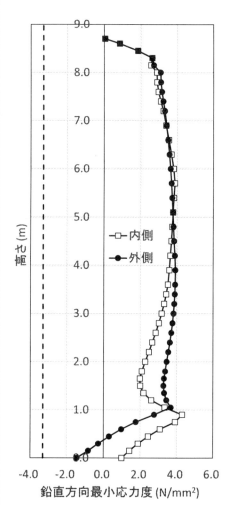

以上より，Sクラス地震時の側壁鉛直方向は，引張応力が生じるが，曲げひび割れ強度（3.3 N/mm^2）以下であり，曲げひび割れは発生しない．

(2) 底版の照査

a) 断面力の算定

鉛直方向バネ定数は，固い地盤としての鉛直方向反力係数より，$K_v = 2.0 \times 10^6$ kN/m³ とする．この鉛直バネが底版下面に一様に分布するようにモデル化する．

b) 応力度算出式

2.1.3 (2) b) 参照．

c) 解析結果

・半径方向（上側鉄筋）（σ_c…正：圧縮，負：引張，σ_s…正：引張，負：圧縮）

Sクラス半径方向 上側鉄筋			M (kN·m)	N (kN)	配置鉄筋	応力度 (N/mm^2)		応力度の制限値 (N/mm^2)	
節点No.	板厚 (mm)	ケース名				σc	σs	σca	σsa
1	400	SE01_0	0.0	96.5	D16@200	0.2	-0.2	12.0	345.0
2	400	SE01_0	0.0	83.9	D16@200	0.2	-0.2	12.0	345.0
3	400	SF01_0	-0.1	4.1	D16@200	0.0	0.3	12.0	345.0
4	400	SF01_0	-0.1	-1.4	D16@200	0.0	0.4	12.0	345.0
5	400	SF00_0	-0.1	-7.1	D16@200	0.0	0.3	12.0	345.0
6	400	SF10_0	-0.1	-0.1	D16@200	0.0	0.2	12.0	345.0
7	400	SF10_0	0.0	-3.4	D16@200	0.0	0.2	12.0	345.0
8	400	SF10_0	0.0	-6.2	D16@200	0.0	0.1	12.0	345.0
9	400	SF10_0	0.0	-8.7	D16@200	0.0	0.1	12.0	345.0
10	400	SF10_0	0.0	-10.8	D16@200	0.0	0.1	12.0	345.0
11	400	SF11_0	0.0	-11.4	D16@200	0.0	0.1	12.0	345.0
12	400	SF11_0	0.0	-12.9	D16@200	0.0	0.1	12.0	345.0
13	400	SF11_0	0.0	-14.2	D16@200	0.0	0.1	12.0	345.0
14	400	SF01_0	0.0	-26.2	D16@200	-0.1	0.2	12.0	345.0
15	400	SF01_0	-0.1	-27.1	D16@200	-0.1	0.2	12.0	345.0
16	400	SF01_0	-0.1	-27.8	D16@200	-0.1	0.3	12.0	345.0
17	400	SF01_0	-0.1	-28.4	D16@200	-0.1	0.4	12.0	345.0
18	400	SF01_0	-0.2	-29.0	D16@200	-0.1	0.6	12.0	345.0
19	400	SF00_0	-0.2	-30.5	D16@200	-0.1	0.6	12.0	345.0
20	400	SF00_0	-0.1	-30.9	D16@200	-0.1	0.5	12.0	345.0
21	400	SE10_0	0.1	95.1	D16@200	0.2	-0.1	12.0	345.0
22	400	SE10_180	-0.5	121.9	D16@200	0.4	1.4	12.0	345.0
23	400	SE10_180	-1.6	121.9	D16@200	0.5	5.0	12.0	345.0
24	400	SE10_180	-3.2	120.9	D16@200	0.6	10.2	12.0	345.0
25	400	SE10_180	-5.1	119.9	D16@200	0.8	16.2	12.0	345.0
26	400	SE11_180	-6.4	119.9	D16@200	1.0	20.6	12.0	345.0
27	400	SF11_180	-6.7	93.1	D16@200	0.9	21.7	12.0	345.0
28	400	SF01_0	-9.3	-32.7	D16@200	0.9	30.4	12.0	345.0
29	400	SF01_0	-26.3	-33.5	D19@200	2.3	60.1	12.0	345.0
30	400	SF01_0	-51.1	-35.5	D19@200	4.5	116.7	12.0	345.0
31	420	SF01_0	-64.3	-39.2	D19@200	5.2	138.2	12.0	345.0
32	440	SF01_0	-75.8	-39.8	D19@200	5.6	153.8	12.0	345.0
33	460	SF01_0	-83.1	-40.3	D19@200	5.7	159.7	12.0	345.0
34	480	SF01_0	-82.8	-40.8	D19@200	5.2	151.1	12.0	345.0
35	500	SF01_0	-70.9	-41.4	D19@200	4.1	123.2	12.0	345.0

・応力度は制限値以下である．

（表中太枠内は全断面引張となるが，発生する引張力は非常に小さく，ひび割れが発生しない範囲である．）

・半径方向（下側鉄筋）（σ_c…正：圧縮，負：引張，σ_s…正：引張，負：圧縮）

Sクラス 半径方向 下側鉄筋			M (kN・m)	N (kN)	配置鉄筋	応力度 (N/mm^2)		応力度の制限値 (N/mm^2)	
節点No.	板厚 (mm)	ケース名				σc	σs	σca	σsa
1	400	SF11_0	0.6	30.8	D16@200	0.1	1.8	12.0	345.0
2	400	SF11_180	0.0	45.4	D16@200	0.1	0.0	12.0	345.0
3	400	SE10_180	0.0	116.8	D16@200	0.3	-0.3	12.0	345.0
4	400	SE11_180	0.0	121.9	D16@200	0.3	-0.3	12.0	345.0
5	400	SE11_180	0.0	123.9	D16@200	0.3	-0.3	12.0	345.0
6	400	SE01_180	0.0	114.0	D16@200	0.3	-0.3	12.0	345.0
7	400	SE01_180	0.0	115.0	D16@200	0.3	-0.3	12.0	345.0
8	400	SF01_180	0.0	66.0	D16@200	0.2	-0.2	12.0	345.0
9	400	SF01_180	0.0	68.5	D16@200	0.2	-0.1	12.0	345.0
10	400	SF01_180	0.0	70.6	D16@200	0.2	-0.1	12.0	345.0
11	400	SF01_180	0.0	72.4	D16@200	0.2	-0.1	12.0	345.0
12	400	SF00_180	0.0	72.8	D16@200	0.2	-0.1	12.0	345.0
13	400	SF00_180	0.0	74.0	D16@200	0.2	-0.2	12.0	345.0
14	400	SE10_0	0.0	91.1	D16@200	0.2	-0.2	12.0	345.0
15	400	SE10_0	0.0	91.5	D16@200	0.2	-0.1	12.0	345.0
16	400	SE10_180	0.1	125.9	D16@200	0.3	0.0	12.0	345.0
17	400	SE10_180	0.2	125.9	D16@200	0.3	0.3	12.0	345.0
18	400	SE10_180	0.3	124.9	D16@200	0.3	0.6	12.0	345.0
19	400	SF11_180	0.4	90.4	D16@200	0.3	1.0	12.0	345.0
20	400	SF11_180	0.5	90.7	D16@200	0.3	1.5	12.0	345.0
21	400	SF01_180	0.6	80.1	D16@200	0.3	1.8	12.0	345.0
22	400	SF01_0	0.6	-30.3	D16@200	0.0	2.1	12.0	345.0
23	400	SF01_0	1.5	-30.5	D16@200	0.1	4.9	12.0	345.0
24	400	SF01_0	2.6	-30.8	D16@200	0.2	8.4	12.0	345.0
25	400	SF01_0	3.5	-31.2	D16@200	0.3	11.4	12.0	345.0
26	400	SF00_0	3.2	-32.7	D16@200	0.3	10.6	12.0	345.0
27	400	SF00_0	0.0	-33.2	D16@200	-0.1	0.2	12.0	345.0
28	400	SE10_180	-0.6	117.9	D16@200	0.4	1.6	12.0	345.0
29	400	SE10_180	11.3	116.9	D19@200	1.3	25.5	12.0	345.0
30	400	SF10_180	34.2	94.7	D19@200	3.3	77.7	12.0	345.0
31	420	SF10_180	48.3	99.0	D19@200	4.2	103.5	12.0	345.0
32	440	SF10_180	63.5	99.4	D19@200	5.0	128.6	12.0	345.0
33	460	SF10_180	77.7	99.7	D19@200	5.6	149.0	12.0	345.0
34	480	SF10_180	88.5	100.2	D19@200	5.8	161.1	12.0	345.0
35	500	SE10_180	93.5	120.6	D19@200	5.8	162.1	12.0	345.0

・応力度は制限値以下である．

（表中太枠内は全断面引張となるが，発生する引張力は非常に小さく，ひび割れが発生しない範囲である．）．

・円周方向（上側鉄筋）（σ_c…正：圧縮，負：引張，σ_s…正：引張，負：圧縮）

Sクラス 円周方向 上側鉄筋			M (kN・m)	N (kN)	配置鉄筋	応力度 (N/mm^2)		応力度の制限値 (N/mm^2)	
節点No.	板厚 (mm)	ケース名				σ_c	σ_s	σ_{ca}	σ_{sa}
1	400	SE01_0	-0.1	179.0	D16@200	0.4	-0.1	12.0	345.0
2	400	SE01_0	0.0	85.3	D16@200	0.2	-0.2	12.0	345.0
3	400	SE01_0	0.0	76.1	D16@200	0.2	-0.2	12.0	345.0
4	400	SE01_0	0.0	70.3	D16@200	0.2	-0.2	12.0	345.0
5	400	SE00_0	0.0	65.3	D16@200	0.2	-0.2	12.0	345.0
6	400	SF00_0	0.0	-41.5	D16@200	-0.1	0.1	12.0	345.0
7	400	SF10_0	0.0	-33.9	D16@200	-0.1	0.1	12.0	345.0
8	400	SF10_0	0.0	-36.2	D16@200	-0.1	0.1	12.0	345.0
9	400	SF10_0	0.0	-37.6	D16@200	-0.1	0.1	12.0	345.0
10	400	SF10_0	0.0	-38.1	D16@200	-0.1	0.1	12.0	345.0
11	400	SF10_0	0.0	-37.9	D16@200	-0.1	0.1	12.0	345.0
12	400	SF11_0	0.0	-35.8	D16@200	-0.1	0.1	12.0	345.0
13	400	SF11_0	0.0	-34.4	D16@200	-0.1	0.1	12.0	345.0
14	400	SF01_0	0.0	-43.2	D16@200	-0.1	0.2	12.0	345.0
15	400	SF01_0	0.0	-40.6	D16@200	-0.1	0.2	12.0	345.0
16	400	SF01_0	0.0	-37.5	D16@200	-0.1	0.2	12.0	345.0
17	400	SF01_0	0.0	-33.9	D16@200	-0.1	0.2	12.0	345.0
18	400	SF01_0	-0.1	-29.7	D16@200	-0.1	0.2	12.0	345.0
19	400	SF00_0	-0.1	-26.1	D16@200	-0.1	0.3	12.0	345.0
20	400	SF00_0	-0.1	-20.8	D16@200	0.0	0.2	12.0	345.0
21	400	SF10_0	0.0	-4.0	D16@200	0.0	0.0	12.0	345.0
22	400	SE10_180	-0.1	130.9	D16@200	0.3	-0.1	12.0	345.0
23	400	SE10_180	-0.3	127.9	D16@200	0.3	0.8	12.0	345.0
24	400	SE10_180	-0.7	124.9	D16@200	0.4	2.1	12.0	345.0
25	400	SE10_180	-1.3	120.9	D16@200	0.4	3.8	12.0	345.0
26	400	SE11_180	-1.7	117.9	D16@200	0.5	5.4	12.0	345.0
27	400	SF11_180	-1.8	23.4	D16@200	0.3	6.0	12.0	345.0
28	400	SF01_0	-1.7	49.6	D16@200	0.3	5.4	12.0	345.0
29	400	SF01_0	-5.7	62.7	D16@200	0.8	18.4	12.0	345.0
30	400	SF01_0	-11.9	77.1	D16@200	1.4	38.5	12.0	345.0
31	420	SF01_0	-15.7	87.0	D16@200	1.7	47.9	12.0	345.0
32	440	SF01_0	-19.6	97.5	D16@200	1.9	56.5	12.0	345.0
33	460	SF01_0	-22.8	108.0	D16@200	2.1	62.3	12.0	345.0
34	480	SF01_0	-24.7	118.0	D16@200	2.1	64.1	12.0	345.0
35	500	SF01_0	-24.4	129.0	D16@200	1.9	60.2	12.0	345.0

・応力度は制限値以下である．

（表中太枠内は全断面引張となるが，発生する引張力は非常に小さく，ひび割れが発生しない範囲である．）

・円周方向（下側鉄筋）（σ_c…正：圧縮, 負：引張, σ_s…正：引張, 負：圧縮）

Sクラス 円周方向 下側鉄筋			M (kN・m)	N (kN)	配置鉄筋	応力度 (N/mm²)		応力度の制限値 (N/mm²)	
節点No.	板厚 (mm)	ケース名				σc	σs	σca	σsa
1	400	SF11_0	1.3	60.2	D16@200	0.3	3.9	12.0	345.0
2	400	SF11_0	0.3	6.5	D16@200	0.1	1.1	12.0	345.0
3	400	SF11_180	0.1	80.8	D16@200	0.2	0.3	12.0	345.0
4	400	SF11_180	0.1	90.0	D16@200	0.2	0.0	12.0	345.0
5	400	SF11_180	0.0	96.7	D16@200	0.2	-0.2	12.0	345.0
6	400	SF11_180	0.0	101.5	D16@200	0.3	-0.2	12.0	345.0
7	400	SF01_180	0.0	94.0	D16@200	0.2	-0.2	12.0	345.0
8	400	SF01_180	0.0	96.2	D16@200	0.2	-0.2	12.0	345.0
9	400	SF01_180	0.0	97.5	D16@200	0.2	-0.2	12.0	345.0
10	400	SF01_180	0.0	98.0	D16@200	0.2	-0.2	12.0	345.0
11	400	SF01_180	0.0	97.8	D16@200	0.2	-0.2	12.0	345.0
12	400	SF00_180	0.0	95.7	D16@200	0.2	-0.2	12.0	345.0
13	400	SF00_180	0.0	94.2	D16@200	0.2	-0.2	12.0	345.0
14	400	SF10_180	0.0	103.1	D16@200	0.3	-0.2	12.0	345.0
15	400	SE10_0	0.0	72.6	D16@200	0.2	-0.2	12.0	345.0
16	400	SE10_180	0.0	143.9	D16@200	0.4	-0.3	12.0	345.0
17	400	SE10_180	0.0	142.9	D16@200	0.4	-0.2	12.0	345.0
18	400	SE10_180	0.1	140.9	D16@200	0.4	-0.1	12.0	345.0
19	400	SE11_180	0.1	139.9	D16@200	0.4	0.0	12.0	345.0
20	400	SF11_180	0.2	80.7	D16@200	0.2	0.3	12.0	345.0
21	400	SF01_180	0.2	63.9	D16@200	0.2	0.4	12.0	345.0
22	400	SF01_180	0.2	57.3	D16@200	0.2	0.4	12.0	345.0
23	400	SF01_0	0.3	0.1	D16@200	0.0	1.1	12.0	345.0
24	400	SF01_0	0.6	8.2	D16@200	0.1	2.1	12.0	345.0
25	400	SF01_0	0.9	17.0	D16@200	0.1	3.0	12.0	345.0
26	400	SF00_0	1.0	25.7	D16@200	0.2	3.1	12.0	345.0
27	400	SF00_0	0.4	36.5	D16@200	0.1	1.1	12.0	345.0
28	400	SE10_180	-0.8	108.1	D16@200	0.4	2.5	12.0	345.0
29	400	SE10_180	1.7	103.0	D16@200	0.4	5.4	12.0	345.0
30	400	SF10_180	7.1	-17.3	D16@200	0.7	23.3	12.0	345.0
31	420	SF10_180	10.7	-25.9	D16@200	1.0	32.9	12.0	345.0
32	440	SF10_180	14.8	-35.6	D16@200	1.2	43.0	12.0	345.0
33	460	SF10_180	19.0	-45.4	D16@200	1.4	52.2	12.0	345.0
34	480	SF10_180	22.8	-55.3	D16@200	1.6	59.4	12.0	345.0
35	500	SF10_180	25.5	-65.1	D16@200	1.6	63.4	12.0	345.0

・応力度は制限値以下である．

2.1.7 主要数量表

表-2.1.2　3,000m³ クラスの主要数量

名称	種別	仕様	単位	数量
底版工事	コンクリート工	f_{ck} = 30 N/mm²	m³	167.2
側壁工事	コンクリート工	f_{ck} = 50 N/mm²	m³	138.2
縦目地工事	目地モルタル		m³	12.4
PC工事	横締めPC工	種別		1T21.8
PC工事	横締めPC工	重量	ton	6.6
PC工事	縦締めPC工	種別		1T12.7
PC工事	縦締めPC工	重量	ton	3.4
塗装工事	底版		m²	405.6
塗装工事	側壁		m²	634.3

2.2 6,000m³ プレキャスト PC タンク

2.2.1 設計条件

(1) 設計概要

a) 構造形式

　　プレキャスト円筒形プレストレストコンクリートタンク

　　側壁下端構造

　　　　円周方向1次プレストレス導入時：自由構造

　　　　円周方向2次プレストレス導入時：剛結構造

b) 形状寸法

　　　　有効容量　　V_e　＝　　6,000 m³

　　　　全容量　　　V　　＝　　6,259 m³

　　　　有効内径　　D　　＝　　29.000 m

　　　　設計水深　　H　　＝　　9.400 m

　　　　側壁厚　　　t　　＝　　0.230 m

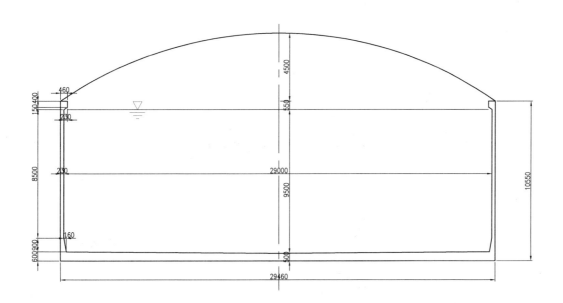

図-2.2.1 一般構造図（6,000m³）

(2) コンクリート打設・緊張作業手順

側壁は円周方向に分割したプレキャストパネルとそれを繋ぎ合わせる目地部で構成される．側壁円周方向にはポストテンション方式の PC 鋼材を配置し，側壁鉛直方向にはプレテンション方式による PC 鋼材を配置する．

側壁下端の構造は 1 次プレストレス導入時には滑動を許す自由構造とし，底版の打設を行った後，2 次プレストレスを導入する．2 次プレストレス導入時および供用時には底版と一体化させた剛結構造とする．

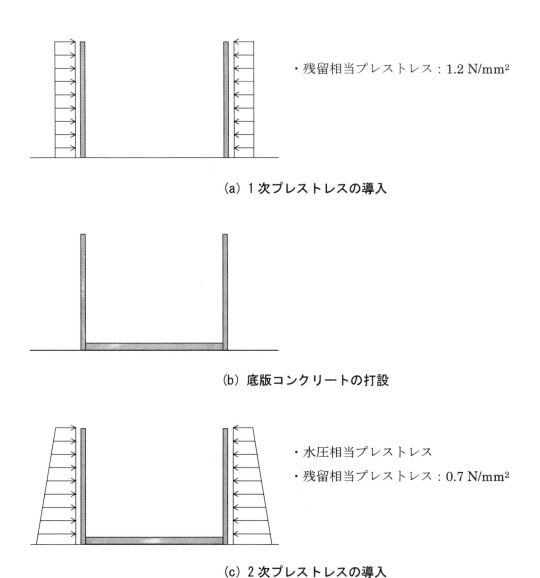

(a) 1 次プレストレスの導入
・残留相当プレストレス：1.2 N/mm²

(b) 底版コンクリートの打設

(c) 2 次プレストレスの導入
・水圧相当プレストレス
・残留相当プレストレス：0.7 N/mm²

図-2.2.2　コンクリート打設・緊張作業手順

(3) PC 鋼材配置

側壁に配置する円周方向および鉛直方向 PC 鋼材の配置は以下の通りとする．

円周方向	1T28.6
鉛直方向	1T15.2 @ 250mm

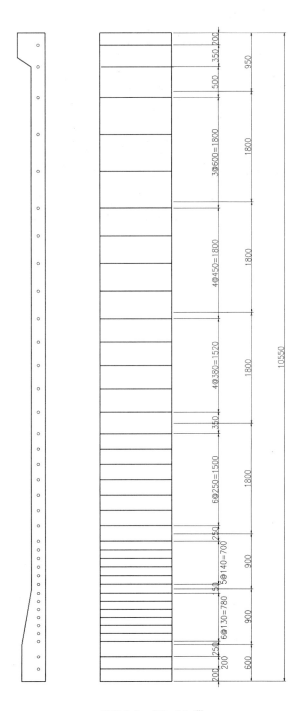

1T28.6　N=36 段

図-2.2.3　PC 鋼材配置

2.2.2 解析モデル

プレキャスト PC タンクの側壁および底版を図-2.2.4，図-2.2.5に示す3次元シェルモデルによりモデル化し，発生する応力の照査を行った．設計荷重およびその組み合わせは，第6章 表-6.3.2に示す．

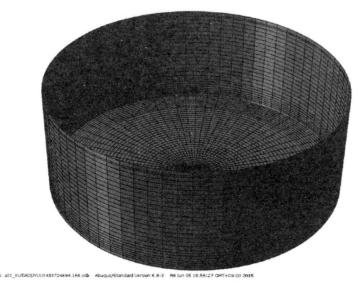

図-2.2.4　3次元モデル図

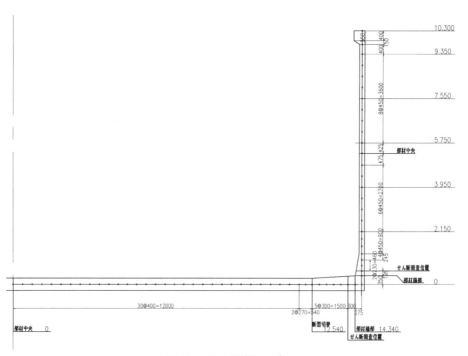

図-2.2.5　解析モデル

なお，求められる軸力 N および曲げモーメント M は**表-2.2.1**の矢印の向きを正とする．

表-2.2.1 軸力および曲げモーメントの方向

	鉛直方向／半径方向	円周方向
側壁		
底版		

2.2.3 常時
(1) 側壁の照査

プレキャスト PC タンクでは，側壁の目地部分は鉄筋が配置されない，もしくは少ないため，ひび割れ幅を抑制できない．よって，常時は，円周方向はフルプレストレス状態，鉛直方向はひび割れを発生させないこととする．

応力度は全断面有効として次式にて計算を行う．

$$\sigma = \frac{N}{A} \pm \frac{M}{Z}$$

ここに，σ：発生応力度（N/mm²）（正：圧縮応力　負：引張応力）

$\quad\quad\quad N$：軸力（N/m）

$\quad\quad\quad A$：単位長さあたりの断面積（mm²/m）

$\quad\quad\quad M$：曲げモーメント（N・mm/m）

$\quad\quad\quad Z$：単位長さあたりの断面係数（mm³/m）

a) 円周方向応力度

各節点において，発生する縁応力が最小となる時のケース名と応力度を示す．
（正：圧縮応力　負：引張応力）

外側

高さ (m)	角度 (°)	決定ケース	N_θ (kN/m)	M_θ (kNm/m)	$\sigma_{c\theta}$ (N/mm²)	判定
10.300	180	Ne11	831.9	-0.1	1.8	OK
9.900	165	Ne11	767.3	-0.1	1.7	OK
9.750	5	Nfl0	589.4	-0.1	1.7	OK
9.350	180	Nfl0	491.9	-0.2	2.1	OK
8.900	180	Nfl0	479.7	-0.2	2.1	OK
8.450	180	Nfl0	470.5	-0.2	2.0	OK
8.000	35	Nfl0	464.6	-0.2	2.0	OK
7.550	75	Nf00	461.3	-0.1	2.0	OK
7.100	80	Nf00	460.2	-0.1	2.0	OK
6.650	180	Nf00	460.5	-0.1	2.0	OK
6.200	175	Nf00	461.7	0.0	2.0	OK
5.750	100	Nf00	463.1	0.0	2.0	OK
5.325	175	Nf00	464.1	0.1	2.0	OK
4.850	140	Nf00	464.3	0.1	2.0	OK
4.400	35	Nf01	462.5	0.2	2.0	OK
3.950	180	Nf01	458.2	0.2	2.0	OK
3.500	160	Nf01	450.6	0.3	2.0	OK
3.050	180	Nfl1	432.9	0.4	1.9	OK
2.600	145	Nfl1	411.1	0.4	1.8	OK
2.150	160	Nfl1	386.6	0.2	1.7	OK
1.850	85	Nfl1	364.7	0.0	1.6	OK
1.550	170	Nfl1	345.2	-0.4	1.5	OK
1.250	180	Nfl1	335.3	-0.9	1.2	OK
1.005	160	Nfl1	342.3	-1.5	1.1	OK
0.775	160	Nfl1	357.3	-2.3	0.9	OK
0.545	180	Nfl1	373.8	-3.2	0.9	OK
0.350	180	Ne11	510.5	-19.5	0.5	OK

内側

高さ (m)	角度 (°)	決定ケース	N_θ (kN/m)	M_θ (kNm/m)	$\sigma_{c\theta}$ (N/mm²)	判定
10.300	180	Ne11	831.9	-0.1	1.8	OK
9.900	165	Ne11	767.3	-0.1	1.7	OK
9.750	5	Nfl0	589.4	-0.1	1.7	OK
9.350	180	Nfl0	491.9	-0.2	2.2	OK
8.900	180	Nfl0	479.7	-0.2	2.1	OK
8.450	180	Nfl0	470.5	-0.2	2.1	OK
8.000	35	Nf00	464.5	-0.2	2.0	OK
7.550	75	Nf00	461.3	-0.1	2.0	OK
7.100	80	Nf00	460.2	-0.1	2.0	OK
6.650	180	Nf00	460.5	-0.1	2.0	OK
6.200	175	Nf00	461.7	0.0	2.0	OK
5.750	100	Nf00	463.1	0.0	2.0	OK
5.325	175	Nf01	464.2	0.1	2.0	OK
4.850	140	Nf01	464.2	0.1	2.0	OK
4.400	160	Nf01	462.5	0.2	2.0	OK
3.950	180	Nfl1	458.9	0.3	2.0	OK
3.500	160	Nfl1	448.7	0.4	1.9	OK
3.050	180	Nfl1	432.9	0.4	1.8	OK
2.600	145	Nfl1	411.1	0.4	1.7	OK
2.150	170	Nfl1	386.6	0.2	1.7	OK
1.850	85	Nfl1	364.7	0.0	1.6	OK
1.550	170	Nfl1	345.2	-0.4	1.5	OK
1.250	180	Nfl1	335.3	-0.9	1.4	OK
1.005	160	Nfl1	342.3	-1.5	1.3	OK
0.775	160	Nfl1	357.3	-2.3	1.2	OK
0.545	180	Nfl1	373.8	-3.2	1.1	OK
0.350	180	Nfl0	396.7	-4.2	1.2	OK

以上より，常時の側壁円周方向は，引張応力が発生しないフルプレストレス状態である．

b) 鉛直方向応力度

各節点において，発生する縁応力が最小となる時のケース名と応力度を示す．
（正：圧縮応力　負：引張応力）

外側

高さ (m)	角度 (°)	決定ケース	N_z (kN/m)	M_z (kNm/m)	σ_{tz} (N/mm²)
10.300	**	Ne10	852.4	-0.3	1.8
9.900	**	Ne10	853.9	-0.5	1.8
9.750	**	Ne10	856.2	-1.0	2.4
9.350	**	Ne10	858.3	-1.5	3.6
8.900	**	Ne10	860.7	-1.8	3.5
8.450	**	Ne10	863.3	-1.9	3.5
8.000	**	Ne10	865.8	-1.8	3.6
7.550	**	Ne10	868.3	-1.6	3.6
7.100	**	Ne10	870.9	-1.4	3.6
6.650	**	Ne10	873.4	-1.1	3.7
6.200	**	Ne10	875.9	-0.6	3.7
5.750	**	Nf00	878.5	0.1	3.8
5.325	**	Nf00	881.0	0.3	3.9
4.850	**	Nf00	883.5	0.5	3.9
4.400	**	Nf00	886.1	0.8	3.9
3.950	**	Nf00	888.6	1.1	4.0
3.500	**	Nf00	891.2	1.3	4.0
3.050	**	Nf00	893.7	1.3	4.0
2.600	**	Nf00	896.2	1.1	4.0
2.150	**	Nf00	898.6	0.5	4.0
1.850	**	Nf00	900.5	-0.4	3.9
1.550	**	Nf10	902.2	-1.7	3.7
1.250	**	Ne11	912.6	-9.5	2.7
1.005	**	Ne11	914.2	0.8	3.2
0.775	**	Ne11	915.9	15.6	3.6
0.545	**	Ne11	917.7	7.5	2.8
0.350	**	Ne11	921.1	-14.1	1.8

内側

高さ (m)	角度 (°)	決定ケース	N_z (kN/m)	M_z (kNm/m)	σ_{tz} (N/mm²)
10.300	**	Nf00	852.4	-0.2	1.9
9.900	**	Nf00	853.9	-0.3	1.9
9.750	**	Nf00	856.2	-0.6	2.5
9.350	**	Nf00	858.3	-1.0	3.8
8.900	**	Nf00	860.7	-1.2	3.9
8.450	**	Nf00	863.3	-1.1	3.9
8.000	**	Nf00	865.8	-0.9	3.9
7.550	**	Nf00	868.3	-0.7	3.9
7.100	**	Nf00	870.9	-0.5	3.8
6.650	**	Nf00	873.4	-0.3	3.8
6.200	**	Nf00	875.9	-0.1	3.8
5.750	**	Ne10	878.5	0.2	3.8
5.325	**	Ne10	881.0	1.5	3.7
4.850	**	Ne10	883.5	3.6	3.4
4.400	**	Ne10	886.1	6.4	3.1
3.950	**	Ne10	888.6	9.8	2.7
3.500	**	Ne10	891.2	13.6	2.3
3.050	**	Ne10	893.7	16.8	2.0
2.600	**	Ne10	896.2	18.2	1.8
2.150	**	Ne10	898.6	16.6	2.0
1.850	**	Ne10	900.5	11.9	2.6
1.550	**	Ne00	902.2	3.4	3.5
1.250	**	Nf00	903.8	-3.4	3.9
1.005	**	Nf00	905.4	20.4	1.7
0.775	**	Nf00	907.1	51.6	-0.1
0.545	**	Nf00	908.9	62.7	-0.3
0.350	**	Nf00	912.4	67.4	-0.3

以上より，常時の側壁鉛直方向は，引張応力が生じるが，曲げひび割れ強度（3.3 N/mm²）以下であり，曲げひび割れは発生しない．

c) 面外せん断に対する検討

せん断に対しては，クリティカルとなる空水時の側壁下端について斜引張応力度に対する検討を行う．

① せん断応力度

$$\tau = \frac{Q \times G}{b \times I} = \frac{3 \times Q}{2 \times b \times h}$$

ここに，Q：空水時せん断力（円筒シェルの基礎方程式より）
　　　　G：中立軸からの断面1次モーメント
　　　　I：中立軸に対する断面2次モーメント
　　　　b：断面幅
　　　　h：断面高さ

② 斜引張応力度

$$\sigma_I = \frac{\sigma_c}{2} + \frac{1}{2}\sqrt{\sigma_c^2 + 4\tau_c^2}$$

ここに，σ_I：斜引張応力度
　　　　σ_c：垂直応力度の平均値
　　　　τ_c：せん断応力度

表-2.2.2　常時　側壁　せん断応力度

ケース	部材厚 h (m)	せん断力 Q (kN/m)	せん断応力度 τ (N/mm²)	鉛直応力度 内側 (N/mm²)	鉛直応力度 外側 (N/mm²)	σ_c (N/mm²)	斜め引張応力度 σ_I (N/mm²)	許容 (N/mm²)
Ne11	0.39	112.63	0.433	4.58	4.58	4.58	-0.041	-0.09
Ne01		107.16	0.412	4.31	4.31	4.31	-0.039	
Ne10		112.05	0.431	4.58	4.58	4.58	-0.040	
Ne00		106.59	0.410	4.31	4.31	4.31	-0.039	

したがって，面外せん断力に対して安全である．

(2) 底版の照査

常時の底版はコンクリートおよび鉄筋が許容応力度以下となること，圧縮領域が部材の 1/10 以上であることを確認する．

a) 半径方向

表-2.2.3 常時 底版 半径方向 上側鉄筋

半径 (m)	部材厚 (m)	上筋	ケース		曲げモーメント (kN・m/m)	軸力 (kN/m)	応力度(N/mm²)		圧縮域 (mm)	部材厚/10 (mm)
							コンクリート	鉄筋		
14.615	0.600	D16@200	Ne11	Ne11	-134.100	170.000	3.10	-	109	60
14.340	0.600	D16@200	Ne11	Ne11	-124.100	170.000	2.90	-	109	60
14.040	0.592	D16@200	Ne10	Ne11	-102.700	161.800	2.70	-	108	59.2
13.740	0.575	D16@200	Ne10	Ne11	-79.700	155.500	2.30	-	106	57.5
13.440	0.559	D16@200	Ne10	Ne11	-57.400	149.400	1.80	-	104	55.9
13.140	0.542	D16@200	Ne10	Nf01	3.400	22.000	1.10	0.30	102	54.2
12.840	0.517	D16@200	Ne10	Nf01	3.600	21.100	0.90	0.60	99	51.7
12.540	0.500	D22@200	Ne10	Nf01	3.300	20.300	0.50	0.50	160	50
12.270	0.500	D22@200	Ne10	Nf01	2.800	19.700	0.30	0.30	-	50
12.000	0.500	D22@200	Ne10	Ne11	1.200	123.900	0.20	-	-	50
11.600	0.500	D22@200	Ne10	Ne11	4.100	118.300	0.10	-	-	50
11.200	0.500	D22@200	Ne11	Ne11	4.900	112.700	0.10	-	-	50
10.800	0.500	D22@200	Ne11	Ne11	4.300	107.400	0.10	-	-	50
10.400	0.500	D22@200	Ne11	Ne11	3.200	102.400	0.10	-	-	50
10.000	0.500	D22@200	Ne11	Ne11	2.000	97.700	0.10	-	-	50
9.600	0.500	D22@200	Ne11	Ne11	1.100	93.300	0.20	-	-	50
9.200	0.500	D22@200	Ne11	Ne11	0.400	89.200	0.20	-	-	50
8.800	0.500	D22@200	Ne11	Ne11	-	85.300	0.20	-	-	50
8.400	0.500	D22@200	Ne11	Ne11	-0.100	81.700	0.20	-	-	50
8.000	0.500	D22@200	Ne11	Ne11	-0.200	78.300	0.20	-	-	50
7.600	0.500	D22@200	Ne11	Ne11	-0.200	75.200	0.10	-	-	50
7.200	0.500	D22@200	Ne11	Ne11	-0.200	72.300	0.10	-	-	50
6.800	0.500	D22@200	Ne11	Ne11	-0.100	69.600	0.10	-	-	50
6.400	0.500	D22@200	Ne11	Ne11	-0.100	67.100	0.10	-	-	50
6.000	0.500	D22@200	Ne11	Ne11	-	64.700	0.10	-	-	50
5.600	0.500	D22@200	Ne11	Ne11	-	62.600	0.10	-	-	50
4.800	0.500	D22@200	Ne11	Ne11	-	58.900	0.10	-	-	50
4.400	0.500	D22@200	Ne11	Ne11	-	57.200	0.10	-	-	50
4.000	0.500	D22@200	Ne10	Ne11	-	55.800	0.10	-	-	50
3.600	0.500	D22@200	Ne11	Ne11	-	54.500	0.10	-	-	50
3.200	0.500	D22@200	Ne11	Ne11	-	53.300	0.10	-	-	50
2.800	0.500	D22@200	Ne11	Ne11	-	52.300	0.10	-	-	50
2.400	0.500	D22@200	Ne11	Ne11	-	51.400	0.10	-	-	50
2.000	0.500	D22@200	Ne11	Ne11	-	50.700	0.10	-	-	50
1.600	0.500	D22@200	Ne11	Ne11	-	50.100	0.10	-	-	50
1.200	0.500	D22@200	Ne10	Ne11	-	49.600	0.10	-	-	50
0.800	0.500	D22@200	Ne11	Ne11	-	49.300	0.10	-	-	50
0.400	0.500	D22@200	Ne11	Ne11	-	48.500	0.10	-	-	50
0.100	0.500	D22@200	Ne11	Ne11	-0.100	48.000	0.10	-	-	50

応力度　コンクリート　　正：圧縮，負：引張
　　　　鉄筋　　　　　　正：引張，負：圧縮

以上より発生する鉄筋の応力度は許容応力度 100N/mm² 以下であり安全である．

表-2.2.4 常時 底版 半径方向 下側鉄筋

常時－半径方向－下筋										
半径 (m)	部材厚 (m)	下筋	ケース		曲げモーメント (kN·m/m)	軸力 (kN/m)	応力度 (N/mm²)		圧縮域 (mm)	部材厚/10 (mm)
							コンクリート	鉄筋		
14.615	0.600	D16@200	Ne11	Ne10	-134.000	169.400	－	80.40	109	60
14.340	0.600	D16@200	Ne11	Ne11	-124.100	170.000	－	72.60	109	60
14.040	0.592	D16@200	Ne11	Ne10	-104.800	161.200	－	59.60	108	59.2
13.740	0.575	D16@200	Nf01	Ne10	-82.400	154.900	－	44.80	106	57.5
13.440	0.559	D16@200	Nf01	Ne10	-60.100	148.900	0.10	28.20	104	55.9
13.140	0.542	D16@200	Nf01	Ne10	-40.300	143.200	0.10	13.10	102	54.2
12.840	0.517	D16@200	Nf01	Ne10	-24.300	137.700	0.10	4.50	99	51.7
12.540	0.500	D25@200	Nf01	Ne11	-11.000	133.200	0.10	－	149	50
12.270	0.500	D25@200	Ne11	Ne11	-3.500	128.600	0.20	－	－	50
12.000	0.500	D25@200	Ne11	Ne11	1.200	123.900	0.30	－	－	50
11.600	0.500	D25@200	Ne11	Ne11	4.100	118.300	0.30	－	－	50
11.200	0.500	D25@200	Ne11	Ne11	4.900	112.700	0.30	－	－	50
10.800	0.500	D25@200	Ne10	Ne11	4.300	107.400	0.30	－	－	50
10.400	0.500	D25@200	Ne10	Ne11	3.200	102.400	0.30	－	－	50
10.000	0.500	D25@200	Ne10	Ne11	2.000	97.700	0.20	－	－	50
9.600	0.500	D25@200	Ne10	Ne11	1.100	93.300	0.20	－	－	50
9.200	0.500	D25@200	Ne10	Ne11	0.400	89.200	0.20	－	－	50
8.800	0.500	D25@200	Ne11	Ne11	－	85.300	0.20	－	－	50
8.400	0.500	D25@200	Ne11	Ne11	-0.100	81.700	0.20	－	－	50
8.000	0.500	D25@200	Ne10	Ne11	-0.200	78.300	0.10	－	－	50
7.600	0.500	D25@200	Ne11	Ne11	-0.200	75.200	0.10	－	－	50
7.200	0.500	D25@200	Ne11	Ne11	-0.200	72.300	0.10	－	－	50
6.800	0.500	D25@200	Ne11	Ne11	-0.100	69.600	0.10	－	－	50
6.400	0.500	D25@200	Ne10	Ne11	-0.100	67.100	0.10	－	－	50
6.000	0.500	D25@200	Ne11	Ne11	－	64.700	0.10	－	－	50
5.600	0.500	D25@200	Ne11	Ne11	－	62.600	0.10	－	－	50
4.800	0.500	D25@200	Ne11	Ne11	－	58.900	0.10	－	－	50
4.400	0.500	D25@200	Ne11	Ne11	－	57.200	0.10	－	－	50
4.000	0.500	D25@200	Ne11	Ne11	－	55.800	0.10	－	－	50
3.600	0.500	D25@200	Ne11	Ne11	－	54.500	0.10	－	－	50
3.200	0.500	D25@200	Ne11	Ne11	－	53.300	0.10	－	－	50
2.800	0.500	D25@200	Ne11	Ne11	－	52.300	0.10	－	－	50
2.400	0.500	D25@200	Ne11	Ne11	－	51.400	0.10	－	－	50
2.000	0.500	D25@200	Ne11	Ne11	－	50.700	0.10	－	－	50
1.600	0.500	D25@200	Ne11	Ne11	－	50.100	0.10	－	－	50
1.200	0.500	D25@200	Ne11	Ne11	－	49.600	0.10	－	－	50
0.800	0.500	D25@200	Ne11	Ne11	－	49.300	0.10	－	－	50
0.400	0.500	D25@200	Ne11	Ne11	－	48.500	0.10	－	－	50
0.100	0.500	D25@200	Ne11	Ne11	-0.100	48.000	0.10	－	－	50

応力度　コンクリート　正：圧縮，負：引張
　　　　鉄筋　　　　　正：引張，負：圧縮

以上より発生する鉄筋の応力度は許容応力度180N/mm²以下であり安全である．

b) 円周方向

表-2.2.5 常時　底版　円周方向　上側鉄筋

常時－円周方向－上筋									
半径 (m)	部材厚 (m)	上筋	ケース		曲げモーメント (kN・m/m)	軸力 (kN/m)	応力度(N/mm²)		圧縮域 (mm)	部材厚/10 (mm)
							コンクリート	鉄筋		
14.615	0.600	D16@200	Ne10	Ne11	-36.100	117.500	1.20	－	109.00	60
14.340	0.600	D16@200	Ne10	Ne11	-32.800	117.500	1.10	－	109	60
14.040	0.592	D16@200	Ne10	Ne11	-26.000	111.700	1.00	－	108	59.2
13.740	0.575	D16@200	Ne10	Ne11	-19.300	107.000	0.70	－	106	57.5
13.440	0.559	D16@200	Ne10	Ne11	-13.200	102.300	0.50	－	104	55.9
13.140	0.542	D16@200	Ne10	Ne11	-8.200	97.100	0.30	－	102	54.2
12.840	0.517	D16@200	Ne10	Ne11	-4.400	92.100	0.30	－	99	51.7
12.540	0.500	D16@200	Ne10	Ne11	-1.800	88.700	0.20	－	97	50
12.270	0.500	D16@200	Ne10	Ne11	-0.100	86.700	0.20	－		50
12.000	0.500	D16@200	Ne10	Ne11	0.900	84.500	0.10	－		50
11.600	0.500	D16@200	Ne10	Ne11	1.400	82.000	0.10	－		50
11.200	0.500	D16@200	Ne11	Ne11	1.400	79.400	0.10	－		50
10.800	0.500	D16@200	Ne10	Ne11	1.200	76.900	0.10	－		50
10.400	0.500	D16@200	Ne11	Ne11	0.800	74.600	0.10	－		50
10.000	0.500	D16@200	Ne11	Ne11	0.500	72.400	0.10	－		50
9.600	0.500	D16@200	Ne11	Ne11	0.200	70.400	0.10	－		50
9.200	0.500	D16@200	Ne11	Ne11	0.100	68.500	0.10	－		50
8.800	0.500	D16@200	Ne11	Ne11	－	66.600	0.10	－		50
8.400	0.500	D16@200	Ne11	Ne11	-0.100	64.900	0.10	－		50
8.000	0.500	D16@200	Ne11	Ne11	-0.100	63.300	0.10	－		50
7.600	0.500	D16@200	Ne11	Ne11	-0.100	61.800	0.10	－		50
7.200	0.500	D16@200	Ne11	Ne11	－	60.400	0.10	－		50
6.800	0.500	D16@200	Ne11	Ne11	－	59.100	0.10	－		50
6.400	0.500	D16@200	Ne11	Ne11	－	57.900	0.10	－		50
6.000	0.500	D16@200	Ne11	Ne11	－	56.800	0.10	－		50
5.600	0.500	D16@200	Ne11	Ne11	－	55.700	0.10	－		50
4.800	0.500	D16@200	Ne11	Ne11	－	53.900	0.10	－		50
4.400	0.500	D16@200	Ne11	Ne11	－	53.100	0.10	－		50
4.000	0.500	D16@200	Ne11	Ne11	－	52.400	0.10	－		50
3.600	0.500	D16@200	Ne11	Ne11	－	51.700	0.10	－		50
3.200	0.500	D16@200	Ne11	Ne11	－	51.100	0.10	－		50
2.800	0.500	D16@200	Ne11	Ne11	－	50.600	0.10	－		50
2.400	0.500	D16@200	Ne11	Ne11	－	50.200	0.10	－		50
2.000	0.500	D16@200	Ne11	Ne11	－	49.800	0.10	－		50
1.600	0.500	D16@200	Ne11	Ne11	－	49.500	0.10	－		50
1.200	0.500	D16@200	Ne11	Ne11	－	49.300	0.10	－		50
0.800	0.500	D16@200	Ne11	Ne11	－	49.200	0.10	－		50
0.400	0.500	D16@200	Ne11	Ne11	－	49.700	0.10	－		50
0.100	0.500	D16@200	Ne11	Ne11	－	50.100	0.10	－		50

応力度　コンクリート　正：圧縮，負：引張

　　　　鉄筋　　　　　正：引張，負：圧縮

以上より発生する鉄筋の応力度は許容応力度100N/mm²以下であり安全である．

表-2.2.6 常時 底版 円周方向 下側鉄筋

常時－円周方向－下筋									
半径	部材厚	下筋	ケース		曲げモーメント	軸力	応力度(N/mm^2)		圧縮域	部材厚/10
(m)	(m)				(kN・m/m)	(kN/m)	コンクリート	鉄筋	(mm)	(mm)
14.615	0.600	D16@200	Ne11	Ne10	-36.500	117.100	−	24.30	109	60
14.340	0.600	D16@200	Ne11	Ne10	-33.400	117.100	−	18.40	109	60
14.040	0.592	D16@200	Nf01	Ne10	-26.800	111.300	−	12.10	108	59.2
13.740	0.575	D16@200	Nf01	Ne10	-20.100	106.600	−	5.10	106	57.5
13.440	0.559	D16@200	Nf01	Ne10	-14.000	101.900	−	0.90	104	55.9
13.140	0.542	D16@200	Nf01	Ne11	-8.200	97.100	−	−	102	54.2
12.840	0.517	D16@200	Ne01	Ne11	-4.400	92.100	0.10	−	99	51.7
12.540	0.500	D16@200	Ne11	Ne11	-1.800	88.700	0.10	−	97	50
12.270	0.500	D16@200	Ne11	Ne11	-0.100	86.700	0.20	−	−	50
12.000	0.500	D16@200	Ne11	Ne11	0.900	84.500	0.20	−	−	50
11.600	0.500	D16@200	Ne11	Ne11	1.400	82.000	0.20	−	−	50
11.200	0.500	D16@200	Ne11	Ne11	1.400	79.400	0.20	−	−	50
10.800	0.500	D16@200	Ne10	Ne11	1.200	76.900	0.20	−	−	50
10.400	0.500	D16@200	Ne11	Ne11	0.800	74.600	0.20	−	−	50
10.000	0.500	D16@200	Ne10	Ne11	0.500	72.400	0.10	−	−	50
9.600	0.500	D16@200	Ne11	Ne11	0.200	70.400	0.10	−	−	50
9.200	0.500	D16@200	Ne11	Ne11	0.100	68.500	0.10	−	−	50
8.800	0.500	D16@200	Ne10	Ne11	−	66.600	0.10	−	−	50
8.400	0.500	D16@200	Ne11	Ne11	-0.100	64.900	0.10	−	−	50
8.000	0.500	D16@200	Ne11	Ne11	-0.100	63.300	0.10	−	−	50
7.600	0.500	D16@200	Ne11	Ne11	-0.100	61.800	0.10	−	−	50
7.200	0.500	D16@200	Ne11	Ne11	−	60.400	0.10	−	−	50
6.800	0.500	D16@200	Ne11	Ne11	−	59.100	0.10	−	−	50
6.400	0.500	D16@200	Ne11	Ne11	−	57.900	0.10	−	−	50
6.000	0.500	D16@200	Ne11	Ne11	−	56.800	0.10	−	−	50
5.600	0.500	D16@200	Ne11	Ne11	−	55.700	0.10	−	−	50
4.800	0.500	D16@200	Ne11	Ne11	−	53.900	0.10	−	−	50
4.400	0.500	D16@200	Ne11	Ne11	−	53.100	0.10	−	−	50
4.000	0.500	D16@200	Ne11	Ne11	−	52.400	0.10	−	−	50
3.600	0.500	D16@200	Ne11	Ne11	−	51.700	0.10	−	−	50
3.200	0.500	D16@200	Ne11	Ne11	−	51.100	0.10	−	−	50
2.800	0.500	D16@200	Ne11	Ne11	−	50.600	0.10	−	−	50
2.400	0.500	D16@200	Ne11	Ne11	−	50.200	0.10	−	−	50
2.000	0.500	D16@200	Ne11	Ne11	−	49.800	0.10	−	−	50
1.600	0.500	D16@200	Ne11	Ne11	−	49.500	0.10	−	−	50
1.200	0.500	D16@200	Ne11	Ne11	−	49.300	0.10	−	−	50
0.800	0.500	D16@200	Ne11	Ne11	−	49.200	0.10	−	−	50
0.400	0.500	D16@200	Ne11	Ne11	−	49.700	0.10	−	−	50
0.100	0.500	D16@200	Ne11	Ne11	−	50.100	0.10	−	−	50

応力度　コンクリート　正：圧縮，負：引張
　　　　鉄筋　　　　　正：引張，負：圧縮

以上より発生する鉄筋の応力度は許容応力度180N/mm^{2}以下であり安全である．

c) ひび割れ幅算出

2012 年制定　コンクリート標準示方書[設計編：標準]4 編 2.3.4「曲げひび割れ幅の設計応答値の算定」より，曲げひび割れ幅の設計応答値は次式により求められる．

$$w = 1.1 \times k_1 \times k_2 \times k_3 \{4c + 0.7(c_s - \phi)\} \left(\frac{\sigma_{se}}{E_s} + \varepsilon'_{csd} \right)$$

ここに，

- k_1 ：鋼材の表面形状がひび割れ幅に及ぼす影響を表す係数で，異形鉄筋の場合 1.0
- k_2 ：コンクリートの品質がひび割れ幅に影響を及ぼす係数で，次式による

$$k_2 = \frac{15}{f'_c + 20} + 0.7 = \frac{15}{30 + 20} + 0.7 = 1.0$$

- f'_c ：コンクリートの圧縮強度 $= 30$ N/mm²
- k_3 ：引張鋼材の段数の影響を表す係数で，次式による

$$k_3 = \frac{5(n+2)}{7n+8} = \frac{5(1+2)}{7 \cdot 1 + 8} = 1.0$$

- n ：引張鋼材の段数＝1
- c ：かぶり
- c_s ：鋼材の中心間隔＝200mm
- φ ：鋼材径(mm)
- ε'_{csd}：コンクリートの収縮およびクリープ等によるひび割れ幅の増加を考慮するための数値．本検討ではこの影響は考慮しないものとする．（＝0）
- σ_{se} ：鋼材位置のコンクリート応力度が 0 の状態からの鉄筋応力度の増加量(N/mm²)

表-2.2.7　常時　底版　ひび割れ幅

			検討ケース	検討位置 (m)	σse (N/mm2)	φ (mm)	c (mm)	cs (mm)	w (mm)	wa (mm)
半径方向	上筋	端部	Ne10,Nf01	12.840	0.60	22	60.00	200	0.001	0.281
		中央部	Ne10,Nf01	12.270	0.30	16	90.00	200	0.001	0.376
	下筋	端部	Ne11,Ne10	14.615	80.40	25	70.00	200	0.178	0.310
		中央部	Ne10,Ne11	10.000	−	16	90.00	200	−	0.376
円周方向	上筋	端部	Ne10,Ne11	14.615	−	16	110.00	200	−	0.438
		中央部	Ne11,Ne11	10.000	−	16	90.00	200	−	0.376
	下筋	端部	Ne11,Ne10	14.615	24.340	16	110.00	200	0.076	0.438
		中央部	Ne10,Ne11	10.000	−	16	90.00	200	−	0.376

2.2.4 Bクラス地震時
(1) 側壁の照査

プレキャストPCタンクでは，側壁の目地部分は鉄筋が配置されない，もしくは少ないため，ひび割れ幅を抑制できない．Bクラス地震時は，耐震性能1を満足することとし，円周方向はフルプレストレス状態，鉛直方向はひび割れを発生させないこととする．

応力度は全断面有効として次式にて計算を行う．

$$\sigma = \frac{N}{A} \pm \frac{M}{Z}$$

ここに，σ：発生応力度（N/mm²）（正：圧縮応力　負：引張応力）
N：軸力（N/m）
A：単位長さあたりの断面積（mm²/m）
M：曲げモーメント（N・mm/m）
Z：単位長さあたりの断面係数（mm³/m）

a) 円周方向応力度

各節点において，発生する縁応力が最小となる時のケース名と応力度を示す．
（正：圧縮応力　負：引張応力）

外側

高さ (m)	角度 (°)	決定ケース	N_θ (kN/m)	M_θ (kNm/m)	$\sigma_{c\theta}$ (N/mm²)	判定
10.300	0	Be11	718.9	-0.1	1.6	OK
9.900	0	Bf11	670.3	-0.1	1.5	OK
9.750	0	Bf10	500.8	0.0	1.5	OK
9.350	0	Bf10	399.6	-0.1	1.7	OK
8.900	0	Bf10	360.3	-0.1	1.6	OK
8.450	0	Bf10	321.0	-0.2	1.4	OK
8.000	0	Bf10	283.5	-0.2	1.2	OK
7.550	0	Bf00	247.6	-0.2	1.1	OK
7.100	0	Bf00	213.8	-0.2	0.9	OK
6.650	0	Bf00	181.9	-0.2	0.8	OK
6.200	0	Bf00	151.7	-0.3	0.6	OK
5.750	0	Bf00	123.8	-0.3	0.5	OK
5.325	0	Bf00	98.4	-0.4	0.4	OK
4.850	0	Bf00	75.4	-0.5	0.3	OK
4.400	0	Bf01	57.2	-0.6	0.2	OK
3.950	0	Bf01	46.3	-0.8	0.1	OK
3.500	0	Bf01	44.9	-1.0	0.1	OK
3.050	0	Bf11	50.0	-1.1	0.1	OK
2.600	0	Bf11	70.3	-1.2	0.2	OK
2.150	0	Bf11	101.0	-1.1	0.3	OK
1.850	0	Bf11	134.9	-0.9	0.5	OK
1.550	0	Bf11	171.9	-0.6	0.7	OK
1.250	0	Bf11	212.6	-0.1	0.8	OK
1.005	0	Bf11	258.4	0.5	0.9	OK
0.775	180	Bf11	407.0	-5.4	0.9	OK
0.545	180	Bf11	378.2	-7.9	0.7	OK
0.350	180	Bf11	322.9	-11.2	0.4	OK

内側

高さ (m)	角度 (°)	決定ケース	N_θ (kN/m)	M_θ (kNm/m)	$\sigma_{c\theta}$ (N/mm²)	判定
10.300	0	Be11	718.9	-0.1	1.6	OK
9.900	0	Bf11	670.3	-0.1	1.5	OK
9.750	0	Bf10	500.8	0.0	1.5	OK
9.350	0	Bf10	399.6	-0.1	1.7	OK
8.900	0	Bf10	360.3	-0.1	1.6	OK
8.450	0	Bf00	321.1	-0.2	1.4	OK
8.000	0	Bf00	283.4	-0.2	1.3	OK
7.550	0	Bf00	247.6	-0.2	1.1	OK
7.100	0	Bf00	213.8	-0.2	1.0	OK
6.650	0	Bf00	181.9	-0.2	0.8	OK
6.200	0	Bf00	151.7	-0.3	0.7	OK
5.750	0	Bf00	123.8	-0.3	0.6	OK
5.325	0	Bf01	98.4	-0.4	0.5	OK
4.850	0	Bf01	75.4	-0.5	0.4	OK
4.400	0	Bf01	57.2	-0.6	0.3	OK
3.950	0	Bf11	46.9	-0.7	0.3	OK
3.500	0	Bf11	43.0	-0.9	0.3	OK
3.050	0	Bf11	50.0	-1.1	0.3	OK
2.600	0	Bf11	70.3	-1.2	0.4	OK
2.150	0	Bf11	101.0	-1.1	0.6	OK
1.850	0	Bf11	134.9	-0.9	0.7	OK
1.550	0	Bf11	171.9	-0.6	0.8	OK
1.250	0	Bf11	212.6	-0.1	0.9	OK
1.005	0	Bf11	258.4	0.5	0.8	OK
0.775	0	Bf11	312.7	1.1	0.9	OK
0.545	0	Bf10	373.8	1.9	0.9	OK
0.350	0	Bf10	470.7	2.8	1.1	OK

以上より，Bクラス地震時の側壁円周方向は，引張応力が発生しないフルプレストレス状態である．

b) 鉛直方向応力度

各節点において，発生する縁応力が最小となる時のケース名と応力度を示す．

（正：圧縮応力　負：引張応力）

外側

高さ (m)	角度 (°)	決定ケース	N_z (kN/m)	M_z (kNm/m)	σ_{cz} (N/mm²)
10.300	180	Be10	852.4	-0.6	1.8
9.900	180	Be10	853.9	-1.0	1.8
9.750	180	Be10	856.1	-1.6	2.4
9.350	180	Be10	858.1	-2.2	3.5
8.900	180	Be10	860.3	-2.5	3.5
8.450	180	Be10	862.6	-2.4	3.5
8.000	180	Be10	864.8	-2.2	3.5
7.550	180	Be10	867.0	-1.9	3.6
7.100	180	Be10	869.1	-1.6	3.6
6.650	180	Be10	871.1	-1.2	3.7
6.200	180	Be10	873.1	-0.6	3.7
5.750	0	Bf00	886.4	-1.0	3.7
5.325	0	Bf00	891.1	-1.3	3.7
4.850	0	Bf00	896.4	-1.8	3.7
4.400	0	Bf00	902.0	-2.5	3.6
3.950	0	Bf00	907.9	-3.5	3.6
3.500	0	Bf00	914.3	-4.5	3.5
3.050	0	Bf00	921.1	-5.4	3.4
2.600	0	Bf00	928.3	-5.9	3.4
2.150	0	Bf00	935.2	-5.7	3.4
1.850	0	Bf00	941.0	-4.6	3.6
1.550	180	Bf10	858.0	-0.9	3.6
1.250	180	Bf10	856.1	-7.9	2.6
1.005	180	Be10	892.2	0.8	3.1
0.775	180	Be10	893.3	15.2	3.5
0.545	180	Be10	894.5	6.6	2.7
0.350	180	Be11	899.6	-16.0	1.7

内側

高さ (m)	角度 (°)	決定ケース	N_z (kN/m)	M_z (kNm/m)	σ_{cz} (N/mm²)
10.300	0	Bf00	852.4	0.2	1.8
9.900	0	Bf00	853.9	0.3	1.8
9.750	0	Bf00	856.2	0.3	2.5
9.350	0	Bf00	858.5	-0.1	3.7
8.900	0	Bf00	861.2	-0.5	3.8
8.450	0	Bf00	864.2	-0.7	3.8
8.000	5	Bf00	867.3	-0.8	3.9
7.550	180	Bf00	866.1	-0.6	3.8
7.100	180	Bf00	867.6	-0.1	3.8
6.650	180	Bf00	868.9	0.3	3.7
6.200	180	Bf00	869.8	0.7	3.7
5.750	180	Bf10	870.5	1.2	3.6
5.325	180	Bf10	870.8	2.0	3.6
4.850	180	Be10	878.7	3.8	3.4
4.400	180	Be10	880.5	6.6	3.1
3.950	180	Be10	882.2	10.2	2.7
3.500	180	Be10	883.8	14.0	2.3
3.050	180	Be10	885.4	17.3	1.9
2.600	180	Be10	887.0	18.7	1.7
2.150	180	Be10	888.4	17.1	1.9
1.850	180	Be10	889.4	12.3	2.5
1.550	180	Be00	890.4	3.6	3.5
1.250	0	Bf00	951.5	0.5	3.7
1.005	0	Bf00	956.3	30.1	1.2
0.775	0	Bf00	960.9	68.1	-0.8
0.545	0	Bf00	965.6	87.1	-1.2
0.350	0	Bf00	973.9	102.2	-1.5

以上より，Bクラス地震時の側壁鉛直方向は，引張応力が生じるが，曲げひび割れ強度（3.3 N/mm²）以下であり，曲げひび割れは発生しない．

(2) 底版の照査

Bクラス地震時の底版の照査は，コンクリートおよび鉄筋が許容応力度以下となること，圧縮領域が部材の 1/10 以上であることを確認する．

a) 半径方向

表-2.2.10 Bクラス地震時 底版 半径方向 上側鉄筋

半径 (m)	部材厚 (m)	上筋	ケース		曲げモーメント (kN・m/m)	軸力 (kN/m)	応力度(N/mm²)		圧縮域 (mm)	部材厚/10 (mm)
							コンクリート	鉄筋		
14.615	0.600	D16@200	Be11	Bf00	38.400	-23.300	3.30	47.30	109	60
14.340	0.600	D16@200	Be11	Bf01	45.900	-23.400	3.40	54.20	109	60
14.040	0.592	D16@200	Be10	Bf01	52.700	-19.900	3.20	60.50	108	59.2
13.740	0.575	D16@200	Be11	Bf01	49.000	-17.600	2.70	56.00	106	57.5
13.440	0.559	D16@200	Be11	Bf01	39.900	-15.300	2.00	46.50	104	55.9
13.140	0.542	D16@200	Be11	Bf01	29.300	-13.100	1.60	35.30	102	54.2
12.840	0.517	D16@200	Be10	Bf01	19.400	-10.900	1.00	24.50	99	51.7
12.540	0.500	D22@200	Be10	Bf01	11.700	-9.200	0.60	15.40	160	50
12.270	0.500	D22@200	Be10	Bf01	6.200	-7.400	0.40	20.60	－	50
11.600	0.500	D22@200	Be10	Bf01	-0.100	-4.200	0.10	1.70	－	50
11.200	0.500	D22@200	Be10	Bf00	-1.300	-2.600	0.10	0.30	－	50
10.800	0.500	D22@200	Be10	Bf00	-1.400	-1.200	0.10	0.10	－	50
10.400	0.500	D22@200	Be10	Be11	3.500	103.700	0.10	－	－	50
10.000	0.500	D22@200	Be11	Be11	2.300	98.800	0.10	－	－	50
9.600	0.500	D22@200	Be11	Be11	1.200	94.200	0.20	－	－	50
9.200	0.500	D22@200	Be11	Be11	0.500	89.900	0.20	－	－	50
8.800	0.500	D22@200	Be11	Be11	0.100	85.800	0.20	－	－	50
8.400	0.500	D22@200	Be11	Be11	-0.100	82.100	0.20	－	－	50
8.000	0.500	D22@200	Be11	Be11	-0.200	78.600	0.20	－	－	50
7.600	0.500	D22@200	Be11	Be11	-0.200	75.400	0.10	－	－	50
7.200	0.500	D22@200	Be11	Be11	-0.200	72.400	0.10	－	－	50
6.800	0.500	D22@200	Be11	Be11	-0.100	69.700	0.10	－	－	50
6.400	0.500	D22@200	Be11	Be11	-0.100	67.100	0.10	－	－	50
6.000	0.500	D22@200	Be11	Be11	－	64.700	0.10	－	－	50
5.600	0.500	D22@200	Be11	Be11	－	62.600	0.10	－	－	50
4.800	0.500	D22@200	Be11	Be11	－	58.800	0.10	－	－	50
4.400	0.500	D22@200	Be11	Be11	－	57.100	0.10	－	－	50
4.000	0.500	D22@200	Be11	Be11	－	55.600	0.10	－	－	50
3.600	0.500	D22@200	Be11	Be11	－	54.300	0.10	－	－	50
3.200	0.500	D22@200	Be11	Be11	－	53.100	0.10	－	－	50
2.800	0.500	D22@200	Be11	Be11	－	52.100	0.10	－	－	50
2.400	0.500	D22@200	Be11	Be11	－	51.200	0.10	－	－	50
2.000	0.500	D22@200	Be11	Be11	－	50.500	0.10	－	－	50
1.600	0.500	D22@200	Be11	Be11	－	49.900	0.10	－	－	50
1.200	0.500	D22@200	Be11	Be11	－	49.400	0.10	－	－	50
0.800	0.500	D22@200	Be11	Be11	－	49.100	0.10	－	－	50
0.400	0.500	D22@200	Be11	Be11	－	48.300	0.10	－	－	50
0.100	0.500	D22@200	Be11	Be11	-0.100	47.900	0.10	－	－	50

応力度　コンクリート　正：圧縮，負：引張
　　　　鉄筋　　　　　正：引張，負：圧縮

以上より発生する鉄筋の応力度は許容応力度 100N/mm² 以下であり安全である．

表-2.2.11　Bクラス地震時　底版　半径方向　下側鉄筋

Bクラス地震時－半径方向－下筋									
半径 (m)	部材厚 (m)	下筋	ケース		曲げモーメント (kN・m/m)	軸力 (kN/m)	応力度(N/mm²)		圧縮域 (mm)	部材厚/10 (mm)
							コンクリート	鉄筋		
14.615	0.600	D16@200	Bf01	Be11	-138.900	174.700	0.90	85.10	109	60
14.340	0.600	D16@200	Bf01	Be11	-131.500	175.500	1.10	76.90	109	60
14.040	0.592	D16@200	Bf01	Be11	-112.400	167.100	1.30	65.40	108	59.2
13.740	0.575	D16@200	Bf01	Be11	-89.500	160.400	1.30	50.10	106	57.5
13.440	0.559	D16@200	Bf01	Be11	-65.900	154.000	1.00	33.40	104	55.9
13.140	0.542	D16@200	Bf01	Be10	-44.800	147.500	0.90	16.20	102	54.2
12.840	0.517	D16@200	Bf01	Bf10	-17.800	59.700	0.60	7.40	99	51.7
12.540	0.500	D25@200	Bf01	Bf10	-8.900	56.100	0.60	1.00	149	50
12.270	0.500	D25@200	Bf01	Bf00	6.000	-7.600	0.30	0.60	－	50
12.000	0.500	D25@200	Be11	Bf00	2.400	-6.000	0.30	0.60	－	50
11.600	0.500	D25@200	Be11	Bf00	-0.100	-4.300	0.30	2.60	－	50
11.200	0.500	D25@200	Be11	Bf01	-1.300	-2.600	0.30	4.90	－	50
10.800	0.500	D25@200	Be10	Bf01	-1.400	-1.200	0.30	4.40	－	50
10.400	0.500	D25@200	Be11	Bf01	-1.100	－	0.30	2.90	－	50
10.000	0.500	D25@200	Be11	Bf01	-0.700	1.000	0.20	1.30	－	50
9.600	0.500	D25@200	Be11	Bf01	-0.300	1.900	0.20	0.10	－	50
8.800	0.500	D25@200	Be11	Be11	0.100	85.800	0.20	－	－	50
8.400	0.500	D25@200	Be11	Be11	-0.100	82.100	0.20	－	－	50
8.000	0.500	D25@200	Be11	Be11	-0.200	78.600	0.10	－	－	50
7.600	0.500	D25@200	Be11	Be11	-0.200	75.400	0.10	－	－	50
7.200	0.500	D25@200	Be11	Be11	-0.200	72.400	0.10	－	－	50
6.800	0.500	D25@200	Be11	Be11	-0.100	69.700	0.10	－	－	50
6.400	0.500	D25@200	Be11	Be11	-0.100	67.100	0.10	－	－	50
6.000	0.500	D25@200	Be11	Be11	－	64.700	0.10	－	－	50
5.600	0.500	D25@200	Be11	Be11	－	62.600	0.10	－	－	50
5.200	0.500	D25@200	Be11	Be11	－	60.600	0.10	－	－	50
4.800	0.500	D25@200	Be11	Be11	－	58.800	0.10	－	－	50
4.400	0.500	D25@200	Be11	Be11	－	57.100	0.10	－	－	50
4.000	0.500	D25@200	Be11	Be11	－	55.600	0.10	－	－	50
3.600	0.500	D25@200	Be11	Be11	－	54.300	0.10	－	－	50
3.200	0.500	D25@200	Be11	Be11	－	53.100	0.10	－	－	50
2.800	0.500	D25@200	Be11	Be11	－	52.100	0.10	－	－	50
2.000	0.500	D25@200	Be11	Be11	－	50.500	0.10	－	－	50
1.600	0.500	D25@200	Be11	Be11	－	49.900	0.10	－	－	50
1.200	0.500	D25@200	Be11	Be11	－	49.400	0.10	－	－	50
0.800	0.500	D25@200	Be11	Be11	－	49.100	0.10	－	－	50
0.400	0.500	D25@200	Be11	Be11	－	48.300	0.10	－	－	50
0.100	0.500	D25@200	Be11	Be11	-0.100	47.900	0.10	－	－	50

応力度　コンクリート　正：圧縮，負：引張
　　　　鉄筋　　　　　正：引張，負：圧縮
以上より発生する鉄筋の応力度は許容応力度180N/mm²以下であり安全である．

b) 円周方向

表-2.2.12 Bクラス地震時 底版 円周方向 上側鉄筋

半径	部材厚	上筋	ケース		曲げモーメント	軸力	応力度(N/mm²)		圧縮域	部材厚/10
(m)	(m)				(kN・m/m)	(kN/m)	コンクリート	鉄筋	(mm)	(mm)
14.615	0.600	D16@200	Be10	Bf01	-20.200	-89.500	1.40	12.90	109	60
14.340	0.600	D16@200	Be11	Bf00	-19.300	-89.600	1.50	13.10	109	60
14.040	0.592	D16@200	Be11	Bf00	-16.700	-77.700	1.20	10.10	108	59.2
13.740	0.575	D16@200	Be10	Bf00	-13.200	-69.500	0.90	9.40	106	57.5
13.440	0.559	D16@200	Be10	Bf00	-9.400	-62.000	0.60	8.70	104	55.9
13.140	0.542	D16@200	Be10	Bf00	-5.900	-54.500	0.40	10.10	102	54.2
12.840	0.517	D16@200	Be10	Bf01	-3.200	-47.600	0.30	13.20	99	51.7
12.540	0.500	D16@200	Be10	Bf00	-1.400	-42.700	0.20	16.60	97	50
12.270	0.500	D16@200	Be11	Bf01	-0.200	-39.200	0.20	19.20	―	50
12.000	0.500	D16@200	Be11	Bf01	0.400	-35.800	0.10	19.50	―	50
11.600	0.500	D16@200	Be10	Bf01	0.700	-31.900	0.10	18.30	―	50
11.200	0.500	D16@200	Be11	Bf00	0.700	-28.200	0.10	16.50	―	50
10.800	0.500	D16@200	Be11	Bf00	0.500	-24.600	0.10	14.00	―	50
10.400	0.500	D16@200	Be11	Bf00	0.300	-21.700	0.10	11.90	―	50
9.600	0.500	D16@200	Be11	Bf00	―	-16.500	0.10	8.40	―	50
9.200	0.500	D16@200	Be11	Bf00	―	-14.200	0.10	7.10	―	50
8.800	0.500	D16@200	Be11	Bf00	-0.100	-12.200	0.10	5.90	―	50
8.400	0.500	D16@200	Be11	Bf00	-0.100	-10.400	0.10	5.00	―	50
8.000	0.500	D16@200	Be11	Bf00	-0.100	-8.700	0.10	4.30	―	50
7.600	0.500	D16@200	Be11	Bf00	―	-7.200	0.10	3.50	―	50
7.200	0.500	D16@200	Be11	Bf00	―	-5.900	0.10	2.80	―	50
6.800	0.500	D16@200	Be10	Bf00	―	-4.600	0.10	2.30	―	50
6.400	0.500	D16@200	Be11	Bf00	―	-3.500	0.10	1.70	―	50
6.000	0.500	D16@200	Be10	Bf00	―	-2.500	0.10	1.20	―	50
5.600	0.500	D16@200	Be11	Bf00	―	-1.500	0.10	0.70	―	50
4.800	0.500	D16@200	Be11	Be11	―	51.700	0.10	―	―	50
4.400	0.500	D16@200	Be11	Be11	―	51.100	0.10	―	―	50
4.000	0.500	D16@200	Be11	Be11	―	50.600	0.10	―	―	50
3.600	0.500	D16@200	Be11	Be11	―	50.200	0.10	―	―	50
3.200	0.500	D16@200	Be11	Be11	―	49.800	0.10	―	―	50
2.800	0.500	D16@200	Be11	Be11	―	49.400	0.10	―	―	50
2.400	0.500	D16@200	Be11	Be11	―	49.200	0.10	―	―	50
2.000	0.500	D16@200	Be11	Be11	―	49.000	0.10	―	―	50
1.600	0.500	D16@200	Be11	Be11	―	48.800	0.20	―	―	50
1.200	0.500	D16@200	Be11	Be11	―	48.700	0.20	―	―	50
0.800	0.500	D16@200	Be11	Be11	―	48.700	0.20	―	―	50
0.400	0.500	D16@200	Ne11	Be11	―	49.400	0.10	―	―	50
0.100	0.500	D16@200	Ne11	Be11	―	49.400	0.10	―	―	50

応力度　コンクリート　正：圧縮，負：引張
　　　　鉄筋　　　　　正：引張，負：圧縮

以上より発生する鉄筋の応力度は許容応力度100N/mm²以下であり安全である．

表-2.2.13 Bクラス地震時　底版　円周方向　下側鉄筋

半径	部材厚	下筋	ケース		曲げモーメント	軸力	応力度(N/mm²)		圧縮域	部材厚/10
(m)	(m)				(kN・m/m)	(kN/m)	コンクリート	鉄筋	(mm)	(mm)
14.615	0.600	D16@200	Bf01	Bf10	-22.400	-83.300	0.40	96.10	109	60
14.340	0.600	D16@200	Bf01	Bf11	-21.200	-83.300	0.40	93.60	109	60
14.040	0.592	D16@200	Bf01	Bf10	-18.500	-71.800	0.40	82.40	108	59.2
13.740	0.575	D16@200	Bf01	Bf00	-13.200	-69.500	0.40	70.70	106	57.5
13.440	0.559	D16@200	Bf01	Bf00	-9.400	-62.000	0.30	58.00	104	55.9
13.140	0.542	D16@200	Bf01	Bf00	-5.900	-54.500	0.30	45.80	102	54.2
12.840	0.517	D16@200	Bf01	Bf00	-3.300	-47.600	0.20	35.00	99	51.7
12.540	0.500	D16@200	Bf11	Bf00	-1.400	-42.700	0.20	26.70	97	50
12.270	0.500	D16@200	Be11	Bf01	-0.200	-39.200	0.20	20.50	—	50
12.000	0.500	D16@200	Be11	Bf01	0.400	-35.800	0.20	16.80	—	50
11.600	0.500	D16@200	Be11	Bf01	0.700	-31.900	0.20	13.90	—	50
11.200	0.500	D16@200	Be11	Bf00	0.700	-28.200	0.20	12.10	—	50
10.800	0.500	D16@200	Be11	Bf01	0.500	-24.700	0.20	10.90	—	50
10.400	0.500	D16@200	Be11	Bf00	0.300	-21.700	0.20	10.00	—	50
10.000	0.500	D16@200	Be11	Bf00	0.100	-18.900	0.20	9.10	—	50
9.600	0.500	D16@200	Be11	Bf00	—	-16.500	0.10	8.20	—	50
9.200	0.500	D16@200	Be11	Bf00	—	-14.200	0.10	7.40	—	50
8.400	0.500	D16@200	Be11	Bf00	-0.100	-10.400	0.10	5.40	—	50
8.000	0.500	D16@200	Be10	Bf00	-0.100	-8.700	0.10	4.60	—	50
7.600	0.500	D16@200	Be11	Bf00	—	-7.200	0.10	3.80	—	50
7.200	0.500	D16@200	Be11	Bf00	—	-5.800	0.10	3.00	—	50
6.800	0.500	D16@200	Be11	Bf00	—	-4.600	0.10	2.40	—	50
6.400	0.500	D16@200	Be11	Bf00	—	-3.500	0.10	1.80	—	50
5.600	0.500	D16@200	Be11	Bf00	—	-1.500	0.10	0.80	—	50
5.200	0.500	D16@200	Be11	Bf00	—	-0.600	0.10	0.30	—	50
4.800	0.500	D16@200	Be11	Be11	—	51.700	0.10	—	—	50
4.400	0.500	D16@200	Be11	Be11	—	51.100	0.10	—	—	50
4.000	0.500	D16@200	Be11	Be11	—	50.600	0.10	—	—	50
3.600	0.500	D16@200	Be11	Be11	—	50.200	0.10	—	—	50
3.200	0.500	D16@200	Be11	Be11	—	49.800	0.10	—	—	50
2.800	0.500	D16@200	Be11	Be11	—	49.400	0.10	—	—	50
2.000	0.500	D16@200	Be11	Be11	—	49.000	0.10	—	—	50
1.600	0.500	D16@200	Be11	Be11	—	48.800	0.10	—	—	50
1.200	0.500	D16@200	Be11	Be11	—	48.700	0.10	—	—	50
0.800	0.500	D16@200	Be11	Be11	—	48.700	0.10	—	—	50
0.400	0.500	D16@200	Be11	Be11	—	49.400	0.20	—	—	50
0.100	0.500	D16@200	Ne11	Be11	—	49.900	0.10	—	—	50

応力度　コンクリート　正：圧縮，負：引張
　　　　鉄筋　　　　　正：引張，負：圧縮

以上より発生する鉄筋の応力度は許容応力度 180N/mm² 以下であり安全である．

2.2.5 安定計算

Bクラス地震動に対する安定計算を震度法により行う．

(1) 水平力および転倒モーメントの算定

a) 自重による水平力および転倒モーメント

	計算式	重量 (kN)	作用高 (m)	モーメント (kNm)
ドーム屋根		134.1	13.550	1817.1
ドーム受け	$\pi \times 28.77 \times 0.4 \times 0.23 \times 24.5$	203.6	10.350	2107.3
	$\pi \times 28.85 \times 1/2 \times 0.23 \times 0.15 \times 24.5$	38.3	10.100	386.8
側壁	$\pi \times 29.23 \times 0.23 \times 9.95 \times 24.5$	5146.1	5.575	28689.5
	$\pi \times 29.89 \times 1/2 \times 0.9 \times 0.16 \times 24.5$	160.0	0.900	144.0
	$\pi \times 29.07 \times 0.39 \times 0.6 \times 24.5$	523.3	0.300	157.0
	$6 \times 10.55 \times 0.2 \times 1.269 \times 24.5$	393.6	5.275	2076.2
底版	$\pi \times 14.34 \times 14.34 \times 0.5 \times 24.5$	7909.8	0.250	1977.5
	$\pi \times 13.74 \times 2 \times 1/2 \times 0.1 \times 1.8 \times 24.5$	190.3	0.533	101.4
	合計	14699.1		37456.8

Bクラス地震動($K_{h1}=0.36$)における自重による底版底面での転倒モーメント

$M_d = 37456.8 \times K_{h1} = 13484.4$ kNm

b) 動水圧による水平力および転倒モーメント

地震時動水圧の影響を衝撃力と振動力に分けたHousnerによる地上水槽の耐震計算式を用いる．

＜衝撃力の計算＞

タンク内の水の全重量 W

$W = \rho \cdot \pi \cdot R^2 \cdot H = 61536.1$ kN

ここに，ρ：水の単位体積重量
R：タンク半径
H：全水深

衝撃力 P_r を生じさせる水の等価重量 W_r

$$W_r = \frac{\tanh\left(\sqrt{3}\frac{R}{H}\right)}{\sqrt{3}\frac{R}{H}} W = 23042.7 \text{ kN}$$

底版の水圧を考慮した場合の作用高さ h_{ri}

$$h_{ri} = \frac{H}{8} \times \left(\frac{4}{\left|\frac{W_r}{W}\right|} - 1\right) = 11.497 \text{ m}$$

底版底面からの作用高さ $h_{ri}' = 11.497 + 0.5 = 11.997$ m

以上より，衝撃力 $P_r = K_{h1} \times W_r = 8295.4$ kN
衝撃力 P_r により底版に生じるモーメント $M_{ri} = P_r \times h_{ri}' = 99523.7$ kNm

＜振動力の計算＞
振動力 P_s を生じさせる水の等価重量 W_s

$$W_s = 0.318 \frac{R}{H} \tanh\left(1.84 \frac{H}{R}\right) \cdot W = 24949.4 \text{ kN}$$

作用高さ h_{si}

$$h_{si} = \left(1 - \frac{\cosh\left|1.84\frac{H}{R}\right| - 2.01}{\left|1.84\frac{H}{R}\right| \left|\sinh\right| 1.84\frac{H}{R} \left|\right.}\right) H = 10.491 \text{ m}$$

底版底面からの高さ $h_{si}' = 10.491 + 0.5 = 10.991$ m

水面動揺の固有円振動数 ω_s および固有周期 T

$$\omega_s^2 = \frac{1.841g}{R} \tanh\left(1.841\frac{H}{R}\right) = 1.040$$

$$\omega_s = \sqrt{\omega_s^2} = 1.020 \text{ rad/sec}$$

$$T = \frac{2\pi}{\omega_s} = 6.16 \text{ sec}$$

Ⅱ種地盤における固有周期 T の応答加速度 S_a は

$K_{h01} = 0.298 T^{-2/3} = 0.089$

$S_a = 0.089 \times 980 = 87.22$ gal
$\qquad\qquad = 0.872$ m/sec^2

$S_v = 0.872 / 1.020 = 0.855$ m/sec

よって，

$A_s = S_v / \omega_s = 0.838$ m

$$\theta_h = 1.534 \frac{A_s}{R} \tanh\left(1.841\frac{H}{R}\right) = 0.074 \text{ rad}$$

以上より，振動力 $P_s = 1.2 \times W_s \times \theta_h \times \sin(\omega_s t)$

$\qquad\qquad P_{s\,max} = 1.2 \times W_s \times \theta_h = 2217.7$ kN

振動力 P_s によるモーメント $M_{si} = 2217.7 \times 10.991 = 24373.7$ kNm

c) PCタンク底面に作用する転倒モーメントおよび水平力

タンク底面に作用する転倒モーメント

$$\Sigma M = M_d + M_{ri} + M_{si} = 13484.4 + 99523.7 + 24373.7 = 137381.8 \text{ kNm}$$

タンク底面に作用する水平力

$$\Sigma H = K_{h1} \times W_d + P_r + P_s = 0.36 \times 14699.1 + 8295.4 + 2217.7 = 15804.8 \text{kN}$$

(2) 支持力に対する検討

底版底面の転倒モーメント　$M_b = 137381.8$ kNm

底版底面に作用する鉛直荷重　$V_b = 14699.1 + 61536.1 = 76235.2$ kN

転倒モーメントの偏心　$e = M_b / V_b = 1.802$

円形断面の核は

$$\frac{R_b}{4} = \frac{14.73}{4} = 3.683 > e \text{ より，荷重作用位置は核内にある．}$$

よって，底版底面における最大，最小地盤反力度は下式で求められる．

$$q_{max}, q_{min} = \frac{V_b}{A} \pm \frac{4M_b}{\pi R_b^3} = \frac{76345.2}{681.6} \pm \frac{4 \times 137381.8}{\pi \times 14.73^3} = 112.0 \pm 54.7 = 166.7 \text{ kN/m}^2, 57.3 \text{kN/m}^2$$

地震時許容支持力 300 kN/mm² 以下であり，安全である．

(3) 滑動に対する検討

岩盤とコンクリートの摩擦角　$\tan\phi = 0.6$

底面の面積　$A = 681.6$ m²

底版底面と地盤との間の粘着力　C'=0

底版底面と地盤との間に働くせん断抵抗　$Ru \quad C'A' + V_b \cdot \tan\phi$

$R_u = 0 \times 681.6 + 76235.2 \times 0.6 = 45741.1 \text{kN}$

滑動に対する抵抗力　$Ra = \frac{1}{1.2}Ru = 38117.6 \text{kN} > \Sigma H = 15804.8 \text{kN}$

したがって，滑動に対して安全である．

(4) 転倒に対する検討

転倒に対する安全率は1.5とする．地震時の底版底面における荷重作用位置が，底版外縁から底版直径の1/6内側に入った位置より内側に存在すれば，安全率が1.5以上となる．

地震時の底版底面における荷重作用位置　$e = 1.802 < R_b - \frac{D}{6} = 9.8$ m

したがって，転倒に対し安全である．

2.2.6 Sクラス地震時の確認
(1) 側壁の照査

Sクラス地震時は，耐震性能2を満足することとし，鋼材の発生応力が弾性範囲内となるようにする．側壁は円周方向および鉛直方向のPC鋼材が引張降伏強度以下，底版は鉄筋が引張降伏強度以下であることを確認する．

応力度は全断面有効として次式にて計算を行う．

$$\sigma = \frac{N}{A} \pm \frac{M}{Z}$$

ここに，σ：発生応力度（N/mm²）（正：圧縮応力　負：引張応力）
　　　　N：軸力（N/m）
　　　　A：単位長さあたりの断面積（mm²/m）
　　　　M：曲げモーメント（N・mm/m）
　　　　Z：単位長さあたりの断面係数（mm³/m）

a) 円周方向応力度

各節点において，発生する縁応力が最小となる時のケース名と応力度を示す．
　（正：圧縮応力　負：引張応力）

外側

高さ (m)	角度 (°)	決定ケース	N_θ (kN/m)	M_θ (kNm/m)	$\sigma_{c\theta}$ (N/mm²)
10.300	0	Se11	605.4	-0.2	1.3
9.900	0	Sfl1	571.4	0.0	1.2
9.750	0	Sfl0	412.3	0.1	1.2
9.350	0	Sfl0	307.4	0.1	1.3
8.900	0	Sfl0	241.0	0.0	1.0
8.450	0	Sfl0	171.6	-0.1	0.7
8.000	0	Sfl0	102.4	-0.2	0.4
7.550	0	Sfl00	34.0	-0.3	0.1
7.100	0	Sfl00	-32.5	-0.4	-0.2
6.650	0	Sfl00	-96.8	-0.4	-0.5
6.200	0	Sfl00	-158.2	-0.5	-0.7
5.750	0	Sfl00	-215.5	-0.6	-1.0
5.325	0	Sfl00	-267.3	-0.8	-1.3
4.850	0	Sfl00	-313.5	-1.1	-1.5
4.400	0	Sfl01	-348.3	-1.4	-1.7
3.950	0	Sfl01	-366.2	-1.8	-1.8
3.500	0	Sfl01	-361.7	-2.3	-1.8
3.050	0	Sfl1	-334.3	-2.5	-1.7
2.600	0	Sfl1	-272.5	-2.7	-1.5
2.150	0	Sfl1	-186.9	-2.4	-1.1
1.850	0	Sfl1	-97.7	-1.9	-0.6
1.550	0	Sfl1	-4.1	-0.8	-0.1
1.250	0	Sfl1	87.0	0.6	0.4
1.005	0	Sfl1	171.7	2.4	0.7
0.775	180	Sfl1	454.2	-8.7	0.9
0.545	180	Sfl1	380.6	-12.8	0.5
0.350	180	Sfl1	249.0	-18.2	-0.1

内側

高さ (m)	角度 (°)	決定ケース	N_θ (kN/m)	M_θ (kNm/m)	$\sigma_{c\theta}$ (N/mm²)
10.300	0	Se11	605.4	-0.2	1.3
9.900	0	Sfl1	571.4	0.0	1.2
9.750	0	Sfl0	412.3	0.1	1.2
9.350	0	Sfl0	307.4	0.1	1.3
8.900	0	Sfl0	241.0	0.0	1.1
8.450	0	Sfl00	171.7	-0.1	0.8
8.000	0	Sfl00	102.3	-0.2	0.5
7.550	0	Sfl00	34.0	-0.3	0.2
7.100	0	Sfl00	-32.5	-0.4	-0.1
6.650	0	Sfl00	-96.8	-0.4	-0.4
6.200	0	Sfl00	-158.2	-0.5	-0.6
5.750	0	Sfl00	-215.5	-0.6	-0.9
5.325	0	Sfl01	-267.3	-0.8	-1.1
4.850	0	Sfl01	-313.5	-1.1	-1.2
4.400	0	Sfl01	-348.3	-1.4	-1.4
3.950	0	Sfl1	-365.5	-1.8	-1.4
3.500	0	Sfl1	-363.6	-2.2	-1.3
3.050	0	Sfl1	-334.3	-2.5	-1.2
2.600	0	Sfl1	-272.5	-2.7	-0.9
2.150	0	Sfl1	-186.9	-2.4	-0.5
1.850	0	Sfl1	-97.7	-1.9	-0.2
1.550	0	Sfl1	-4.1	-0.8	0.1
1.250	0	Sfl1	87.0	0.6	0.3
1.005	0	Sfl1	171.7	2.4	0.4
0.775	0	Sfl1	265.5	4.4	0.6
0.545	0	Sfl0	371.4	6.7	0.7
0.350	0	Sfl0	544.6	9.8	1.0

以上より，Sクラス地震時に側壁円周方向に軸引張力が発生する．

Sクラス地震時には，側壁円周方向に軸引張力が発生する箇所があるため，側壁目地部における円周方向PC鋼材の発生応力度について検討する．検討ケースは，軸引張力が最大となるSF01（満水，クリープ0%，積雪あり）とし，検討位置は，フープテンションが最大となる高さ3.95m，$\theta=0°$の位置とする．

　コンクリートは引張を受け持たず，円周方向PC鋼材が発生する軸引張力をすべて受け持つものとし，PC鋼材に発生する応力度 σ_p を以下の式で算定する．

$$\sigma_p = \sigma_{pe} + \sigma_{p\_S_s} = \sigma_{pe} + \frac{N_{\theta\_S_s}}{\dfrac{A_p}{C_p}}$$

ここに，σ_{pe} ：円周方向PC鋼材の有効応力度（N/mm²）

σ_{p_Ss} ：Ss相当地震時のPC鋼材の有効応力度（N/mm²）

N_{θ_Ss} ：Ss相当地震時に発生する最大円周方向軸引張力（N）

A_p ：PC鋼材1本あたりの断面積（mm²）

C_p ：PC鋼材の中心間隔（m）

解析結果より，該当する位置での円周方向軸引張力 N_{θ_Ss} は，366.2 kN である．

したがって，　$\sigma_p = 765.5 + \dfrac{366.2 \times 10^3}{\dfrac{532.4}{0.250}} = 937.5$ N/mm²

一方，設計に用いる降伏強度 f_{yd} は次式により求められる．

$$f_{yd} = \frac{f_y}{\gamma_s} = \frac{1516}{1.0} = 1516.0 \text{ N/mm}^2$$

ここに，f_y：PC鋼材の降伏強度の特性値

γ_s：PC鋼材の材料係数

以上より，$\dfrac{\sigma_p}{f_{yd}} = \dfrac{937.5}{1516.0} = 0.618 < 1.0$ となるため，Sクラス地震時に円周方向PC鋼材に発生する応力度は降伏強度以下であり，安全である．

b) 鉛直方向応力度

各節点において，発生する縁応力が最小となる時のケース名と応力度を示す．
（正：圧縮応力　負：引張応力）

外側

高さ (m)	角度 (°)	決定ケース	N_z (kN/m)	M_z (kNm/m)	σ_{cz} (N/mm²)
10.300	180	Sfl0	852.4	-0.9	1.8
9.900	180	Sfl0	853.9	-1.5	1.8
9.750	180	Sfl0	856.1	-2.3	2.4
9.350	180	Se10	857.9	-2.9	3.4
8.900	180	Se10	860.0	-3.2	3.4
8.450	180	Se10	861.9	-3.0	3.4
8.000	180	Se10	863.8	-2.6	3.5
7.550	180	Se10	865.6	-2.2	3.5
7.100	180	Se10	867.3	-1.7	3.6
6.650	180	Se10	868.8	-1.2	3.6
6.200	0	Sfl0	888.2	-1.6	3.7
5.750	0	Sf00	894.4	-2.1	3.6
5.325	0	Sf00	901.3	-2.9	3.6
4.850	0	Sf00	909.2	-4.2	3.5
4.400	0	Sf00	917.8	-5.9	3.3
3.950	0	Sf00	927.2	-8.0	3.1
3.500	0	Sf00	937.5	-10.2	2.9
3.050	0	Sf00	948.5	-12.2	2.7
2.600	0	Sf00	960.3	-13.0	2.7
2.150	0	Sf00	971.8	-11.9	2.9
1.850	0	Sf00	981.4	-8.8	3.3
1.550	180	Sfl0	813.9	0.0	3.5
1.250	180	Sfl0	808.5	-11.8	2.1
1.005	180	Sfl0	803.7	-0.2	2.7
0.775	180	Sfl0	799.5	16.5	3.3
0.545	180	Se10	880.2	4.9	2.6
0.350	180	Se11	884.3	-18.7	1.5

内側

高さ (m)	角度 (°)	決定ケース	N_z (kN/m)	M_z (kNm/m)	σ_{cz} (N/mm²)
10.300	0	Sf00	852.4	0.6	1.8
9.900	0	Sf00	853.9	0.9	1.8
9.750	0	Sf00	856.3	1.1	2.4
9.350	0	Sf00	858.7	0.8	3.6
8.900	0	Sf00	861.7	0.2	3.7
8.450	0	Sf00	865.0	-0.3	3.8
8.000	0	Sf00	868.7	-0.7	3.9
7.550	180	Sf00	863.9	-0.5	3.8
7.100	180	Sf00	864.4	0.2	3.7
6.650	180	Sf00	864.3	0.8	3.7
6.200	180	Sf00	863.7	1.5	3.6
5.750	180	Sfl0	862.5	2.3	3.5
5.325	180	Sfl0	860.6	3.6	3.3
4.850	180	Sfl0	857.9	5.4	3.1
4.400	180	Sfl0	854.3	7.8	2.8
3.950	180	Sfl0	850.0	10.5	2.5
3.500	180	Sfl0	844.9	13.4	2.2
3.050	180	Se10	877.2	17.8	1.8
2.600	180	Se10	877.7	19.2	1.6
2.150	180	Se10	878.1	17.6	1.8
1.850	180	Se10	878.4	12.7	2.4
1.550	180	Se00	878.6	3.8	3.4
1.250	0	Sf00	999.1	4.3	3.6
1.005	0	Sf00	1,007.0	39.7	0.7
0.775	0	Sf00	1,014.7	84.6	-1.5
0.545	0	Sf00	1,022.1	111.5	-2.1
0.350	0	Sf00	1,035.3	137.0	-2.7

以上より，S クラス地震時の側壁鉛直方向は，引張応力が生じるが，曲げひび割れ強度（3.3 N/mm²）以下であり，曲げひび割れは発生しない．

(2) 底版の確認

Sクラス地震時の底板は鉄筋が引張降伏強度以下となることを確認する．

a) 半径方向

表-2.2.16 Sクラス地震時 底版 半径方向 上側鉄筋

半径(m)	部材厚(m)	上筋	ケース		曲げモーメント(kN・m/m)	軸力(kN/m)	応力度(N/mm^2)	
							コンクリート	鉄筋
14.615	0.600	D16@200	Se11	Sf00	93.800	-72.300	3.40	120.40
14.340	0.600	D16@200	Se11	Sf01	103.400	-71.800	3.20	127.90
14.040	0.592	D16@200	Sf11	Sf01	111.400	-64.400	3.30	132.30
13.740	0.575	D16@200	Sf11	Sf00	99.100	-58.600	3.00	120.30
13.440	0.559	D16@200	Sf10	Sf01	79.300	-53.000	2.50	98.60
13.140	0.542	D16@200	Sf10	Sf01	56.900	-47.800	1.60	73.90
12.840	0.517	D16@200	Sf11	Sf01	36.700	-42.600	1.20	51.10
12.540	0.500	D22@200	Sf10	Sf01	21.200	-38.300	0.60	33.00
12.270	0.500	D22@200	Se10	Sf01	10.400	-34.100	0.40	46.40
12.000	0.500	D22@200	Se10	Sf01	3.300	-30.400	0.20	25.70
11.600	0.500	D22@200	Se11	Sf00	-1.400	-26.200	0.10	8.80
11.200	0.500	D22@200	Sf11	Sf00	-3.200	-22.100	0.10	3.20
10.400	0.500	D22@200	Se11	Sf00	-2.200	-15.200	0.10	2.20
9.600	0.500	D22@200	Se11	Sf00	-0.600	-10.200	0.20	3.30
9.200	0.500	D22@200	Se11	Sf00	-0.100	-8.100	0.20	3.70
8.800	0.500	D22@200	Se11	Sf00	0.100	-6.200	0.20	3.50
8.400	0.500	D22@200	Se11	Sf01	0.200	-4.600	0.20	3.00
8.000	0.500	D22@200	Se11	Sf00	0.200	-3.200	0.10	2.30
7.600	0.500	D22@200	Se11	Sf00	0.200	-2.000	0.10	1.60
7.200	0.500	D22@200	Se11	Sf00	0.100	-0.900	0.10	0.80
6.800	0.500	D22@200	Se11	Sf00	0.100	―	0.10	0.20
6.400	0.500	D22@200	Se11	Se11	-0.100	67.300	0.10	―
6.000	0.500	D22@200	Se11	Se11	―	64.900	0.10	―
5.600	0.500	D22@200	Se11	Se11	―	62.700	0.10	―
4.800	0.500	D22@200	Se11	Se11	―	58.800	0.10	―
4.400	0.500	D22@200	Se11	Se11	―	57.200	0.10	―
4.000	0.500	D22@200	Se11	Se11	―	55.700	0.10	―
3.600	0.500	D22@200	Se11	Se11	―	54.300	0.10	―
3.200	0.500	D22@200	Se11	Se11	―	53.100	0.10	―
2.800	0.500	D22@200	Se11	Se11	―	52.100	0.10	―
2.400	0.500	D22@200	Se11	Se11	―	51.200	0.10	―
2.000	0.500	D22@200	Se11	Se11	―	50.500	0.10	―
1.600	0.500	D22@200	Se11	Se11	―	49.800	0.10	―
1.200	0.500	D22@200	Se11	Se11	―	49.400	0.10	―
0.800	0.500	D22@200	Se11	Se11	―	49.000	0.10	―
0.400	0.500	D22@200	Se11	Se11	―	48.300	―	―
0.100	0.500	D22@200	Se11	Se11	-0.10	47.900	―	―

応力度　コンクリート　正：圧縮，負：引張
　　　　鉄筋　　　　　　正：引張，負：圧縮

以上より発生する鉄筋の応力度は降伏強度345N/mm^{2}以下であり安全である．

表-2.2.17 Sクラス地震時 底版 半径方向 下側鉄筋

半径 (m)	部材厚 (m)	下筋	ケース		曲げモーメント (kN・m/m)	軸力 (kN/m)	応力度(N/mm^2)	
							コンクリート	鉄筋
14.615	0.600	D16@200	Sf01	Se11	-145.100	181.100	2.20	89.40
14.340	0.600	D16@200	Sf01	Sf10	-135.400	132.100	2.40	87.40
14.040	0.592	D16@200	Sf01	Sf11	-129.000	121.600	2.60	87.40
13.740	0.575	D16@200	Sf01	Sf11	-109.300	113.400	2.40	74.60
13.440	0.559	D16@200	Sf01	Sf10	-83.700	105.600	2.00	55.30
13.140	0.542	D16@200	Sf01	Sf10	-57.200	98.100	1.50	33.50
12.840	0.517	D16@200	Sf01	Sf11	-34.700	91.600	1.00	18.00
12.540	0.500	D16@200	Sf01	Sf10	-18.400	85.200	0.60	4.90
12.270	0.500	D25@200	Sf01	Sf00	10.200	-34.200	0.50	4.00
12.000	0.500	D25@200	Se11	Sf00	3.200	-30.500	0.30	5.40
11.600	0.500	D25@200	Se11	Sf00	-1.400	-26.200	0.30	17.60
11.200	0.500	D25@200	Se11	Sf00	-3.200	-22.100	0.30	20.90
10.800	0.500	D25@200	Se10	Sf00	-3.100	-18.500	0.30	18.60
10.000	0.500	D25@200	Se11	Sf01	-1.300	-12.500	0.20	10.60
9.600	0.500	D25@200	Se11	Sf01	-0.600	-10.100	0.20	7.00
9.200	0.500	D25@200	Se11	Sf00	-0.100	-8.100	0.20	4.50
8.800	0.500	D25@200	Se11	Sf00	0.100	-6.200	0.20	2.70
8.400	0.500	D25@200	Se11	Sf00	0.200	-4.600	0.20	1.60
8.000	0.500	D25@200	Se11	Sf00	0.200	-3.200	0.10	0.90
7.600	0.500	D25@200	Se11	Sf00	0.200	-2.000	0.10	0.50
7.200	0.500	D25@200	Se10	Sf00	0.100	-0.900	0.10	0.10
6.800	0.500	D25@200	Se11	Se11	-0.100	69.900	0.10	−
6.400	0.500	D25@200	Se11	Se11	-0.100	67.300	0.10	−
6.000	0.500	D25@200	Se11	Se11	−	64.900	0.10	−
5.600	0.500	D25@200	Se11	Se11	−	62.700	0.10	−
4.800	0.500	D25@200	Se11	Se11	−	58.800	0.10	−
4.400	0.500	D25@200	Se11	Se11	−	57.200	0.10	−
4.000	0.500	D25@200	Se11	Se11	−	55.700	0.10	−
3.600	0.500	D25@200	Se11	Se11	−	54.300	0.10	−
3.200	0.500	D25@200	Se11	Se11	−	53.100	0.10	−
2.800	0.500	D25@200	Se11	Se11	−	52.100	0.10	−
2.400	0.500	D25@200	Se11	Se11	−	51.200	0.10	−
2.000	0.500	D25@200	Se11	Se11	−	50.500	0.10	−
1.600	0.500	D25@200	Se11	Se11	−	49.800	0.10	−
1.200	0.500	D25@200	Se11	Se11	−	49.400	0.10	−
0.800	0.500	D25@200	Se11	Se11	−	49.000	0.10	−
0.400	0.500	D25@200	Se11	Se11	−	48.300	0.10	−
0.100	0.500	D25@200	Se11	Se11	−	47.900	0.10	−

応力度　コンクリート　正：圧縮，負：引張

　　　　鉄筋　　　　　　正：引張，負：圧縮

以上より発生する鉄筋の応力度は降伏強度345N/mm^{2}以下であり安全である．

b) 円周方向

表-2.2.18 Sクラス地震時 底版 円周方向 上側鉄筋

半径(m)	部材厚(m)	上筋	ケース		曲げモーメント(kN・m/m)	軸力(kN/m)	応力度(N/mm²) コンクリート	応力度(N/mm²) 鉄筋
14.615	0.600	D16@200	Se11	Sf01	-37.000	-196.600	1.60	29.70
14.340	0.600	D16@200	Se11	Sf01	-36.000	-196.600	1.50	29.60
14.040	0.592	D16@200	Sf10	Sf01	-32.200	-172.000	1.50	23.60
13.740	0.575	D16@200	Sf11	Sf01	-25.700	-154.300	1.30	21.80
13.440	0.559	D16@200	Sf10	Sf01	-18.700	-139.200	1.00	20.80
13.140	0.542	D16@200	Se11	Sf01	-12.200	-123.500	0.40	23.50
12.840	0.517	D16@200	Se10	Sf01	-7.000	-108.900	0.30	31.70
12.540	0.500	D16@200	Se11	Sf01	-3.300	-98.500	0.20	38.00
12.270	0.500	D16@200	Se11	Sf01	-0.900	-91.300	0.20	43.00
12.000	0.500	D16@200	Sf11	Sf00	0.400	-83.900	0.20	44.00
11.600	0.500	D16@200	Sf11	Sf00	1.100	-76.200	0.20	42.20
11.200	0.500	D16@200	Sf11	Sf01	1.200	-67.800	0.20	38.50
10.800	0.500	D16@200	Sf11	Sf01	0.900	-61.000	0.20	33.90
10.400	0.500	D16@200	Sf11	Sf00	0.600	-54.500	0.20	29.70
10.000	0.500	D16@200	Se11	Sf00	0.30	-48.700	0.20	24.90
9.600	0.500	D16@200	Se11	Sf00	―	-43.400	0.20	22.10
8.800	0.500	D16@200	Se11	Sf01	-0.100	-34.300	0.10	17.10
8.400	0.500	D16@200	Se11	Sf00	-0.100	-30.300	0.10	14.90
8.000	0.500	D16@200	Se11	Sf00	-0.100	-26.900	0.10	13.30
7.600	0.500	D16@200	Se11	Sf00	-0.100	-23.700	0.10	11.70
7.200	0.500	D16@200	Se11	Sf00	-0.100	-20.700	0.10	10.20
6.800	0.500	D16@200	Se11	Sf00	―	-18.100	0.10	9.00
6.400	0.500	D16@200	Se11	Sf00	―	-15.600	0.10	7.80
6.000	0.500	D16@200	Se11	Sf01	―	-13.400	0.10	6.60
5.600	0.500	D16@200	Se11	Sf01	―	-11.300	0.10	5.70
4.800	0.500	D16@200	Se11	Sf01	―	-7.700	0.10	3.80
4.400	0.500	D16@200	Se11	Sf00	―	-6.100	0.10	3.00
4.000	0.500	D16@200	Se11	Sf00	―	-4.600	0.10	2.30
3.600	0.500	D16@200	Se11	Sf00	―	-3.100	0.10	1.50
3.200	0.500	D16@200	Se11	Sf00	―	-1.800	0.10	0.90
2.800	0.500	D16@200	Se11	Sf00	―	-0.500	0.10	0.20
2.400	0.500	D16@200	Se11	Se11	―	48.300	0.10	―
2.000	0.500	D16@200	Se11	Se11	―	48.300	0.10	―
1.600	0.500	D16@200	Se11	Se11	―	48.300	0.10	―
1.200	0.500	D16@200	Se11	Se11	―	48.300	0.10	―
0.800	0.500	D16@200	Se11	Se11	―	48.400	0.10	―
0.400	0.500	D16@200	Se11	Se11	―	49.200	0.10	―
0.100	0.500	D16@200	―	―	―	49.800	―	―

応力度　コンクリート　正：圧縮，負：引張
　　　　鉄筋　　　　　正：引張，負：圧縮

以上より発生する鉄筋の応力度は降伏強度 345N/mm² 以下であり安全である．

表-2.2.19 Sクラス地震時 底版 円周方向 下側鉄筋

| \multicolumn{8}{c}{Sクラス地震時－円周方向－下筋} |
| 半径 | 部材厚 | 下筋 | ケース | | 曲げモーメント | 軸力 | 応力度(N/mm^2) | |
(m)	(m)				(kN・m/m)	(kN/m)	コンクリート	鉄筋
14.615	0.600	D16@200	Sf01	Sf11	-39.100	-190.400	0.90	192.80
14.340	0.600	D16@200	Sf01	Sf11	-37.900	-189.600	0.90	190.40
14.040	0.592	D16@200	Sf01	Sf10	-34.200	-166.200	0.90	171.80
13.740	0.575	D16@200	Sf01	Sf11	-27.300	-149.300	0.80	148.70
13.440	0.559	D16@200	Sf01	Sf01	-18.700	-139.200	0.60	124.80
13.140	0.542	D16@200	Sf01	Sf01	-12.200	-123.500	0.50	100.10
12.840	0.517	D16@200	Sf01	Sf00	-7.100	-108.900	0.40	79.60
12.540	0.500	D16@200	Sf11	Sf00	-3.300	-98.600	0.30	61.80
12.270	0.500	D16@200	Sf11	Sf01	-0.900	-91.300	0.30	49.10
12.000	0.500	D16@200	Se11	Sf00	0.400	-83.900	0.20	41.30
11.600	0.500	D16@200	Se11	Sf00	1.100	-76.200	0.20	34.80
11.200	0.500	D16@200	Se11	Sf01	1.200	-67.800	0.20	30.50
10.800	0.500	D16@200	Se11	Sf01	0.900	-61.000	0.20	27.90
10.400	0.500	D16@200	Se11	Sf00	0.600	-54.500	0.20	25.70
10.000	0.500	D16@200	Se11	Sf00	0.300	-48.700	0.20	23.60
9.600	0.500	D16@200	Se11	Sf00	―	-43.400	0.20	21.70
8.800	0.500	D16@200	Se10	Sf01	-0.100	-34.300	0.20	17.80
8.400	0.500	D16@200	Se11	Sf00	-0.100	-30.300	0.10	15.90
8.000	0.500	D16@200	Se11	Sf00	-0.100	-26.900	0.10	14.00
7.600	0.500	D16@200	Se10	Sf00	-0.100	-23.700	0.10	12.20
7.200	0.500	D16@200	Se10	Sf00	-0.100	-20.700	0.10	10.70
6.800	0.500	D16@200	Se11	Sf00	―	-18.100	0.10	9.40
6.400	0.500	D16@200	Se11	Sf00	―	-15.600	0.10	8.10
6.000	0.500	D16@200	Se11	Sf01	―	-13.400	0.10	7.00
5.600	0.500	D16@200	Se11	Sf01	―	-11.300	0.10	5.80
4.800	0.500	D16@200	Se11	Sf01	―	-7.700	0.10	4.00
4.400	0.500	D16@200	Se11	Sf00	―	-6.100	0.10	3.10
4.000	0.500	D16@200	Se11	Sf00	―	-4.600	0.10	2.40
3.600	0.500	D16@200	Se11	Sf00	―	-3.100	0.10	1.60
3.200	0.500	D16@200	Se11	Sf00	―	-1.800	0.10	0.90
2.800	0.500	D16@200	Se11	Sf00	―	-0.500	0.10	0.30
2.400	0.500	D16@200	Se11	Se11	―	48.300	0.10	―
2.000	0.500	D16@200	Se10	Se11	―	48.300	0.10	―
1.600	0.500	D16@200	Se11	Se11	―	48.300	0.10	―
1.200	0.500	D16@200	Se11	Se11	―	48.300	0.10	―
0.800	0.500	D16@200	Se11	Se11	―	48.400	0.10	―
0.400	0.500	D16@200	Se11	Se11	―	49.200	0.10	―
0.100	0.500	D16@200	Se11	Se11	―	49.800	0.10	―

応力度　コンクリート　正：圧縮，負：引張

　　　　鉄筋　　　　　正：引張，負：圧縮

以上より発生する鉄筋の応力度は降伏強度345N/mm^{2}以下であり安全である．

2.2.7 主要数量表

表-2.2.20 3,000m³クラスの主要数量

名称	種別	仕様	単位	数量
底版工事	コンクリート工	$f_{ck} = 30$ N/mm²	m³	329.5
側壁工事	コンクリート工	$f_{ck} = 50$ N/mm²	m³	242.5
縦目地工事	目地モルタル		m³	23.4
PC工事	横締めPC工	種別		1T28.6
		重量	ton	14.6
	縦締めPC工	種別		1T15.2
		重量	ton	8.4
塗装工事	底版		m²	646.3
	側壁		m²	917.9

2.3 10,000m³ プレキャストPCタンク

2.3.1 設計条件
(1) 設計概要
a) 構造形式

プレキャスト円筒形プレストレストコンクリートタンク

側壁下端構造

円周方向1次プレストレス導入時：自由構造

円周方向2次プレストレス導入時：剛結構造

b) 形状寸法

全容量　　　V　＝　10,100 m³

有効内径　　D　＝　34.000 m

設計水深　　H　＝　11.000 m

側壁厚　　　t　＝　0.250 m

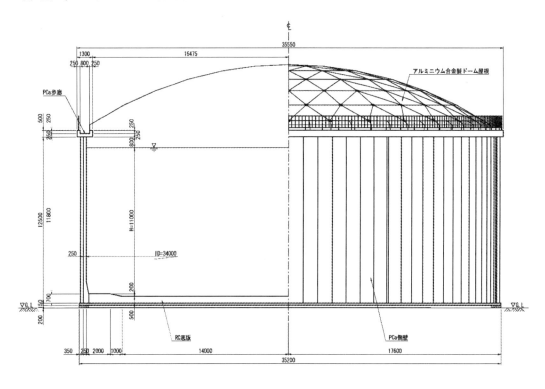

図-2.3.1 一般構造図（10,000 m³）

c) 設計荷重

ドーム上の積載荷重　W_{a1} ＝ 0.50 kN/m²

積雪荷重　W_{a2} ＝ 1.20 kN/m²

単位重量

プレストレスコンクリート　γ_{pc} ＝ 24.5 kN/m³

鉄筋コンクリート　γ_{rc} ＝ 24.5 kN/m³

水　γ_w ＝ 10.0 kN/m³

設計水平震度　Bクラス地震時　$K_{h1} = 0.36$
　　　　　　　Sクラス地震時　$K_{h2} = 0.72$

(2) 材料強度

以下に設計基準強度および許容応力度を示す．

許容応力度はコンクリート標準示方書［設計編：本編］10.2 参照

a) プレキャスト・プレストレストコンクリート

　　コンクリート設計基準強度　$f_{ck} = 50$ N/mm^2
　　　　許容曲げ圧縮応力度　$\sigma'_{ca} = 0.4 f_{ck} = 20.0$ N/mm^2
　　　　許容軸圧縮応力度　　$\sigma_{ca} = 0.4 f_{ck} = 20.0$ N/mm^2

b) 目地コンクリート

　　コンクリート設計基準強度　$f_{ck} = 40$ N/mm^2
　　　　許容曲げ圧縮応力度　$\sigma'_{ca} = 0.4 f_{ck} = 16.0$ N/mm^2
　　　　許容軸圧縮応力度　　$\sigma_{ca} = 0.4 f_{ck} = 16.0$ N/mm^2

c) 鉄筋コンクリート（底版）

　　コンクリート設計基準強度　$f_{ck} = 30$ N/mm^2
　　　　許容曲げ圧縮応力度　$\sigma'_{ca} = 0.4 f_{ck} = 12.0$ N/mm^2
　　　　許容軸圧縮応力度　　$\sigma_{ca} = 0.4 f_{ck} = 12.0$ N/mm^2

d) PC鋼材

　円周方向PC鋼材
　　　種　別　　　1T28.6
　　　鋼材径　　　28.6 mm
　　　断面積　　　532.4 mm^2
　　　降伏強度　　807 kN
　　　引張荷重　　949 kN

　鉛直方向PC鋼材
　　　種　別　　　1T15.2
　　　鋼材径　　　15.2 mm
　　　断面積　　　138.7 mm^2
　　　降伏強度　　222 kN
　　　引張荷重　　261 kN

e) 鉄筋　SD-345

表-2.3.1　鉄筋

降伏強度　(N/mm^2)	345							
呼び	D10	D13	D16	D19	D22	D25	D29	D32
公称直径　(mm)	9.5	12.7	15.9	19.1	22.2	25.4	28.6	31.8
公称断面積　(mm^2)	31.7	71.3	126.7	198.6	286.5	387.1	506.7	794.2

表-2.3.2 鉄筋の許容応力度

	常時	Bクラス地震時	Sクラス地震時
内 側	100	100	345
外 側	180	180	345

(3) 安全係数

コンクリート標準示方書［設計編：標準］5 編　耐震性に関する照査　より，安全係数は以下の通りとする．

表-2.3.3 標準的な安全係数と材料修正係数の値

耐震性能	安全係数 修正係数	材料係数 γ_m		部材係数 γ_b	構造解析係数 γ_a	作用係数 γ_f	構造物係数 γ_i	鉄筋強度の材料修正係数 ρ_m
		コンクリート γ_c	鋼材 γ_s					
耐震性能1	応答値および限界値	1.0	1.0	1.0	1.0	1.0	1.0	1.0
耐震性能2，3	応答値	1.0	1.0	1.0	1.0〜1.2	1.0	1.0〜1.2	変位：1.0 せん断力：1.2
	限界値	1.3	1.0または1.05	1.0※ 1.1〜1.3※				1.0

(4) コンクリート打設・緊張作業手順

　側壁は円周方向に分割したプレキャストパネルとそれを繋ぎ合わせる目地部で構成される．側壁円周方向にはポストテンション方式のPC鋼材を配置し，側壁鉛直方向にはプレテンション方式によるPC鋼材を配置する．

　側壁下端の構造は1次プレストレス導入時には滑動を許す自由支持とし，底版の打設を行った後，2次プレストレスを導入する．2次プレストレス導入時および供用時には底版と一体化させた固定構造とする．

a) 1次プレストレスの導入

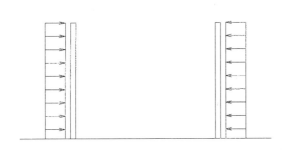

・残留相当プレストレス：1.4 N/mm²

b) 底版コンクリートの打設

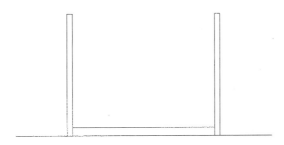

c) 2次プレストレスの導入

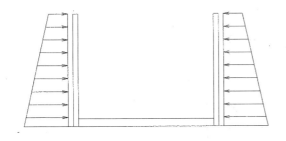

・水圧相当プレストレス
・残留相当プレストレス：1.0 N/mm²

(5) PC鋼材配置

側壁に配置する円周方向および鉛直方向PC鋼材の配置は以下の通りとする．

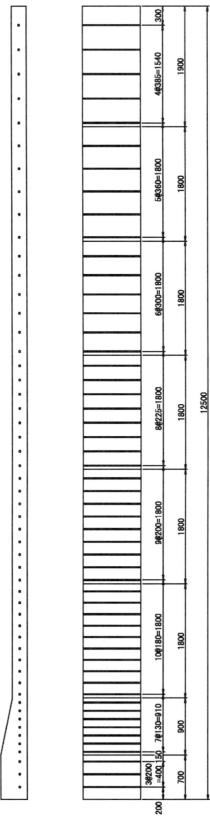

図-2.3.2　PC鋼材配置（10,000m³）

2.3.2 解析モデル

プレキャスト PC タンクの側壁および底版を軸対称シェルモデルによりモデル化し，発生する応力の照査を行った．設計荷重およびその組み合わせを以下に示す．

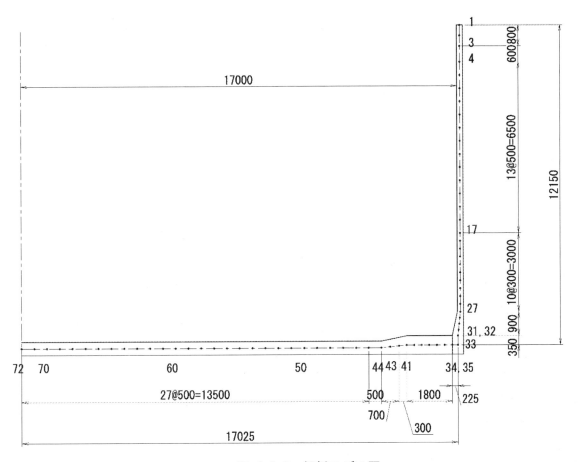

図-2.3.3　解析モデル図

バネ定数は堅固な地盤の地盤反力係数より以下とする。

鉛直地盤反力係数：$K_v=1.0×10^6 kN/m^3$（常時）　　$2.0×10^6 kN/m^3$（地震時）

水平地盤反力係数：$K_s=K_v/3$

表-2.3.4 荷重組合せ

常時		空水				満水			
		クリープ有	クリープ無	クリープ有	クリープ無	クリープ有	クリープ無	クリープ有	クリープ無
		積雪有	積雪有	積雪無	積雪無	積雪有	積雪有	積雪無	積雪無
検討CASE		Ne11	Ne01	Ne10	Ne00	Nf11	Nf01	Nf10	Nf00
可動	1次プレストレス	○	○	○	○	○	○	○	○
	不静定力	○		○		○		○	
常時	上載荷重			○	○			○	○
	積雪荷重	○	○			○	○		
	自重	○	○	○	○	○	○	○	○
	2次プレストレス	○	○	○	○	○	○	○	○
	鉛直プレストレス	○	○	○	○	○	○	○	○
	静水圧					○	○	○	○

Bクラス地震時		空水				満水			
		クリープ有	クリープ無	クリープ有	クリープ無	クリープ有	クリープ無	クリープ有	クリープ無
		積雪有	積雪有	積雪無	積雪無	積雪有	積雪有	積雪無	積雪無
検討CASE		Be11	Be01	Be10	Be00	Bf11	Bf01	Bf10	Bf00
可動	1次プレストレス	○	○	○	○	○	○	○	○
	不静定力	○		○		○		○	
常時	上載荷重			○	○			○	○
	積雪荷重	○	○			○	○		
	自重	○	○	○	○	○	○	○	○
	2次プレストレス	○	○	○	○	○	○	○	○
	鉛直プレストレス	○	○	○	○	○	○	○	○
	静水圧					○	○	○	○
地震時	B動水圧					○	○	○	○
	B積雪慣性力	○	○			○	○		
	B躯体慣性力	○	○	○	○	○	○	○	○
	S動水圧								
	S積雪慣性力								
	S躯体慣性力								

Sクラス地震時		空水				満水			
		クリープ有	クリープ無	クリープ有	クリープ無	クリープ有	クリープ無	クリープ有	クリープ無
		積雪有	積雪有	積雪無	積雪無	積雪有	積雪有	積雪無	積雪無
検討CASE		Se11	Se01	Se10	Se00	Sf11	Sf01	Sf10	Sf00
可動	1次プレストレス	○	○	○	○	○	○	○	○
	不静定力	○		○		○		○	
常時	上載荷重			○	○			○	○
	積雪荷重	○	○			○	○		
	自重	○	○	○	○	○	○	○	○
	2次プレストレス	○	○	○	○	○	○	○	○
	鉛直プレストレス	○	○	○	○	○	○	○	○
	静水圧					○	○	○	○
地震時	B動水圧								
	B積雪慣性力								
	B躯体慣性力								
	S動水圧					○	○	○	○
	S積雪慣性力	○	○			○	○		
	S躯体慣性力	○	○	○	○	○	○	○	○

参考資料

なお，求められる軸力Nおよび曲げモーメントMは，各検討部材・方向に応じて，以下の図の矢印の向きを正とする．

	鉛直方向／半径方向	円周方向
側壁	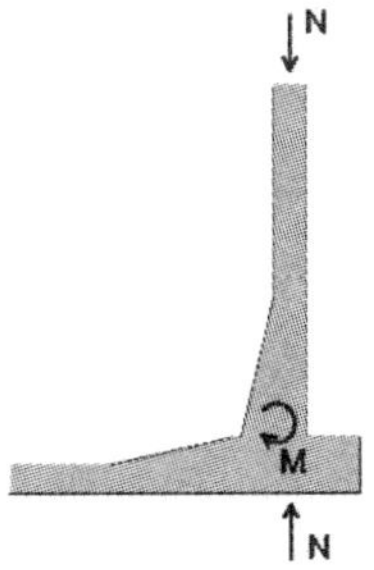	
底版		

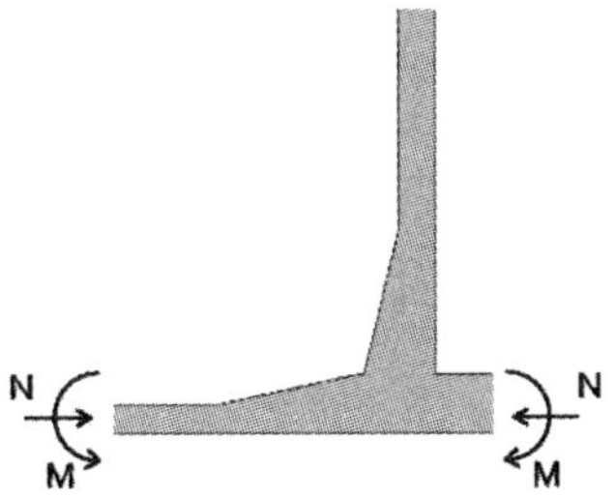

なお，求められる軸力Nおよび曲げモーメントMは，各検討部材・方向に応じて，以下の図の矢印の向きを正とする．

2.3.3 常時

(1) 側壁の照査

プレキャストPCタンクでは，側壁の目地部分は鉄筋が配置されない，もしくは少ないため，ひび割れ幅を抑制できない．よって，常時は，円周方向はフルプレストレス状態，鉛直方向はひび割れを発生させないこととする．

a) 円周方向応力度

応力度は全断面有効として次式にて計算を行う．

$$\sigma = \frac{N}{A} \pm \frac{M}{Z}$$

ここに，A：単位長さあたりの断面積
　　　　Z：単位長さあたりの断面係数

各検討ケースにおいて，発生する縁応力が最大となる時の応力度と位置を以下に示す．

表-2.3.5 常時 側壁 円周方向応力度

常時－円周方向									
高さ (m)	部材厚 (m)	内側				外側			
		ケース	軸力 (kN/m)	曲げ (kN·m/m)	応力度 (N/mm²)	ケース	軸力 (kN/m)	曲げ (kN·m/m)	応力度 (N/mm²)
11.800	0.250	Ne01	530.488	-0.086	2.13	Ne01	530.488	-0.086	2.11
11.400	0.250	Ne11	582.514	-0.139	2.34	Ne11	582.514	-0.139	2.32
11.000	0.250	Nf11	602.040	-0.125	2.42	Nf11	602.040	-0.125	2.40
10.400	0.250	Nf11	598.446	-0.116	2.40	Nf11	598.446	-0.116	2.38
9.900	0.250	Nf10	597.391	-0.060	2.40	Nf10	597.391	-0.060	2.38
9.400	0.250	Nf10	597.111	-0.042	2.39	Nf10	597.111	-0.042	2.38
8.900	0.250	Nf10	597.423	-0.034	2.39	Nf10	597.423	-0.034	2.39
8.400	0.250	Nf10	598.203	-0.032	2.40	Nf10	598.203	-0.032	2.39
7.900	0.250	Nf00	599.986	0.000	2.40	Nf10	599.438	-0.037	2.39
7.400	0.250	Nf00	600.793	0.009	2.40	Nf10	601.174	-0.043	2.40
6.900	0.250	Nf00	601.473	0.019	2.40	Nf00	601.473	0.019	2.41
6.400	0.250	Nf00	601.870	0.034	2.40	Nf00	601.870	0.034	2.41
5.900	0.250	Nf00	601.777	0.056	2.40	Nf00	601.777	0.056	2.41
5.400	0.250	Nf01	600.920	0.086	2.40	Nf00	600.911	0.082	2.41
4.900	0.250	Nf01	598.836	0.117	2.38	Nf00	598.935	0.112	2.41
4.400	0.250	Nf01	595.195	0.142	2.37	Nf01	595.195	0.142	2.39
3.900	0.250	Nf01	589.574	0.199	2.34	Nf01	589.574	0.199	2.38
3.600	0.250	Nf01	585.146	0.239	2.32	Nf01	585.146	0.239	2.36
3.300	0.250	Nf01	579.483	0.218	2.30	Nf01	579.483	0.218	2.34
3.000	0.250	Nf11	587.213	0.981	2.25	Nf01	572.780	0.174	2.31
2.700	0.250	Nf11	569.946	1.109	2.17	Nf01	565.259	0.103	2.27
2.400	0.250	Nf11	547.335	1.203	2.07	Nf01	557.271	-0.008	2.23
2.100	0.250	Nf11	518.937	1.243	1.96	Nf01	549.354	-0.162	2.18
1.800	0.250	Nf11	484.586	1.199	1.82	Nf11	484.586	1.199	2.05
1.500	0.250	Nf11	444.523	1.031	1.68	Nf11	444.523	1.031	1.88
1.200	0.250	Nf11	399.583	0.704	1.53	Nf11	399.583	0.704	1.67
0.900	0.250	Nf11	368.269	-0.054	1.48	Nf11	368.269	-0.054	1.47
0.675	0.300	Nf11	375.630	-0.592	1.29	Nf11	375.630	-0.592	1.21
0.450	0.350	Nf11	385.843	-1.477	1.17	Ne11	652.108	-17.295	1.02
0.225	0.400	Nf11	383.762	-2.800	1.06	Ne11	596.519	-24.678	0.57
0.000	0.450	Nf11	349.775	-4.550	0.91	Ne10	501.609	-33.355	0.13

正：圧縮応力　負：引張応力

以上より，常時の側壁円周方向は，引張応力が発生しないフルプレストレス状態である．

b) 鉛直方向応力度

応力度は全断面有効として次式にて計算を行う．

$$\sigma = \frac{N}{A} \pm \frac{M}{Z}$$

ここに，A：単位長さあたりの断面積
Z：単位長さあたりの断面係数

各検討ケースにおいて，発生する縁応力が最大となる時の応力度と位置を以下に示す．

表-2.3.6 常時 側壁 鉛直方向応力度

常時－鉛直方向									
高さ (m)	部材厚 (m)	内側				外側			
		ケース	軸力 (kN/m)	曲げ (kN·m/m)	応力度 (N/mm²)	ケース	軸力 (kN/m)	曲げ (kN·m/m)	応力度 (N/mm²)
11.800	0.250	Ne00	1126.754	-0.430	4.55	Ne00	1126.754	-0.430	4.47
11.400	0.250	Nf10	1133.222	-0.430	4.57	Ne00	1133.205	-0.696	4.47
11.000	0.250	Nf10	1136.037	-0.625	4.60	Ne00	1134.472	-1.471	4.40
10.400	0.250	Nf00	1139.129	-0.581	4.61	Ne10	1139.756	-1.899	4.38
9.900	0.250	Nf00	1142.409	-0.286	4.60	Ne10	1142.278	-1.704	4.41
9.400	0.250	Nf00	1145.481	-0.178	4.60	Ne10	1145.347	-1.618	4.43
8.900	0.250	Nf00	1148.551	-0.098	4.60	Ne10	1148.415	-1.553	4.44
8.400	0.250	Nf00	1151.619	-0.043	4.61	Ne10	1151.480	-1.535	4.46
7.900	0.250	Nf00	1154.685	0.002	4.62	Ne10	1154.543	-1.525	4.47
7.400	0.250	Nf00	1157.752	0.045	4.63	Ne10	1157.617	-1.430	4.49
6.900	0.250	Nf00	1160.820	0.100	4.63	Ne10	1160.714	-1.092	4.54
6.400	0.250	Nf00	1163.890	0.178	4.64	Ne10	1163.854	-0.300	4.63
5.900	0.250	Ne00	1167.088	1.531	4.52	Nf10	1166.932	-0.058	4.66
5.400	0.250	Ne00	1170.367	3.842	4.31	Nf10	1170.019	0.218	4.70
4.900	0.250	Ne10	1173.754	7.264	4.00	Nf00	1173.113	0.555	4.75
4.400	0.250	Ne10	1177.265	12.097	3.55	Nf00	1176.186	0.681	4.77
3.900	0.250	Ne10	1180.282	18.626	2.93	Nf00	1178.790	0.972	4.81
3.600	0.250	Ne10	1181.798	23.018	2.52	Nf00	1181.063	1.173	4.84
3.300	0.250	Ne10	1183.749	26.517	2.19	Nf00	1182.895	1.069	4.83
3.000	0.250	Ne10	1185.683	29.439	1.92	Nf00	1184.726	0.861	4.82
2.700	0.250	Ne10	1187.579	31.256	1.75	Nf00	1186.552	0.517	4.80
2.400	0.250	Ne10	1189.414	31.293	1.75	Nf00	1188.372	-0.003	4.75
2.100	0.250	Ne10	1191.162	28.714	2.01	Nf00	1190.185	-0.739	4.69
1.800	0.250	Ne10	1192.785	22.530	2.61	Nf00	1191.988	-1.730	4.60
1.500	0.250	Ne10	1194.251	11.607	3.66	Nf00	1193.783	-3.014	4.49
1.200	0.250	Nf10	1195.840	3.744	4.42	Ne00	1195.232	-13.665	3.47
0.900	0.250	Nf10	1197.885	0.352	4.76	Ne01	1207.546	-38.195	1.16
0.675	0.300	Nf10	1201.731	25.901	2.28	Ne00	1211.867	-32.048	1.90
0.450	0.350	Nf10	1204.569	49.662	1.01	Ne00	1216.218	-31.618	1.93
0.225	0.400	Nf10	1171.771	68.641	0.36	Ne00	1184.919	-39.471	1.48
0.000	0.450	Nf00	1033.202	76.279	0.04	Ne10	1037.140	-68.738	0.27

正：圧縮応力　負：引張応力

以上より，常時の側壁鉛直方向は，引張応力が発生しないフルプレストレス状態である．

c) せん断に対する検討

せん断に対しては，クリティカルとなる空水時の側壁下端について斜引張応力度に対する検討を行う．

① せん断応力度

$$\tau = \frac{Q \times G}{b \times I} = \frac{3 \times Q}{2 \times b \times h}$$

ここに，Q：空水時せん断力（円筒シェルの基礎方程式より）
　　　　G：中立軸からの断面1次モーメント
　　　　I：中立軸に対する断面2次モーメント
　　　　b：断面幅
　　　　h：断面高さ

② 斜引張応力度

$$\sigma_I = \frac{\sigma_c}{2} + \frac{1}{2}\sqrt{\sigma_c^2 + 4\tau_c^2}$$

ここに，σ_I：斜引張応力度
　　　　σ_c：垂直応力度の平均値
　　　　τ_c：せん断応力度

表-2.3.7　常時　側壁　せん断応力度

ケース	部材厚 h (m)	せん断力 Q (kN/m)	せん断応力度 τ (N/mm²)	鉛直応力度 内側 (N/mm²)	鉛直応力度 外側 (N/mm²)	鉛直応力度 σ_c (N/mm²)	斜引張応力度 σ_I (N/mm²)	許容 (N/mm²)
Ne11	0.45	192.127	0.64	4.35	4.35	4.35	-0.09	-0.90
Ne01		171.321	0.57	4.27	4.27	4.27	-0.08	
Ne10		192.524	0.64	4.34	4.34	4.34	-0.09	
Ne00		171.718	0.57	4.26	4.26	4.26	-0.08	

したがって，面外せん断力に対して安全である．

(2) 底版の照査

常時の底版はコンクリートおよび鉄筋が許容応力度以下となること,圧縮領域が部材の1/10以上であることを確認する.

a) 半径方向

表-2.3.8 常時 底版 半径方向 上側鉄筋

常時-半径方向-上筋									
半径 (m)	部材厚 (m)	上筋	ケース	曲げモーメント (kN·m/m)	軸力 (kN/m)	応力度 (N/mm^2) コンクリート	鉄筋	圧縮域 (mm)	部材厚/10 (mm)
16.800	0.700	D22@200	-	-	-	-	-	-	70
16.500	0.700	D22@200	-	-	-	-	-	-	70
16.200	0.700	D22@200	-	-	-	-	-	-	70
15.900	0.700	D22@200	Nf10, Nf00	0.828	24.794	0.05	-	-	70
15.600	0.700	D22@200	Nf10, Nf00	2.772	23.940	0.06	-	-	70
15.300	0.700	D22@200	Nf11, Nf01	4.356	24.225	0.08	0.13	540	70
15.000	0.700	D22@200	Nf11, Nf01	5.137	23.331	0.09	0.47	451	70
14.700	0.500	D16@200	Nf11, Nf01	4.610	22.405	0.15	2.28	301	50
14.350	0.500	D16@200	Nf11, Nf01	3.582	21.412	0.12	1.27	353	50
14.000	0.500	D16@200	Nf11, Nf01	2.320	20.509	0.09	-	415	50
13.500	0.500	D16@200	Nf11, Nf01	1.422	19.480	0.07	-	-	50
13.000	0.500	D16@200	Nf10, Nf00	0.291	17.056	0.05	-	-	50
12.500	0.500	D16@200	Nf10, Nf00	0.035	16.079	0.04	-	-	50
12.000	0.500	D16@200	Ne10, Ne00	2.651	121.242	0.33	-	-	50
11.500	0.500	D16@200	Ne10, Ne00	1.174	114.410	0.30	-	-	50
11.000	0.500	D16@200	Ne10, Ne00	0.259	108.068	0.27	-	-	50
10.500	0.500	D16@200	-	-	-	-	-	-	50
10.000	0.500	D16@200	-	-	-	-	-	-	50
9.500	0.500	D16@200	-	-	-	-	-	-	50
9.000	0.500	D16@200	Nf10, Nf00	0.003	10.982	0.03	-	-	50
8.500	0.500	D16@200	Nf10, Nf00	0.006	10.458	0.03	-	-	50
8.000	0.500	D16@200	Nf10, Nf00	0.006	9.978	0.03	-	-	50
7.500	0.500	D16@200	Nf10, Nf00	0.005	9.538	0.02	-	-	50
7.000	0.500	D16@200	Nf10, Nf00	0.002	9.136	0.02	-	-	50
6.500	0.500	D16@200	Nf10, Nf00	0.001	8.771	0.02	-	-	50
6.000	0.500	D16@200	Nf10, Nf00	0.001	8.442	0.02	-	-	50
5.500	0.500	D16@200	Nf10, Nf00	0.000	8.146	0.02	-	-	50
5.000	0.500	D16@200	Nf10, Nf00	0.000	7.882	0.02	-	-	50
4.500	0.500	D16@200	Nf10, Nf00	0.001	7.649	0.02	-	-	50
4.000	0.500	D16@200	Nf10, Nf00	0.005	7.446	0.02	-	-	50
3.500	0.500	D16@200	Nf10, Nf00	0.011	7.272	0.02	-	-	50
3.000	0.500	D16@200	Nf10, Nf00	0.019	7.127	0.02	-	-	50
2.500	0.500	D16@200	Nf10, Nf00	0.030	7.008	0.02	-	-	50
2.000	0.500	D16@200	Nf10, Nf00	0.039	6.916	0.02	-	-	50
1.500	0.500	D16@200	Nf10, Nf00	0.035	6.851	0.02	-	-	50
1.000	0.500	D16@200	Nf10, Nf00	0.019	6.790	0.02	-	-	50

応力度 コンクリート 正:圧縮, 負:引張
　　　　鉄筋　　　　 正:引張, 負:圧縮

以上より発生する鉄筋の応力度は許容応力度100N/mm^{2}以下であり安全である.

表-2.3.9 常時 底版 半径方向 下側鉄筋

常時－半径方向－下筋									
半径 (m)	部材厚 (m)	下筋	ケース	曲げモーメント (kN・m/m)	軸力 (kN/m)	応力度 (N/mm²)		圧縮域 (mm)	部材厚/10 (mm)
						コンクリート	鉄筋		
16.800	0.700	D25@200	Ne10, Ne00	-207.252	213.710	4.07	111.01	213	70
16.500	0.700	D25@200	Ne10, Ne00	-169.155	209.807	3.32	84.15	223	70
16.200	0.700	D25@200	Ne10, Ne00	-131.155	202.414	2.57	58.19	239	70
15.900	0.700	D25@200	Ne10, Ne00	-95.996	195.225	1.86	34.68	268	70
15.600	0.700	D25@200	Ne10, Ne00	-65.234	188.230	1.23	15.39	328	70
15.300	0.700	D25@200	Ne10, Ne00	-39.528	181.415	0.73	2.88	474	70
15.000	0.700	D25@200	Ne10, Ne00	-18.910	176.975	0.44	-	-	70
14.700	0.500	D16@200	Ne10, Ne00	-8.260	171.766	0.51	-	-	50
14.350	0.500	D16@200	Ne10, Ne00	-1.117	163.323	0.41	-	-	50
14.000	0.500	D16@200	-	-	-	-	-	-	50
13.500	0.500	D16@200	-	-	-	-	-	-	50
13.000	0.500	D16@200	-	-	-	-	-	-	50
12.500	0.500	D16@200	-	-	-	-	-	-	50
12.000	0.500	D16@200	Nf10, Nf00	-0.077	15.174	0.04	-	-	50
11.500	0.500	D16@200	Nf10, Nf00	-0.101	14.332	0.04	-	-	50
11.000	0.500	D16@200	Nf10, Nf00	-0.074	13.430	0.03	-	-	50
10.500	0.500	D16@200	Nf10, Nf00	-0.060	12.837	0.03	-	-	50
10.000	0.500	D16@200	Nf10, Nf00	-0.030	12.170	0.03	-	-	50
9.500	0.500	D16@200	Nf10, Nf00	-0.009	11.551	0.03	-	-	50
9.000	0.500	D16@200	Nf11, Nf01	-0.004	11.693	0.03	-	-	50
8.500	0.500	D16@200	Ne10, Ne00	-0.099	82.771	0.21	-	-	50
8.000	0.500	D16@200	Ne10, Ne00	-0.037	78.824	0.20	-	-	50
7.500	0.500	D16@200	Ne10, Ne00	-0.001	75.202	0.19	-	-	50
7.000	0.500	D16@200	-	-	-	-	-	-	50
6.500	0.500	D16@200	-	-	-	-	-	-	50
6.000	0.500	D16@200	-	-	-	-	-	-	50
5.500	0.500	D16@200	-	-	-	-	-	-	50
5.000	0.500	D16@200	-	-	-	-	-	-	50
4.500	0.500	D16@200	-	-	-	-	-	-	50
4.000	0.500	D16@200	-	-	-	-	-	-	50
3.500	0.500	D16@200	-	-	-	-	-	-	50
3.000	0.500	D16@200	-	-	-	-	-	-	50
2.500	0.500	D16@200	-	-	-	-	-	-	50
2.000	0.500	D16@200	-	-	-	-	-	-	50
1.500	0.500	D16@200	-	-	-	-	-	-	50
1.000	0.500	D16@200	-	-	-	-	-	-	50

応力度　コンクリート　　正：圧縮，負：引張

　　　　鉄筋　　　　　　正：引張，負：圧縮

以上より発生する鉄筋の応力度は許容応力度180N/mm²以下であり安全である．

b) 円周方向

表-2.3.10 常時 底版 円周方向 上側鉄筋

半径 (m)	部材厚 (m)	上筋	ケース	曲げモーメント (kN·m/m)	軸力 (kN/m)	応力度 (N/mm^2) コンクリート	鉄筋	圧縮域 (mm)	部材厚/10 (mm)
\multicolumn{10}{c}{常時－円周方向－上筋}
16.800	0.700	D16@200	-	-	-	-	-	-	70
16.500	0.700	D16@200	-	-	-	-	-	-	70
16.200	0.700	D16@200	Nf10, Nf00	0.159	17.924	0.03	-	-	70
15.900	0.700	D16@200	Nf10, Nf00	0.811	17.579	0.04	-	-	70
15.600	0.700	D16@200	Nf11, Nf01	1.308	17.712	0.04	-	-	70
15.300	0.700	D16@200	Nf11, Nf01	1.601	17.373	0.04	-	-	70
15.000	0.700	D16@200	Nf11, Nf01	1.643	16.774	0.04	-	-	70
14.700	0.500	D16@200	Nf11, Nf01	1.349	16.011	0.06	0.11	-	50
14.350	0.500	D16@200	Nf11, Nf01	0.951	14.761	0.05	0.02	-	50
14.000	0.500	D16@200	Nf10, Nf00	0.313	12.647	0.04	-	-	50
13.500	0.500	D16@200	Nf10, Nf00	0.159	12.136	0.03	-	-	50
13.000	0.500	D16@200	Nf10, Nf00	0.053	11.660	0.03	-	-	50
12.500	0.500	D16@200	Nf11, Nf01	0.030	11.808	0.03	-	-	50
12.000	0.500	D16@200	Ne10, Ne00	0.600	84.556	0.22	-	-	50
11.500	0.500	D16@200	Ne10, Ne00	0.228	81.416	0.21	-	-	50
11.000	0.500	D16@200	Ne10, Ne00	0.013	78.485	0.20	-	-	50
10.500	0.500	D16@200	-	-	-	-	-	-	50
10.000	0.500	D16@200	-	-	-	-	-	-	50
9.500	0.500	D16@200	-	-	-	-	-	-	50
9.000	0.500	D16@200	Nf10, Nf00	0.002	8.835	0.02	-	-	50
8.500	0.500	D16@200	Nf10, Nf00	0.002	8.583	0.02	-	-	50
8.000	0.500	D16@200	Nf10, Nf00	0.001	8.353	0.02	-	-	50
7.500	0.500	D16@200	Nf10, Nf00	0.001	8.141	0.02	-	-	50
7.000	0.500	D16@200	Nf10, Nf00	0.001	7.945	0.02	-	-	50
6.500	0.500	D16@200	Nf10, Nf00	0.000	7.770	0.02	-	-	50
6.000	0.500	D16@200	Nf10, Nf00	0.000	7.608	0.02	-	-	50
5.500	0.500	D16@200	Nf10, Nf00	0.001	7.463	0.02	-	-	50
5.000	0.500	D16@200	Nf10, Nf00	0.000	7.335	0.02	-	-	50
4.500	0.500	D16@200	Nf10, Nf00	0.001	7.219	0.02	-	-	50
4.000	0.500	D16@200	Nf10, Nf00	0.001	7.119	0.02	-	-	50
3.500	0.500	D16@200	Nf10, Nf00	0.001	7.032	0.02	-	-	50
3.000	0.500	D16@200	Nf10, Nf00	0.000	6.959	0.02	-	-	50
2.500	0.500	D16@200	Nf11, Nf01	0.000	7.047	0.02	-	-	50
2.000	0.500	D16@200	-	-	-	-	-	-	50
1.500	0.500	D16@200	-	-	-	-	-	-	50
1.000	0.500	D16@200	-	-	-	-	-	-	50

応力度　コンクリート　　正：圧縮，負：引張
　　　　鉄筋　　　　　　正：引張，負：圧縮

以上より発生する鉄筋の応力度は許容応力度100N/mm^{2}以下であり安全である．

表-2.3.11 常時 底版 円周方向 下側鉄筋

半径 (m)	部材厚 (m)	下筋	ケース	曲げモーメント (kN·m/m)	軸力 (kN/m)	応力度 (N/mm²) コンクリート	応力度 (N/mm²) 鉄筋	圧縮域 (mm)	部材厚/10 (mm)
16.800	0.700	D16@200	Ne10, Ne00	-50.801	147.244	1.23	23.95	261	70
16.500	0.700	D16@200	Ne10, Ne00	-40.095	145.013	0.89	10.79	331	70
16.200	0.700	D16@200	Ne10, Ne00	-29.960	142.159	0.61	2.96	453	70
15.900	0.700	D16@200	Ne10, Ne00	-20.951	139.419	0.44	-	610	70
15.600	0.700	D16@200	Ne10, Ne00	-13.348	136.796	0.34	-	-	70
15.300	0.700	D16@200	Ne10, Ne00	-7.228	134.284	0.29	-	-	70
15.000	0.700	D16@200	Ne10, Ne00	-2.604	130.252	0.25	-	-	70
14.700	0.500	D16@200	Ne10, Ne00	-0.445	122.489	0.30	-	-	50
14.350	0.500	D16@200	-	-	-	-	-	-	50
14.000	0.500	D16@200	-	-	-	-	-	-	50
13.500	0.500	D16@200	-	-	-	-	-	-	50
13.000	0.500	D16@200	-	-	-	-	-	-	50
12.500	0.500	D16@200	Nf10, Nf00	-0.005	11.214	0.03	-	-	50
12.000	0.500	D16@200	Nf10, Nf00	-0.027	10.798	0.03	-	-	50
11.500	0.500	D16@200	Nf10, Nf00	-0.029	10.410	0.03	-	-	50
11.000	0.500	D16@200	Nf10, Nf00	-0.021	9.954	0.03	-	-	50
10.500	0.500	D16@200	Nf10, Nf00	-0.016	9.712	0.02	-	-	50
10.000	0.500	D16@200	Nf10, Nf00	-0.007	9.398	0.02	-	-	50
9.500	0.500	D16@200	Nf10, Nf00	-0.001	9.105	0.02	-	-	50
9.000	0.500	D16@200	Ne10, Ne00	-0.047	68.635	0.17	-	-	50
8.500	0.500	D16@200	Ne10, Ne00	-0.022	66.596	0.17	-	-	50
8.000	0.500	D16@200	Ne10, Ne00	-0.006	64.708	0.16	-	-	50
7.500	0.500	D16@200	-	-	-	-	-	-	50
7.000	0.500	D16@200	-	-	-	-	-	-	50
6.500	0.500	D16@200	-	-	-	-	-	-	50
6.000	0.500	D16@200	-	-	-	-	-	-	50
5.500	0.500	D16@200	-	-	-	-	-	-	50
5.000	0.500	D16@200	-	-	-	-	-	-	50
4.500	0.500	D16@200	-	-	-	-	-	-	50
4.000	0.500	D16@200	-	-	-	-	-	-	50
3.500	0.500	D16@200	-	-	-	-	-	-	50
3.000	0.500	D16@200	-	-	-	-	-	-	50
2.500	0.500	D16@200	Nf10, Nf00	-0.004	6.900	0.02	-	-	50
2.000	0.500	D16@200	Nf10, Nf00	-0.016	6.856	0.02	-	-	50
1.500	0.500	D16@200	Nf10, Nf00	-0.047	6.823	0.02	-	-	50
1.000	0.500	D16@200	Nf10, Nf00	-0.111	6.802	0.02	-	-	50

応力度　コンクリート　正：圧縮，負：引張

　　　　鉄筋　　　　　　正：引張，負：圧縮

以上より発生する鉄筋の応力度は許容応力度 180N/mm² 以下であり安全である．

c) ひび割れ幅算出

2012年制定 コンクリート標準示方書[設計編：標準]4編 2.3.4「曲げひび割れ幅の設計応答値の算定」より，曲げひび割れ幅の設計応答値は次式により求められる．

$$w = 1.1 \times k_1 \times k_2 \times k_3 \{4c + 0.7(c_s - \phi)\} \left(\frac{\sigma_{se}}{E_s} + \varepsilon'_{csd} \right)$$

ここに,

- k_1 ：鋼材の表面形状がひび割れ幅に及ぼす影響を表す係数で，異形鉄筋の場合 1.0
- k_2 ：コンクリートの品質がひび割れ幅に影響を及ぼす係数で，次式による

$$k_2 = \frac{15}{f'_c + 20} + 0.7 = \frac{15}{30 + 20} + 0.7 = 1.0$$

- f'_c ：コンクリートの圧縮強度 = 30 N/mm²
- k_3 ：引張鋼材の段数の影響を表す係数で，次式による

$$k_3 = \frac{5(n+2)}{7n+8} = \frac{5(1+2)}{7 \cdot 1 + 8} = 1.0$$

- n ：引張鋼材の段数＝1
- c ：かぶり
- c_s ：鋼材の中心間隔＝200mm
- φ ：鋼材径(mm)
- ε'_{csd}：コンクリートの収縮およびクリープ等によるひび割れ幅の増加を考慮するための数値．本検討ではこの影響は考慮しないものとする．(＝0)
- σ_{se} ：鋼材位置のコンクリート応力度が0の状態からの鉄筋応力度の増加量(N/mm²)

表-2.3.12 常時 底版 ひび割れ幅

			検討ケース	検討位置 (m)	σse (N/mm²)	φ (mm)	c (mm)	cs (mm)	w (mm)	wa (mm)
半径方向	上筋	端部	Nf11, Nf01	15.000	0.47	22	49	200	0.001	0.245
		中央部	Nf11, Nf01	14.700	2.28	16	52	200	0.004	0.260
	下筋	端部	Ne10, Ne00	16.800	111.01	25	47.5	200	0.191	0.238
		中央部	Nf10, Nf00	9.500	−	16	52	200	−	0.260
円周方向	上筋	端部	Nf11, Nf01	15.000	−	16	71	200	−	0.355
		中央部	Nf11, Nf01	14.700	0.11	16	68	200	0.000	0.340
	下筋	端部	Ne10, Ne00	16.800	23.95	16	72.5	200	0.055	0.363
		中央部	Nf10, Nf00	2.500	−	16	68	200	−	0.340

2.3.4 Bクラス地震時

(1) 側壁の照査

プレキャストPCタンクでは，側壁の目地部分は鉄筋が配置されない，もしくは少ないため，ひび割れ幅を抑制できない．よって，Bクラス地震時においても，円周方向はフルプレストレス状態，鉛直方向はひび割れを発生させないこととする．

応力度は全断面有効として次式にて計算を行う．

$$\sigma = \frac{N}{A} \pm \frac{M}{Z}$$

ここに，A：単位長さあたりの断面積
　　　　Z：単位長さあたりの断面係数

各検討ケースにおいて，発生する縁応力が最大となる時の応力度と位置を以下に示す．

a) 円周方向応力度

表-2.3.13 Bクラス地震時 側壁 円周方向応力度

高さ (m)	部材厚 (m)	ケース	軸力 (kN/m)	曲げ (kN·m/m)	応力度 (N/mm^2)	ケース	軸力 (kN/m)	曲げ (kN·m/m)	応力度 (N/mm^2)
			Bクラス地震時－円周方向						
			内側				外側		
11.800	0.250	Be01-0	308.102	-0.128	1.24	Be01-0	308.102	-0.128	1.22
11.400	0.250	Bf11-0	378.988	0.377	1.48	Be11-0	406.822	0.349	1.66
11.000	0.250	Bf11-0	374.943	0.504	1.45	Be11-0	499.890	0.467	2.04
10.400	0.250	Bf11-0	359.351	0.415	1.40	Be11-0	632.593	0.463	2.57
9.900	0.250	Bf11-0	338.902	0.306	1.33	Be11-0	735.276	0.396	2.98
9.400	0.250	Bf11-0	312.723	0.151	1.24	Be10-0	833.715	-0.026	3.33
8.900	0.250	Bf11-0	282.734	0.002	1.13	Be10-0	922.726	-0.105	3.68
8.400	0.250	Bf10-0	245.367	-0.250	1.01	Be10-0	1012.870	-0.181	4.03
7.900	0.250	Bf00-0	213.125	-0.261	0.88	Be10-0	1105.163	-0.242	4.40
7.400	0.250	Bf00-0	181.033	-0.291	0.75	Be10-0	1200.383	-0.269	4.78
6.900	0.250	Bf00-0	150.293	-0.329	0.63	Be00-0	1296.812	-0.168	5.17
6.400	0.250	Bf00-0	121.241	-0.388	0.52	Be00-0	1395.379	-0.023	5.58
5.900	0.250	Bf00-0	94.531	-0.484	0.42	Be00-0	1493.665	0.256	6.00
5.400	0.250	Bf00-0	71.340	-0.636	0.35	Be00-0	1587.842	0.703	6.42
4.900	0.250	Bf00-0	53.611	-0.852	0.30	Be00-0	1671.842	1.346	6.82
4.400	0.250	Bf01-0	43.891	-1.145	0.29	Be01-0	1736.747	2.170	7.16
3.900	0.250	Bf01-0	45.977	-1.474	0.33	Be01-0	1771.511	3.274	7.40
3.600	0.250	Bf01-0	55.117	-1.671	0.38	Be01-0	1772.119	3.999	7.47
3.300	0.250	Bf01-0	71.012	-1.860	0.46	Be01-0	1753.361	4.523	7.45
3.000	0.250	Bf11-0	109.210	-1.206	0.55	Be01-0	1712.705	4.911	7.32
2.700	0.250	Bf11-0	131.873	-1.085	0.63	Be01-0	1648.350	5.071	7.08
2.400	0.250	Bf11-0	158.740	-0.853	0.72	Be01-0	1559.624	4.874	6.71
2.100	0.250	Bf11-0	188.755	-0.468	0.80	Be01-0	1447.592	4.183	6.19
1.800	0.250	Bf11-0	220.165	0.100	0.87	Be11-0	1258.082	4.385	5.45
1.500	0.250	Bf11-0	250.332	0.884	0.92	Be11-0	1078.414	2.255	4.53
1.200	0.250	Bf11-0	275.561	1.930	0.92	Be11-0	888.671	-1.036	3.46
0.900	0.250	Bf10-0	304.440	3.183	0.91	Be11-180	732.477	-6.552	2.30
0.675	0.300	Bf11-0	346.311	4.845	0.83	Be11-180	682.796	-11.716	1.49
0.450	0.350	Bf11-0	394.230	6.531	0.81	Be11-180	638.708	-18.041	0.94
0.225	0.400	Bf10-0	430.764	8.106	0.77	Be11-180	577.543	-25.743	0.48
0.000	0.450	Bf10-0	429.860	9.602	0.67	Be11-180	478.101	-34.758	0.03

正：圧縮応力　負：引張応力

以上より，Ｂクラス地震時の側壁円周方向は，引張応力が発生しないフルプレストレス状態である．

b) 鉛直方向応力度

表-2.3.14 Bクラス地震時 側壁 鉛直方向応力度

高さ(m)	部材厚(m)	内側				外側			
		ケース	軸力(kN/m)	曲げ(kN·m/m)	応力度(N/mm^2)	ケース	軸力(kN/m)	曲げ(kN·m/m)	応力度(N/mm^2)
11.800	0.250	Be00-0	1124.206	-0.362	4.53	Be00-0	1124.206	-0.362	4.46
11.400	0.250	Bf11-0	1139.951	2.227	4.35	Be01-180	1139.401	-3.400	4.23
11.000	0.250	Bf11-0	1143.324	2.868	4.30	Be01-180	1141.198	-5.482	4.04
10.400	0.250	Bf01-0	1146.731	2.436	4.35	Be11-180	1144.657	-6.240	3.98
9.900	0.250	Be01-0	1150.304	2.076	4.40	Be11-180	1147.169	-5.471	4.06
9.400	0.250	Be01-0	1153.866	1.341	4.49	Be11-180	1149.747	-4.545	4.16
8.900	0.250	Bf00-180	1145.141	0.218	4.56	Be11-180	1152.256	-3.608	4.26
8.400	0.250	Bf00-180	1146.772	0.509	4.54	Be11-180	1154.696	-2.829	4.35
7.900	0.250	Bf00-180	1148.061	0.717	4.52	Be11-180	1157.061	-2.225	4.41
7.400	0.250	Bf00-180	1148.986	0.903	4.51	Be10-180	1153.934	-1.566	4.47
6.900	0.250	Bf00-180	1149.529	1.149	4.49	Be10-180	1156.305	-1.076	4.52
6.400	0.250	Bf00-180	1149.670	1.552	4.45	Be10-180	1158.653	-0.183	4.62
5.900	0.250	Bf00-180	1149.394	2.202	4.39	Be10-180	1161.000	1.383	4.78
5.400	0.250	Be00-180	1163.387	4.105	4.26	Be10-180	1163.371	3.910	5.03
4.900	0.250	Be10-180	1165.788	7.612	3.93	Be00-0	1181.705	6.788	5.38
4.400	0.250	Be10-180	1168.250	12.551	3.47	Be00-0	1186.211	10.944	5.80
3.900	0.250	Be10-180	1170.222	19.206	2.84	Be00-0	1190.237	16.455	6.34
3.600	0.250	Be10-180	1170.948	23.674	2.41	Be00-0	1192.570	20.067	6.70
3.300	0.250	Be10-180	1172.173	27.241	2.07	Be00-0	1195.220	22.682	6.96
3.000	0.250	Be10-180	1173.358	30.211	1.79	Be00-0	1197.872	24.633	7.16
2.700	0.250	Be10-180	1174.484	32.045	1.62	Be00-0	1200.505	25.435	7.24
2.400	0.250	Be10-180	1175.527	32.047	1.63	Be00-0	1203.098	24.484	7.16
2.100	0.250	Be10-180	1176.461	29.362	1.89	Be00-0	1205.627	21.041	6.84
1.800	0.250	Be10-180	1177.249	22.975	2.50	Be00-180	1176.987	15.140	6.16
1.500	0.250	Be10-180	1177.861	11.720	3.59	Be00-180	1177.582	3.378	5.03
1.200	0.250	Bf10-0	1268.380	10.106	4.10	Be01-180	1181.952	-14.249	3.36
0.900	0.250	Bf10-0	1272.937	15.936	3.56	Be01-180	1187.103	-39.231	0.98
0.675	0.300	Bf10-0	1276.858	52.179	0.78	Be01-180	1197.425	-34.468	1.69
0.450	0.350	Bf10-0	1282.532	88.372	-0.66	Be01-180	1201.106	-35.279	1.70
0.225	0.400	Bf10-0	1252.516	121.655	-1.43	Be00-180	1165.349	-44.354	1.25
0.000	0.450	Bf00-0	1118.206	145.624	-1.83	Be10-180	1016.952	-75.316	0.03

正：圧縮応力　負：引張応力

以上より，Bクラス地震時の側壁鉛直方向は，引張応力が生じるが，曲げひび割れ強度（3.3N/mm^2）以下であり，曲げひび割れは発生しない．

c) 鉛直方向必要鉄筋量の算定

引張応力が生じる部材断面に配置する鉄筋は次式により算定する．

$$A_s = \frac{T_c}{\sigma_{sa}}$$

$$T_c = \frac{1}{2} \times X \times b \times |\sigma_c|$$

$$X = \frac{|\sigma_c| \times t}{|\sigma_c| + \sigma_c'}$$

ここに，A_s ：引張鉄筋断面積

T_c ：コンクリートに生じる引張力の合力

σ_{sa} ：引張鉄筋の許容応力度 = 100 N/mm²

X ：引張応力が作用している深さ

σ_c ：引張応力度

σ_c' ：圧縮応力度

b ：部材幅

t ：壁厚

求められた必要鉄筋量および断面積より求められる最小鉄筋量を満足するよう，配置鉄筋量は以下の通りとする．

表-2.3.15 必要鉄筋量および配置鉄筋量

	断面高 (mm)	部材厚 (mm)	応力度(N/mm²) 内側	応力度(N/mm²) 外側	引張応力作用深さ (mm)	引張合力 (N)	許容引張応力度 (N/mm²)	必要鉄筋量 (mm²)	配置鉄筋量 (mm²)	
Bf10-0	450	350	-0.66	7.99	26.8	8913	100	89	ハンチ D16@200	993
Bf10-0	225	400	-1.43	7.69	62.7	44887	100	449	ハンチ D16@200	993
Bf00-0	0	450	-1.83	6.80	95.4	87312	100	873	ハンチ D16@200	993

表-2.3.16 最小鉄筋量

部材厚 (mm)	最小鉄筋量 (mm²)	配置鉄筋 (mm²) ハンチ	配置鉄筋 (mm²) 内側	配置鉄筋 (mm²) 外側	鉄筋量
250	625.0	−	D10@200 356.65	D10@200 356.65	713.3
300	750.0	D16@200 993.00	D10@200 356.65	D10@200 356.65	1706.3
350	875.0	D16@200 993.00	D10@200 356.65	D10@200 356.65	1706.3
400	1000.0	D16@200 993.00	D10@200 356.65	D10@200 356.65	1706.3
450	1125.0	D16@200 993.00	D10@200 356.65	D10@200 356.65	1706.3

(2) 底版の照査

Bクラス地震時の底版の照査は，コンクリートおよび鉄筋が許容応力度以下となること，圧縮領域が部材の1/10以上であることを確認する．

a) 半径方向

表-2.3.17 Bクラス地震時　底版　半径方向　上側鉄筋

			Bクラス地震時－半径方向－上筋					
半径 (m)	部材厚 (m)	上筋	ケース	曲げモーメント (kN·m/m)	軸力 (kN/m)	応力度 (N/mm^2) コンクリート	鉄筋	圧縮域 (mm)	部材厚/10 (mm)
16.800	0.700	D22@200	Bf11,Bf01-0	72.715	-32.568	1.51	77.65	136	70
16.500	0.700	D22@200	Bf11,Bf01-0	76.444	-31.806	1.59	80.99	137	70
16.200	0.700	D22@200	Bf11,Bf01-0	70.676	-28.699	1.47	74.70	137	70
15.900	0.700	D22@200	Bf11,Bf01-0	59.808	-25.910	1.24	63.63	136	70
15.600	0.700	D22@200	Bf11,Bf01-0	46.985	-23.421	0.98	50.79	134	70
15.300	0.700	D22@200	Bf11,Bf01-0	34.270	-21.222	0.71	38.13	131	70
15.000	0.700	D22@200	Bf10,Bf00-0	21.249	-21.029	-	27.33	121	70
14.700	0.500	D16@200	Bf11,Bf01-0	14.180	-19.914	-	34.80	81	50
14.350	0.500	D16@200	Bf11,Bf01-0	6.890	-16.984	-	19.20	53	50
14.000	0.500	D16@200	Bf10,Bf00-0	2.014	-13.541	-0.02	0.22	-	50
13.500	0.500	D16@200	Bf11,Bf01-180	3.660	48.841	0.18	-	-	50
13.000	0.500	D16@200	Bf10,Bf00-180	2.912	43.709	0.15	-	-	50
12.500	0.500	D16@200	Bf10,Bf00-180	1.667	39.351	0.12	-	-	50
12.000	0.500	D16@200	Bf10,Bf00-180	0.636	35.502	0.10	-	-	50
11.500	0.500	D16@200	Bf10,Bf00-180	0.042	32.101	0.08	-	-	50
11.000	0.500	D16@200	Be10,Be00-0	0.261	106.279	0.27	-	-	50
10.500	0.500	D16@200	Bf10,Bf00-0	0.071	0.560	0.00	0.00	378	50
10.000	0.500	D16@200	Bf10,Bf00-0	0.059	1.610	0.00	-	-	50
9.500	0.500	D16@200	Bf10,Bf00-0	0.046	2.375	0.01	-	-	50
9.000	0.500	D16@200	Bf10,Bf00-0	0.033	3.005	0.01	-	-	50
8.500	0.500	D16@200	Bf10,Bf00-0	0.029	3.527	0.01	-	-	50
8.000	0.500	D16@200	Bf10,Bf00-0	0.023	3.957	0.01	-	-	50
7.500	0.500	D16@200	Bf10,Bf00-0	0.019	4.315	0.01	-	-	50
7.000	0.500	D16@200	Bf10,Bf00-0	0.019	4.609	0.01	-	-	50
6.500	0.500	D16@200	Bf10,Bf00-0	0.017	4.854	0.01	-	-	50
6.000	0.500	D16@200	Bf10,Bf00-0	0.014	5.061	0.01	-	-	50
5.500	0.500	D16@200	Bf10,Bf00-0	0.014	5.239	0.01	-	-	50
5.000	0.500	D16@200	Bf10,Bf00-0	0.013	5.395	0.01	-	-	50
4.500	0.500	D16@200	Bf10,Bf00-0	0.011	5.536	0.01	-	-	50
4.000	0.500	D16@200	Bf10,Bf00-0	0.010	5.669	0.01	-	-	50
3.500	0.500	D16@200	Bf10,Bf00-0	0.013	5.802	0.01	-	-	50
3.000	0.500	D16@200	Bf10,Bf00-0	0.018	5.939	0.02	-	-	50
2.500	0.500	D16@200	Bf10,Bf00-0	0.024	6.089	0.02	-	-	50
2.000	0.500	D16@200	Bf10,Bf00-0	0.034	6.257	0.02	-	-	50
1.500	0.500	D16@200	Bf10,Bf00-0	0.042	6.465	0.02	-	-	50
1.000	0.500	D16@200	Bf10,Bf00-0	0.037	6.768	0.02	-	-	50

応力度　コンクリート　正：圧縮，負：引張
　　　　鉄筋　　　　　正：引張，負：圧縮

以上より発生する鉄筋の応力度は許容応力度100N/mm²以下であり安全である．

表-2.3.18 Bクラス地震時 底版 半径方向 下側鉄筋

半径 (m)	部材厚 (m)	下筋	ケース	曲げモーメント (kN·m/m)	軸力 (kN/m)	応力度 (N/mm²) コンクリート	応力度 (N/mm²) 鉄筋	圧縮域 (mm)	部材厚/10 (mm)
\multicolumn{10}{	c	}{Bクラス地震時－半径方向－下筋}
16.800	0.700	D25@200	Be10, Be00-180	-217.596	219.643	4.27	117.42	212	70
16.500	0.700	D25@200	Be10, Be00-180	-180.259	215.791	3.54	91.08	221	70
16.200	0.700	D25@200	Be10, Be00-180	-141.533	208.177	2.77	64.59	235	70
15.900	0.700	D25@200	Be10, Be00-180	-104.816	200.824	2.04	39.88	260	70
15.600	0.700	D25@200	Be10, Be00-180	-72.150	193.720	1.37	18.98	312	70
15.300	0.700	D25@200	Bf10, Bf00-180	-26.625	69.384	0.51	7.30	307	70
15.000	0.700	D25@200	Bf10, Bf00-180	-13.567	67.239	0.25	0.70	505	70
14.700	0.500	D16@200	Bf10, Bf00-180	-5.705	64.530	0.23	-	-	50
14.350	0.500	D16@200	Bf10, Bf00-180	-0.250	59.629	0.15	-	-	50
14.000	0.500	D16@200	-	-	-	-	-	-	50
13.500	0.500	D16@200	Bf10, Bf00-0	-0.899	-10.179	-0.02	0.17	-	50
13.000	0.500	D16@200	Bf10, Bf00-0	-1.454	-7.497	-0.01	0.11	-	50
12.500	0.500	D16@200	Bf10, Bf00-0	-1.085	-5.239	-0.01	0.08	-	50
12.000	0.500	D16@200	Bf10, Bf00-0	-0.566	-3.344	-0.01	0.05	-	50
11.500	0.500	D16@200	Bf10, Bf00-0	-0.196	-1.753	0.00	0.03	-	50
11.000	0.500	D16@200	Bf10, Bf00-0	-0.005	-0.425	0.00	0.01	-	50
10.500	0.500	D16@200	Bf10, Bf00-180	-0.219	26.300	0.07	-	-	50
10.000	0.500	D16@200	Bf10, Bf00-180	-0.179	24.064	0.06	-	-	50
9.500	0.500	D16@200	Bf10, Bf00-180	-0.106	21.965	0.06	-	-	50
9.000	0.500	D16@200	Bf10, Bf00-180	-0.051	20.097	0.05	-	-	50
8.500	0.500	D16@200	Bf10, Bf00-180	-0.023	18.437	0.05	-	-	50
8.000	0.500	D16@200	Bf10, Bf00-180	-0.011	16.959	0.04	-	-	50
7.500	0.500	D16@200	Bf10, Bf00-180	-0.007	15.641	0.04	-	-	50
7.000	0.500	D16@200	Bf10, Bf00-180	-0.009	14.467	0.04	-	-	50
6.500	0.500	D16@200	Bf10, Bf00-180	-0.013	13.418	0.03	-	-	50
6.000	0.500	D16@200	Bf10, Bf00-180	-0.012	12.481	0.03	-	-	50
5.500	0.500	D16@200	Bf10, Bf00-180	-0.012	11.645	0.03	-	-	50
5.000	0.500	D16@200	Bf10, Bf00-180	-0.013	10.897	0.03	-	-	50
4.500	0.500	D16@200	Bf10, Bf00-180	-0.011	10.228	0.03	-	-	50
4.000	0.500	D16@200	Bf10, Bf00-180	-0.008	9.629	0.02	-	-	50
3.500	0.500	D16@200	Bf10, Bf00-180	-0.003	9.090	0.02	-	-	50
3.000	0.500	D16@200	-	-	-	-	-	-	50
2.500	0.500	D16@200	-	-	-	-	-	-	50
2.000	0.500	D16@200	-	-	-	-	-	-	50
1.500	0.500	D16@200	-	-	-	-	-	-	50
1.000	0.500	D16@200	-	-	-	-	-	-	50

応力度　コンクリート　正：圧縮，負：引張

　　　　鉄筋　　　　　正：引張，負：圧縮

以上より発生する鉄筋の応力度は許容応力度180N/mm²以下であり安全である．

b) 円周方向

表-2.3.19　Bクラス地震時　底版　円周方向　上側鉄筋

半径 (m)	部材厚 (m)	上筋	ケース	曲げモーメント (kN·m/m)	軸力 (kN/m)	応力度 (N/mm²) コンクリート	応力度 (N/mm²) 鉄筋	圧縮域 (mm)	部材厚/10 (mm)
16.800	0.700	D16@200	Bf11, Bf01-0	20.692	136.617	0.43	-	607	70
16.500	0.700	D16@200	Bf11, Bf01-0	20.364	128.648	0.42	0.13	588	70
16.200	0.700	D16@200	Bf11, Bf01-0	18.085	121.721	0.38	-	615	70
15.900	0.700	D16@200	Bf11, Bf01-0	14.866	115.267	0.33	-	671	70
15.600	0.700	D16@200	Bf11, Bf01-0	11.414	109.261	0.28	-	-	70
15.300	0.700	D16@200	Bf11, Bf01-0	8.168	103.678	0.24	-	-	70
15.000	0.700	D16@200	Bf10, Bf00-0	4.927	94.415	0.20	-	-	70
14.700	0.500	D16@200	Bf11, Bf01-0	3.160	84.754	0.25	-	-	50
14.350	0.500	D16@200	Bf11, Bf01-180	0.498	-41.342	-0.10	0.38	-	50
14.000	0.500	D16@200	Bf11, Bf01-180	0.766	-32.455	-0.07	0.58	-	50
13.500	0.500	D16@200	Bf11, Bf01-180	0.942	-26.144	-0.06	0.46	-	50
13.000	0.500	D16@200	Bf11, Bf01-180	0.683	-21.971	-0.05	0.39	-	50
12.500	0.500	D16@200	Bf11, Bf01-180	0.345	-18.347	-0.04	0.33	-	50
12.000	0.500	D16@200	Bf11, Bf01-180	0.097	-15.203	-0.04	0.27	-	50
11.500	0.500	D16@200	Be11, Be01-180	0.223	75.482	0.19	-	-	50
11.000	0.500	D16@200	Bf10, Bf00-0	0.011	30.606	0.08	-	-	50
10.500	0.500	D16@200	Bf10, Bf00-0	0.025	27.766	0.07	-	-	50
10.000	0.500	D16@200	Bf10, Bf00-0	0.020	25.425	0.06	-	-	50
9.500	0.500	D16@200	Bf10, Bf00-0	0.017	23.262	0.06	-	-	50
9.000	0.500	D16@200	Bf10, Bf00-0	0.014	21.338	0.05	-	-	50
8.500	0.500	D16@200	Bf10, Bf00-0	0.013	19.628	0.05	-	-	50
8.000	0.500	D16@200	Bf10, Bf00-0	0.011	18.102	0.05	-	-	50
7.500	0.500	D16@200	Bf10, Bf00-0	0.009	16.741	0.04	-	-	50
7.000	0.500	D16@200	Bf10, Bf00-0	0.009	15.523	0.04	-	-	50
6.500	0.500	D16@200	Bf10, Bf00-0	0.008	14.432	0.04	-	-	50
6.000	0.500	D16@200	Bf10, Bf00-0	0.007	13.454	0.03	-	-	50
5.500	0.500	D16@200	Bf10, Bf00-0	0.006	12.572	0.03	-	-	50
5.000	0.500	D16@200	Bf10, Bf00-0	0.007	11.779	0.03	-	-	50
4.500	0.500	D16@200	Bf10, Bf00-0	0.005	11.061	0.03	-	-	50
4.000	0.500	D16@200	Bf10, Bf00-0	0.005	10.407	0.03	-	-	50
3.500	0.500	D16@200	Bf10, Bf00-0	0.005	9.814	0.02	-	-	50
3.000	0.500	D16@200	Bf10, Bf00-0	0.004	9.268	0.02	-	-	50
2.500	0.500	D16@200	Bf10, Bf00-0	0.003	8.765	0.02	-	-	50
2.000	0.500	D16@200	-	-	-	-	-	-	50
1.500	0.500	D16@200	-	-	-	-	-	-	50
1.000	0.500	D16@200	-	-	-	-	-	-	50

応力度　コンクリート　正：圧縮，負：引張
　　　　鉄筋　　　　　正：引張，負：圧縮

以上より発生する鉄筋の応力度は許容応力度 100N/mm² 以下であり安全である．

表-2.3.20 Bクラス地震時　底版　円周方向　下側鉄筋

半径 (m)	部材厚 (m)	下筋	ケース	曲げモーメント (kN·m/m)	軸力 (kN/m)	応力度 (N/mm²) コンクリート	応力度 (N/mm²) 鉄筋	圧縮域 (mm)	部材厚/10 (mm)
16.800	0.700	D16@200	Be11,Be01-180	-53.540	118.413	1.40	39.27	209	70
16.500	0.700	D16@200	Be11,Be01-180	-42.731	117.962	1.05	22.19	249	70
16.200	0.700	D16@200	Be11,Be01-180	-32.233	116.706	0.71	8.65	331	70
15.900	0.700	D16@200	Be10,Be00-180	-23.095	117.113	0.47	1.65	486	70
15.600	0.700	D16@200	Bf11,Bf01-180	-8.798	-73.837	-0.10	0.87	-	70
15.300	0.700	D16@200	Bf11,Bf01-180	-4.966	-68.932	-0.10	0.83	-	70
15.000	0.700	D16@200	Bf11,Bf01-180	-2.060	-62.453	-0.10	0.75	-	70
14.700	0.500	D16@200	Bf11,Bf01-180	-0.462	-52.732	-0.12	0.93	-	50
14.350	0.500	D16@200	-	-	-	-	-	-	50
14.000	0.500	D16@200	-	-	-	-	-	-	50
13.500	0.500	D16@200	Bf10,Bf00-0	-0.298	50.814	0.13	-	-	50
13.000	0.500	D16@200	Bf10,Bf00-0	-0.373	45.700	0.12	-	-	50
12.500	0.500	D16@200	Bf10,Bf00-0	-0.257	41.195	0.11	-	-	50
12.000	0.500	D16@200	Bf10,Bf00-0	-0.123	37.221	0.09	-	-	50
11.500	0.500	D16@200	Bf11,Bf01-180	-0.034	-12.470	-0.03	0.22	-	50
11.000	0.500	D16@200	Bf11,Bf01-180	-0.075	-10.092	-0.02	0.18	-	50
10.500	0.500	D16@200	Bf11,Bf01-180	-0.071	-8.029	-0.02	0.14	-	50
10.000	0.500	D16@200	Bf11,Bf01-180	-0.050	-6.228	-0.02	0.11	-	50
9.500	0.500	D16@200	Bf11,Bf01-180	-0.029	-4.659	-0.01	0.08	-	50
9.000	0.500	D16@200	Bf11,Bf01-180	-0.015	-3.292	-0.01	0.06	-	50
8.500	0.500	D16@200	Bf11,Bf01-180	-0.008	-2.094	-0.01	0.04	-	50
8.000	0.500	D16@200	Bf11,Bf01-180	-0.007	-1.049	0.00	0.02	-	50
7.500	0.500	D16@200	Bf11,Bf01-180	-0.007	-0.126	0.00	0.00	-	50
7.000	0.500	D16@200	Bf11,Bf01-180	-0.007	0.686	0.00	-	-	50
6.500	0.500	D16@200	Bf11,Bf01-180	-0.006	1.403	0.00	-	-	50
6.000	0.500	D16@200	Bf11,Bf01-180	-0.007	2.047	0.01	-	-	50
5.500	0.500	D16@200	Bf11,Bf01-180	-0.006	2.619	0.01	-	-	50
5.000	0.500	D16@200	Bf11,Bf01-180	-0.005	3.136	0.01	-	-	50
4.500	0.500	D16@200	Bf10,Bf00-180	-0.005	3.609	0.01	-	-	50
4.000	0.500	D16@200	Bf10,Bf00-180	-0.003	4.031	0.01	-	-	50
3.500	0.500	D16@200	Bf10,Bf00-180	-0.003	4.424	0.01	-	-	50
3.000	0.500	D16@200	Bf10,Bf00-180	-0.002	4.796	0.01	-	-	50
2.500	0.500	D16@200	Bf10,Bf00-180	-0.003	5.153	0.01	-	-	50
2.000	0.500	D16@200	Bf10,Bf00-180	-0.006	5.503	0.01	-	-	50
1.500	0.500	D16@200	Bf10,Bf00-180	-0.018	5.858	0.01	-	-	50
1.000	0.500	D16@200	Bf10,Bf00-180	-0.048	6.231	0.02	-	-	50

応力度　コンクリート　　正：圧縮，負：引張

　　　　鉄筋　　　　　　正：引張，負：圧縮

以上より発生する鉄筋の応力度は許容応力度180N/mm²以下であり安全である．

2.3.5 安定計算

常時の支持力の照査とBクラス地震動に対する安定計算を震度法により行う。

(1) 水平力および転倒モーメントの算定

a) 自重

表-2.3.21 重量計算

部位	計算式	重量 (kN)	作用高 (m)	モーメント (kN·m)
ドーム		170.5	17.950	3060.5
PCa歩廊	$0.25×0.25×2×π×16.60×24.5$	159.7	12.875	2056.1
	$0.25×0.25×2×π×17.65×24.5$	169.8	12.875	2186.2
	$1.30×0.25×2×π×17.125×24.5$	856.8	12.625	10817.1
側壁	$0.25×12.50×2×π×17.125×24.5$	8238.1	6.250	51488.1
	$0.20×0.90/2×2×π×16.933×24.5$	234.6	1.000	234.6
	$0.20×0.70×2×π×16.90×24.5$	364.2	0.350	127.5
	$6×0.25×12.50×1.80×24.5$	826.9	6.250	5168.1
底版	$π×16.80×16.80×0.50×24.5$	10861.9	0.250	2715.5
	$1.00×0.20/2×2×π×14.667×24.5$	225.8	0.567	128.0
	$1.80×0.20×2×π×15.90×24.5$	881.1	0.600	528.7
合　計		22989.4		78510.4

Bクラス地震動（K_{h1}=0.36）における自重による底版底面での転倒モーメント

$M_d = 78510.4 \times 0.36 = 28263.7 \text{kN·m}$

b) 動水圧による転倒モーメント

地震時動水圧の影響を衝撃力と振動力とに分けたHousnerによる地上水槽の耐震計算式を用いる。

① 衝撃力の計算

タンク内の水の全重量

$W = \rho \times \pi \times R^2 \times H = 99871.2 \text{kN}$

ここに、ρ：水の単位体積重量
　　　　R：タンク半径
　　　　H：全水深

衝撃力 P_r を生じさせる水の等価重量 W_r

$$W_r = \frac{\tanh(\sqrt{3}\frac{R}{H})}{\sqrt{3}\frac{R}{H}} W = 36958.5 \text{kN}$$

底面の水圧を考慮した場合の作用高さ h_{rI}

$$h_{rI} = \frac{H}{8} \times \left(\frac{4}{\frac{W_r}{W}} - 1 \right) = 13.487 \text{m}$$

底版底面からの作用高さ $h_{rI}' = 13.487 + 0.700 = 14.187$m

以上より、

　衝撃力 $P_r = K_{h1} \times W_r = 13305.1$kN

　衝撃力 P_r により底板に生じるモーメント $M_{rI} = P_r \times h_{rI}' = 188759.5$kN・m

②振動力の計算

振動力 Ps を生じさせる水の等価重量 Ws

$$W_s = 0.318 \frac{R}{H} \tanh(1.84 \frac{H}{R}) W = 40775.6 \text{kN}$$

作用高さ

$$h_{sI} = \left(1 - \frac{\cosh(1.84\frac{H}{R}) - 2.01}{(1.84\frac{H}{R})\sinh(1.84\frac{H}{R})} \right) H = 12.321 m$$

底版底面からの作用高さ $h_{sI}' = 12.321 + 0.700 = 13.021$m

水面動揺の固有円振動数 ω_s 及び固有周期 T

$$\omega_s^2 = \frac{1.841g}{R} \tanh(1.84\frac{H}{R}) = 0.882$$

　$\omega_s = 0.939$rad/sec

　$T = 2\pi/\omega_s = 6.691$sec

Ⅱ種地盤における固有周期 T の応答加速度 Sa

　$K_{h01} = 0.298 T^{-2/3} = 0.084$

　$Sa = 0.084 \times 980 = 82.3$gal $= 0.823$m/sec^2

速度応答スペクトル Sv

　$Sv = Sa/\omega_s = 0.876$m/sec

よって、

　$As = Sv/\omega s = 0.933$m

$$\theta_h \quad 1.534 \frac{A_s}{R} \tanh(1.84\frac{H}{R}) = 0.070 rad$$

以上より、

　振動力 $Ps = 1.2 \times Ws \times \theta h \times \sin(\omega st)$

　　　　　 $= 1.2 \times Ws \times \theta h = 3425.2$kN

　振動力 Ps により底板に生じるモーメント $M_{sI} = Ps \times h_{sI}' = 44599.5$kN・m

③PCタンク底面に作用する転倒モーメント及び水平力

タンク底面に作用する転倒モーメント

$\Sigma M = Md + MrI + MsI = 311869.4 kN \cdot m$

タンク底面に作用する水平力

$\Sigma H = K_{h01} \times Wd + Pr + Ps = 25006.5 kN$

(2) 支持力に対する検討

a) 常時の検討

底版底面に作用する鉛直荷重　Vb＝22989.4＋99871.2＝122860.6kN

底版底面における地盤反力度　q＝Vb/A＝131.4kN/m²

常時許容支持力 200kN/m² 以下であり、安全である。

b) クラス地震時の検討

底版底面の転倒モーメント　　Mb＝311869.4kN·m

転倒モーメントの偏心　　　　e＝Mb/Vb＝2.538m

円形断面の核　Rb/4＝17.250/4＝4.313m ＞ e であるため、荷重作用位置は核内にある。

よって、底板底面における最大、最小地盤反力度 qmax、qmin は次式で求められる。

$$q_{\max}, q_{\min} = \frac{V_b}{A} \pm \frac{4M_b}{\pi R_b^3} = 131.4 \pm 77.4 = 208.8 kN/m^2, 54.0 kN/m^2$$

地震時許容支持力 300kN/m² 以下であり、安全である。

c) 滑動に対する検討

底版底面における滑動に対する検討を以下のように行う。

許容せん断抵抗力 Ra は次式により求める。

　Ra＝1/n·Ru

　Ru＝C'ʙA'＋Vʙtanφʙ

ここに、 Ru　　：底版底面と地盤との間に働くせん断抵抗

　　　　 V_B　　：底版底面に作用する鉛直力

　　　　 A'　　：底版底面の有効載荷面積

　　　　 C'_B　　：底版底面と地盤との間の粘着力（＝0kN/m²）

　　　　 φʙ　：底版と地盤との間の摩擦角であり土とコンクリートの間に栗石を敷くので tanφʙ＝0.6 とする。

　　　　 n　　：安全率 1.2

　Ru＝122860.6×0.6＝73716.4kN

　Ra＝73716.4/1.2＝61430.3kN ＞ 作用水平力＝25006.5kN

したがって、滑動に対して安全である。

d) 転倒に対する検討

転倒に対する安全率は 1.5 とする。地震時の底版底面における荷重作用位置が、底版外縁から底版直径の 1/6 内側にあれば安全率が 1.5 以上となる。

　地震時の底版底面における荷重の作用位置　e＝2.538m ＜ Rb·D/6＝11.5m

したがって、転倒に対して安全である。

2.3.6 Bクラス地震時の確認

(1) 側壁の確認

Sクラスの地震荷重を $K_{h2}=0.72$ として,鋼材の発生応力が弾性範囲内となるようにする.側壁は円周方向および鉛直方向のPC鋼材が引張降伏強度以下であることを確認する.

a) 円周方向応力度

表-2.3.22 Sクラス地震時　側壁　円周方向応力度

高さ(m)	部材厚(m)	ケース	軸力(kN/m)	曲げ(kN·m/m)	応力度(N/mm²)	ケース	軸力(kN/m)	曲げ(kN·m/m)	応力度(N/mm²)
			Sクラス地震時－円周方向 内側				外側		
11.800	0.250	Se01-0	85.715	-0.169	0.36	Se01-0	85.715	-0.169	0.33
11.400	0.250	Sf11-0	197.275	0.884	0.70	Se11-0	231.131	0.835	1.00
11.000	0.250	Sf11-0	196.992	1.299	0.66	Se11-0	365.215	1.229	1.58
10.400	0.250	Sf11-0	173.286	1.219	0.58	Se11-0	546.931	1.305	2.31
9.900	0.250	Sf11-0	133.326	0.909	0.45	Se11-0	677.436	1.131	2.82
9.400	0.250	Sf11-0	78.316	0.506	0.26	Se10-0	794.797	0.271	3.21
8.900	0.250	Sf11-0	13.226	0.121	0.04	Se10-0	888.943	0.100	3.57
8.400	0.250	Sf10-0	-67.944	-0.447	-0.23	Se10-0	981.154	-0.055	3.92
7.900	0.250	Sf00-0	-139.980	-0.544	-0.51	Se10-0	1073.527	-0.180	4.28
7.400	0.250	Sf00-0	-210.288	-0.637	-0.78	Se10-0	1167.690	-0.253	4.65
6.900	0.250	Sf00-0	-277.017	-0.731	-1.04	Se00-0	1262.536	-0.182	5.03
6.400	0.250	Sf00-0	-339.236	-0.862	-1.27	Se00-0	1359.411	-0.057	5.43
5.900	0.250	Sf00-0	-395.470	-1.067	-1.48	Se00-0	1456.172	0.207	5.84
5.400	0.250	Sf00-0	-443.202	-1.385	-1.64	Se00-0	1549.202	0.639	6.26
4.900	0.250	Sf00-0	-478.381	-1.834	-1.74	Se01-0	1633.228	1.240	6.65
4.400	0.250	Sf00-0	-495.145	-2.420	-1.75	Se01-0	1697.756	2.053	6.99
3.900	0.250	Sf01-0	-486.888	-3.136	-1.65	Se01-0	1733.637	3.137	7.24
3.600	0.250	Sf01-0	-464.952	-3.565	-1.52	Se01-0	1735.672	3.847	7.31
3.300	0.250	Sf01-0	-428.330	-3.917	-1.34	Se01-0	1718.948	4.358	7.29
3.000	0.250	Sf11-0	-360.594	-3.362	-1.12	Se01-0	1681.016	4.740	7.18
2.700	0.250	Sf11-0	-299.061	-3.247	-0.88	Se01-0	1620.112	4.897	6.95
2.400	0.250	Sf11-0	-223.915	-2.873	-0.62	Se01-0	1535.585	4.711	6.59
2.100	0.250	Sf11-0	-136.828	-2.152	-0.34	Se01-0	1428.460	4.040	6.10
1.800	0.250	Sf11-0	-41.123	-0.978	-0.07	Se11-0	1244.463	4.287	5.39
1.500	0.250	Sf11-0	57.719	0.745	0.16	Se11-0	1070.713	2.225	4.50
1.200	0.250	Sf10-0	152.445	3.193	0.30	Se11-0	886.975	-0.967	3.46
0.900	0.250	Sf10-0	237.536	6.304	0.34	Se11-180	728.626	-6.768	2.26
0.675	0.300	Sf10-0	314.045	10.173	0.37	Se11-180	674.582	-12.183	1.44
0.450	0.350	Sf10-0	397.413	14.298	0.44	Se11-180	625.307	-18.784	0.87
0.225	0.400	Sf10-0	471.347	18.728	0.48	Se11-180	558.568	-26.808	0.39
0.000	0.450	Sf10-0	503.059	23.399	0.42	Se11-180	454.620	-36.182	-0.06

正：圧縮応力　負：引張応力

以上より，Sクラス地震時には，側壁円周方向に軸引張が発生する．

SクラS地震時には，側壁円周方向に軸引張力が発生する箇所があるため，側壁目地部における円周方向PC鋼材の発生応力度について検討する．検討ケースは，軸引張力が最大となる「Sf01-0満水時，積雪あり，クリープ0%」とする．

コンクリートは引張を受け持たず，円周方向PC鋼材が発生する軸引張力をすべて受け持つものとし，PC鋼材に発生する応力度 σ_p を以下の式で算定する．

$$\sigma_p = \sigma_{pe} + \sigma_{p\_S_s} = \sigma_{pe} + \frac{N_{\theta\_S_s}}{\dfrac{A_p}{C_p}}$$

ここに，σ_{pe} ：円周方向PC鋼材の有効応力度（N/mm²）

σ_{p_Ss} ：Ss相当地震時のPC鋼材の有効応力度（N/mm²）

N_{θ_Ss} ：Ss相当地震時に発生する最大円周方向軸引張力（N）

A_p ：PC鋼材1本あたりの断面積（mm²）

C_p ：PC鋼材の中心間隔（m）

したがって，$\sigma_p = 751.8 + \dfrac{495.4 \times 10^3}{\dfrac{532.4}{0.300}} = 1031.0$ N/mm²

一方，設計に用いる降伏強度 f_{yd} は次式により求められる．

$$f_{yd} = \frac{f_y}{Y_s} = \frac{1516.0}{1.0} = 1516.0 \text{ N/mm}^2$$

ここに，f_y：PC鋼材の降伏強度の特性値

Y_s：PC鋼材の材料係数

以上より，$\dfrac{\sigma_p}{f_{yd}} = \dfrac{1031.0}{1516.0} = 0.680 < 1.0$ となるため，Sクラス地震時に円周方向PC鋼材に発生する応力度は降伏強度以下であり，安全である．

b) 鉛直方向応力度

表-2.3.23 Sクラス地震時　側壁　鉛直方向応力度

高さ (m)	部材厚 (m)	Sクラス地震時－鉛直方向							
^	^	内側				外側			
^	^	ケース	軸力 (kN/m)	曲げ (kN·m/m)	応力度 (N/mm²)	ケース	軸力 (kN/m)	曲げ (kN·m/m)	応力度 (N/mm²)
11.800	0.250	Se01-0	1123.673	-0.172	4.51	Se00-0	1121.658	-0.292	4.46
11.400	0.250	Sf11-0	1140.216	5.041	4.08	Se01-180	1139.138	-6.102	3.97
11.000	0.250	Sf11-0	1144.064	7.106	3.89	Se01-180	1141.465	-9.492	3.65
10.400	0.250	Sf01-0	1147.859	6.738	3.94	Se11-180	1143.101	-10.579	3.56
9.900	0.250	Se01-0	1151.871	5.843	4.05	Se11-180	1145.602	-9.238	3.70
9.400	0.250	Se01-0	1155.927	4.269	4.21	Se11-180	1147.686	-7.473	3.87
8.900	0.250	Se01-0	1160.112	2.626	4.39	Se11-180	1149.641	-5.664	4.05
8.400	0.250	Sf00-180	1142.888	1.017	4.47	Se11-180	1151.452	-4.123	4.21
7.900	0.250	Sf00-180	1142.713	1.595	4.42	Se11-180	1153.119	-2.922	4.33
7.400	0.250	Sf00-180	1141.833	2.031	4.37	Se11-180	1154.657	-1.984	4.43
6.900	0.250	Sf00-180	1140.202	2.506	4.32	Se10-180	1151.897	-1.060	4.51
6.400	0.250	Sf00-180	1137.782	3.219	4.24	Se10-180	1153.453	-0.067	4.61
5.900	0.250	Sf01-180	1138.259	4.547	4.12	Se10-180	1154.941	1.575	4.77
5.400	0.250	Sf01-180	1133.929	6.338	3.93	Se10-180	1156.391	4.173	5.03
4.900	0.250	Sf11-180	1128.730	8.940	3.66	Se00-0	1189.670	6.441	5.38
4.400	0.250	Sf11-180	1122.649	12.635	3.28	Se00-0	1195.226	10.489	5.79
3.900	0.250	Se11-180	1162.974	19.910	2.74	Se00-0	1200.295	15.877	6.33
3.600	0.250	Se10-180	1160.099	24.329	2.30	Se00-0	1203.419	19.412	6.68
3.300	0.250	Se10-180	1160.597	27.963	1.96	Se00-0	1206.796	21.960	6.94
3.000	0.250	Se10-180	1161.035	30.984	1.67	Se00-0	1210.195	23.860	7.13
2.700	0.250	Se10-180	1161.389	32.833	1.49	Se00-0	1213.600	24.647	7.22
2.400	0.250	Se10-180	1161.638	32.802	1.50	Se00-0	1216.987	23.729	7.15
2.100	0.250	Se10-180	1161.759	30.010	1.77	Se00-0	1220.329	20.393	6.84
1.800	0.250	Se10-180	1161.713	23.417	2.40	Se00-180	1161.451	15.582	6.14
1.500	0.250	Se10-180	1161.469	11.834	3.51	Se01-180	1162.850	3.373	4.98
1.200	0.250	Sf10-0	1334.072	16.376	3.76	Se01-180	1162.223	-14.601	3.25
0.900	0.250	Sf10-0	1340.925	31.266	2.36	Se01-180	1166.658	-40.265	0.80
0.675	0.300	Sf10-0	1344.771	77.870	-0.71	Se01-180	1176.532	-36.681	1.48
0.450	0.350	Sf10-0	1353.076	126.126	-2.31	Se01-180	1179.527	-38.830	1.47
0.225	0.400	Sf10-0	1325.633	173.305	-3.18	Se01-180	1146.891	-49.662	1.00
0.000	0.450	Sf00-0	1195.383	213.156	-3.66	Se11-180	997.883	-82.395	-0.22

正：圧縮応力　負：引張応力

c) 鉛直方向必要鉄筋量の算定

引張応力が生じる部材断面に配置する鉄筋は次式により算定する．

$$A_s = \frac{T_c}{\sigma_{sa}}$$

$$T_c = \frac{1}{2} \cdot X \cdot b \cdot |\sigma_c|$$

$$X = \frac{|\sigma_c| \cdot t}{|\sigma_c| + \sigma_c'}$$

ここに，A_s ：引張鉄筋断面積
　　　　T_c ：コンクリートに生じる引張力の合力
　　　　σ_{sa} ：引張鉄筋の許容応力度 = 345 N/mm²
　　　　X ：引張応力が作用している深さ
　　　　σ_c ：引張応力度
　　　　σ_c'：圧縮応力度
　　　　b ：部材幅
　　　　t ：壁厚

求められた必要鉄筋量および断面積より求められる最小鉄筋量を満足するよう，配置鉄筋量は以下の通りとする．

表-2.3.24　必要鉄筋量および配置鉄筋量

	断面高 (mm)	部材厚 (mm)	応力度(N/mm²) 内側	応力度(N/mm²) 外側	引張応力作用深さ (mm)	引張合力 (N)	許容引張応力度 (N/mm²)	必要鉄筋量 (mm²)	配置鉄筋量 (mm²)
Sf10-0	675	300	-0.71	9.67	20.5	7263	345	21	ハンチ D16@200　993
Sf10-0	450	350	-2.31	10.04	65.5	75648	345	219	ハンチ D16@200　993
Sf10-0	225	400	-3.19	9.81	98.0	156089	345	452	ハンチ D16@200　993
Sf00-0	0	450	-3.66	8.97	130.4	238490	345	691	ハンチ D16@200　993

表-2.3.25　最小鉄筋量

部材厚 (mm)	最小鉄筋量 (mm²)	配置鉄筋 (mm²) ハンチ	配置鉄筋 (mm²) 内側	配置鉄筋 (mm²) 外側	鉄筋量
250	625.0	－	D10@200　356.65	D10@200　356.65	713.3
300	750.0	D16@200　993.00	D10@200　356.65	D10@200　356.65	1706.3
350	875.0	D16@200　993.00	D10@200　356.65	D10@200　356.65	1706.3
400	1000.0	D16@200　993.00	D10@200　356.65	D10@200　356.65	1706.3
450	1125.0	D16@200　993.00	D10@200　356.65	D10@200　356.65	1706.3

鉄筋に生じる応力を降伏強度以下に制限しているため，鉄筋よりも内側に配置するPC鋼材に発生する応力は引張降伏強度以下である．

(2) 底版の確認

Sクラス地震時の底板は鉄筋が引張降伏強度以下となることを確認する．

a) 半径方向

表-2.3.26　Sクラス地震時　底版　半径方向　上側鉄筋

Sクラス地震時－半径方向－上筋							
半径 (m)	部材厚 (m)	上筋	ケース	曲げモーメント (kN・m/m)	軸力 (kN/m)	応力度 (N/mm^2)	
						コンクリート	鉄筋
16.800	0.700	D22@200	Sf10,Sf00-0	161.430	-92.437	-0.03	0.39
16.500	0.700	D22@200	Sf10,Sf00-0	158.237	-90.433	-0.03	0.38
16.200	0.700	D22@200	Sf10,Sf00-0	139.623	-83.459	-0.03	0.36
15.900	0.700	D22@200	Sf10,Sf00-0	113.649	-77.134	-0.03	0.36
15.600	0.700	D22@200	Sf10,Sf00-0	85.891	-71.418	-0.03	0.38
15.300	0.700	D22@200	Sf10,Sf00-0	59.857	-66.282	-0.03	0.42
15.000	0.700	D22@200	Sf10,Sf00-0	37.491	-64.503	-0.04	0.51
14.700	0.500	D16@200	Sf10,Sf00-0	21.567	-61.729	-0.07	0.66
14.350	0.500	D16@200	Sf10,Sf00-0	8.983	-55.043	-0.08	0.66
14.000	0.500	D16@200	Sf10,Sf00-0	1.983	-46.999	-0.10	0.83
13.500	0.500	D16@200	Sf11,Sf01-180	5.822	77.956	0.28	-
13.000	0.500	D16@200	Sf11,Sf01-180	5.014	69.253	0.24	-
12.500	0.500	D16@200	Sf10,Sf00-180	2.967	61.553	0.19	-
12.000	0.500	D16@200	Sf10,Sf00-180	1.197	54.885	0.15	-
11.500	0.500	D16@200	Sf10,Sf00-180	0.143	49.034	0.12	-
11.000	0.500	D16@200	Sf10,Sf00-0	0.092	-15.222	-0.04	0.27
10.500	0.500	D16@200	Sf10,Sf00-0	0.212	-12.375	-0.03	0.22
10.000	0.500	D16@200	Sf10,Sf00-0	0.176	-9.700	-0.02	0.17
9.500	0.500	D16@200	Sf10,Sf00-0	0.121	-7.517	-0.02	0.13
9.000	0.500	D16@200	Sf10,Sf00-0	0.078	-5.644	-0.01	0.10
8.500	0.500	D16@200	Sf10,Sf00-0	0.057	-4.036	-0.01	0.07
8.000	0.500	D16@200	Sf10,Sf00-0	0.042	-2.653	-0.01	0.05
7.500	0.500	D16@200	Sf10,Sf00-0	0.035	-1.460	0.00	0.03
7.000	0.500	D16@200	Sf10,Sf00-0	0.036	-0.427	0.00	0.01
6.500	0.500	D16@200	Sf10,Sf00-0	0.033	0.469	0.00	-
6.000	0.500	D16@200	Sf10,Sf00-0	0.031	1.254	0.00	-
5.500	0.500	D16@200	Sf10,Sf00-0	0.030	1.944	0.01	-
5.000	0.500	D16@200	Sf10,Sf00-0	0.028	2.559	0.01	-
4.500	0.500	D16@200	Sf10,Sf00-0	0.024	3.113	0.01	-
4.000	0.500	D16@200	Sf10,Sf00-0	0.021	3.622	0.01	-
3.500	0.500	D16@200	Sf10,Sf00-0	0.023	4.098	0.01	-
3.000	0.500	D16@200	Sf10,Sf00-0	0.026	4.554	0.01	-
2.500	0.500	D16@200	Sf10,Sf00-0	0.031	5.005	0.01	-
2.000	0.500	D16@200	Sf10,Sf00-0	0.040	5.471	0.01	-
1.500	0.500	D16@200	Sf10,Sf00-0	0.047	5.989	0.02	-
1.000	0.500	D16@200	Sf10,Sf00-0	0.040	6.667	0.02	-

応力度　コンクリート　正：圧縮，負：引張
　　　　鉄筋　　　　　　正：引張，負：圧縮

以上より発生する鉄筋の応力度は降伏強度 345N/mm^2 以下であり安全である．

表-2.3.27 Sクラス地震時 底版 半径方向 下側鉄筋

半径 (m)	部材厚 (m)	下筋	ケース	曲げモーメント (kN·m/m)	軸力 (kN/m)	応力度 (N/mm^2)	
						コンクリート	鉄筋
16.800	0.700	D25@200	Se11, Se01-180	-228.390	226.035	4.48	124.08
16.500	0.700	D25@200	Sf11, Sf01-180	-184.779	145.910	3.62	107.29
16.200	0.700	D25@200	Sf10, Sf00-180	-153.381	136.611	3.01	86.15
15.900	0.700	D25@200	Sf10, Sf00-180	-118.231	128.476	2.32	62.12
15.600	0.700	D25@200	Sf10, Sf00-180	-84.235	121.006	1.65	38.95
15.300	0.700	D25@200	Sf10, Sf00-180	-54.313	114.162	1.05	19.03
15.000	0.700	D25@200	Sf10, Sf00-180	-29.809	110.713	0.55	4.22
14.700	0.500	D16@200	Sf10, Sf00-180	-14.315	106.189	0.50	0.18
14.350	0.500	D16@200	Sf10, Sf00-180	-3.105	97.505	0.27	-
14.000	0.500	D16@200	-	-	-	-	-
13.500	0.500	D16@200	Sf10, Sf00-0	-3.045	-39.348	-0.08	0.68
13.000	0.500	D16@200	Sf10, Sf00-0	-3.532	-32.939	-0.06	0.55
12.500	0.500	D16@200	Sf10, Sf00-0	-2.385	-27.441	-0.05	0.47
12.000	0.500	D16@200	Sf10, Sf00-0	-1.127	-22.727	-0.05	0.40
11.500	0.500	D16@200	Sf10, Sf00-0	-0.297	-18.686	-0.04	0.33
11.000	0.500	D16@200	Sf11, Sf01-180	-0.322	43.908	0.11	-
10.500	0.500	D16@200	Sf10, Sf00-180	-0.360	39.235	0.10	-
10.000	0.500	D16@200	Sf10, Sf00-180	-0.296	35.374	0.09	-
9.500	0.500	D16@200	Sf10, Sf00-180	-0.181	31.857	0.08	-
9.000	0.500	D16@200	Sf11, Sf01-180	-0.092	28.743	0.07	-
8.500	0.500	D16@200	Sf11, Sf01-180	-0.048	25.996	0.07	-
8.000	0.500	D16@200	Sf11, Sf01-180	-0.028	23.566	0.06	-
7.500	0.500	D16@200	Sf11, Sf01-180	-0.023	21.415	0.05	-
7.000	0.500	D16@200	Sf10, Sf00-180	-0.026	19.503	0.05	-
6.500	0.500	D16@200	Sf10, Sf00-180	-0.029	17.803	0.04	-
6.000	0.500	D16@200	Sf10, Sf00-180	-0.029	16.288	0.04	-
5.500	0.500	D16@200	Sf10, Sf00-180	-0.028	14.940	0.04	-
5.000	0.500	D16@200	Sf10, Sf00-180	-0.028	13.733	0.03	-
4.500	0.500	D16@200	Sf10, Sf00-180	-0.024	12.651	0.03	-
4.000	0.500	D16@200	Sf10, Sf00-180	-0.019	11.676	0.03	-
3.500	0.500	D16@200	Sf10, Sf00-180	-0.013	10.794	0.03	-
3.000	0.500	D16@200	Sf10, Sf00-180	-0.004	9.990	0.03	-
2.500	0.500	D16@200	-	-	-	-	-
2.000	0.500	D16@200	-	-	-	-	-
1.500	0.500	D16@200	-	-	-	-	-
1.000	0.500	D16@200	-	-	-	-	-

応力度 コンクリート 正：圧縮，負：引張
　　　　鉄筋　　　　　正：引張，負：圧縮

以上より発生する鉄筋の応力度は降伏強度 345N/mm^2 以下であり安全である．

b) 円周方向

表-2.3.28 Sクラス地震時 底版 円周方向 上側鉄筋

半径 (m)	部材厚 (m)	上筋	ケース	曲げモーメント (kN·m/m)	軸力 (kN/m)	応力度 (N/mm^2) コンクリート	応力度 (N/mm^2) 鉄筋
16.800	0.700	D16@200	Sf11, Sf01-0	44.419	245.873	0.90	1.85
16.500	0.700	D16@200	Sf11, Sf01-0	41.625	230.737	0.84	1.71
16.200	0.700	D16@200	Sf11, Sf01-0	35.634	217.706	0.73	0.51
15.900	0.700	D16@200	Sf11, Sf01-0	28.326	205.576	0.61	-
15.600	0.700	D16@200	Sf11, Sf01-0	20.974	194.302	0.51	-
15.300	0.700	D16@200	Sf10, Sf00-0	13.671	180.507	0.42	-
15.000	0.700	D16@200	Sf10, Sf00-0	8.284	166.487	0.35	-
14.700	0.500	D16@200	Sf11, Sf01-0	4.822	148.508	0.42	-
14.350	0.500	D16@200	Sf11, Sf01-180	0.107	-93.301	-0.23	0.79
14.000	0.500	D16@200	Sf11, Sf01-180	0.963	-75.084	-0.18	1.34
13.500	0.500	D16@200	Sf11, Sf01-180	1.531	-62.126	-0.14	1.11
13.000	0.500	D16@200	Sf11, Sf01-180	1.196	-53.598	-0.12	0.96
12.500	0.500	D16@200	Sf11, Sf01-180	0.642	-46.166	-0.11	0.82
12.000	0.500	D16@200	Sf11, Sf01-180	0.208	-39.686	-0.10	0.71
11.500	0.500	D16@200	Se11, Se01-180	0.232	69.412	0.18	-
11.000	0.500	D16@200	Sf10, Sf00-0	0.051	49.163	0.12	-
10.500	0.500	D16@200	Sf10, Sf00-0	0.071	44.115	0.11	-
10.000	0.500	D16@200	Sf10, Sf00-0	0.058	39.838	0.10	-
9.500	0.500	D16@200	Sf10, Sf00-0	0.042	35.970	0.09	-
9.000	0.500	D16@200	Sf10, Sf00-0	0.030	32.544	0.08	-
8.500	0.500	D16@200	Sf10, Sf00-0	0.025	29.507	0.07	-
8.000	0.500	D16@200	Sf10, Sf00-0	0.021	26.806	0.07	-
7.500	0.500	D16@200	Sf10, Sf00-0	0.018	24.405	0.06	-
7.000	0.500	D16@200	Sf10, Sf00-0	0.018	22.265	0.06	-
6.500	0.500	D16@200	Sf10, Sf00-0	0.017	20.348	0.05	-
6.000	0.500	D16@200	Sf10, Sf00-0	0.015	18.637	0.05	-
5.500	0.500	D16@200	Sf10, Sf00-0	0.014	17.097	0.04	-
5.000	0.500	D16@200	Sf10, Sf00-0	0.014	15.707	0.04	-
4.500	0.500	D16@200	Sf10, Sf00-0	0.012	14.452	0.04	-
4.000	0.500	D16@200	Sf10, Sf00-0	0.011	13.308	0.03	-
3.500	0.500	D16@200	Sf10, Sf00-0	0.010	12.264	0.03	-
3.000	0.500	D16@200	Sf10, Sf00-0	0.008	11.300	0.03	-
2.500	0.500	D16@200	Sf10, Sf00-0	0.006	10.404	0.03	-
2.000	0.500	D16@200	Sf10, Sf00-0	0.001	9.562	0.02	-
1.500	0.500	D16@200	-	-	-	-	-
1.000	0.500	D16@200	-	-	-	-	-

応力度　コンクリート　正：圧縮, 負：引張

　　　　鉄筋　　　　　　正：引張, 負：圧縮

以上より発生する鉄筋の応力度は降伏強度 345N/mm^2 以下であり安全である．

表-2.3.29 Sクラス地震時 底版 円周方向 下側鉄筋

半径 (m)	部材厚 (m)	下筋	ケース	曲げモーメント (kN·m/m)	軸力 (kN/m)	応力度 (N/mm²) コンクリート	応力度 (N/mm²) 鉄筋
16.800	0.700	D16@200	Se11, Se01-180	-56.652	89.433	1.57	57.53
16.500	0.700	D16@200	Se11, Se01-180	-45.875	90.766	1.23	38.25
16.200	0.700	D16@200	Se11, Se01-180	-35.065	91.112	0.88	20.30
15.900	0.700	D16@200	Se11, Se01-180	-25.089	91.369	0.55	6.61
15.600	0.700	D16@200	Sf11, Sf01-180	-18.358	-158.878	-0.22	1.88
15.300	0.700	D16@200	Sf11, Sf01-180	-11.137	-149.084	-0.22	1.79
15.000	0.700	D16@200	Sf11, Sf01-180	-5.503	-136.000	-0.22	1.64
14.700	0.500	D16@200	Sf11, Sf01-180	-2.124	-116.486	-0.27	2.06
14.350	0.500	D16@200	-	-	-	-	-
14.000	0.500	D16@200	-	-	-	-	-
13.500	0.500	D16@200	Sf10, Sf00-0	-0.882	86.011	0.23	-
13.000	0.500	D16@200	Sf10, Sf00-0	-0.879	76.630	0.20	-
12.500	0.500	D16@200	Sf10, Sf00-0	-0.548	68.393	0.18	-
12.000	0.500	D16@200	Sf10, Sf00-0	-0.231	61.152	0.16	-
11.500	0.500	D16@200	Sf11, Sf01-180	-0.031	-34.028	-0.09	0.60
11.000	0.500	D16@200	Sf11, Sf01-180	-0.115	-29.087	-0.07	0.52
10.500	0.500	D16@200	Sf11, Sf01-180	-0.118	-24.768	-0.06	0.44
10.000	0.500	D16@200	Sf11, Sf01-180	-0.089	-20.989	-0.05	0.37
9.500	0.500	D16@200	Sf11, Sf01-180	-0.054	-17.677	-0.04	0.31
9.000	0.500	D16@200	Sf11, Sf01-180	-0.031	-14.774	-0.04	0.26
8.500	0.500	D16@200	Sf11, Sf01-180	-0.020	-12.220	-0.03	0.22
8.000	0.500	D16@200	Sf11, Sf01-180	-0.017	-9.972	-0.02	0.18
7.500	0.500	D16@200	Sf11, Sf01-180	-0.016	-7.986	-0.02	0.14
7.000	0.500	D16@200	Sf11, Sf01-180	-0.016	-6.229	-0.02	0.11
6.500	0.500	D16@200	Sf11, Sf01-180	-0.015	-4.667	-0.01	0.08
6.000	0.500	D16@200	Sf11, Sf01-180	-0.015	-3.272	-0.01	0.06
5.500	0.500	D16@200	Sf11, Sf01-180	-0.014	-2.026	0.00	0.04
5.000	0.500	D16@200	Sf11, Sf01-180	-0.012	-0.897	0.00	0.02
4.500	0.500	D16@200	Sf11, Sf01-180	-0.012	0.127	0.00	-
4.000	0.500	D16@200	Sf11, Sf01-180	-0.009	1.062	0.00	-
3.500	0.500	D16@200	Sf11, Sf01-180	-0.008	1.929	0.00	-
3.000	0.500	D16@200	Sf11, Sf01-180	-0.006	2.740	0.01	-
2.500	0.500	D16@200	Sf11, Sf01-180	-0.006	3.510	0.01	-
2.000	0.500	D16@200	Sf10, Sf00-180	-0.009	4.238	0.01	-
1.500	0.500	D16@200	Sf10, Sf00-180	-0.020	4.957	0.01	-
1.000	0.500	D16@200	Sf10, Sf00-180	-0.049	5.701	0.01	-

応力度　コンクリート　正：圧縮，負：引張
　　　　鉄筋　　　　　正：引張，負：圧縮

以上より発生する鉄筋の応力度は降伏強度 345N/mm² 以下であり安全である．

2.3.7 主要数量

表-2.3.30　10,000m³クラスの主要数量

名称	種別	仕様	単位	数量
底版工事	コンクリート工	$f_{ck}=30N/mm^2$	m³	506.1
側壁工事	コンクリート工	$f_{ck}=50N/mm^2$	m³	373.2
縦目地工事	目地モルタル		m³	33.4
PC工事	横締めPC工	種別		1T28.6
		重量	ton	25.2
	縦締めPC工	種別		1T15.2
		重量	ton	11.9
塗装工事	底版		m²	892.0
	側壁		m²	1262.1

3 余裕高さの検討

3.1 余裕高さ

当該汚染水タンクは，プレキャストコンクリート製の側壁にアルミ製の屋根が付く構造であるが，汚染水タンクの最高液面レベルと屋根接合部の空間を余裕高さとすると，余裕高さの決定の要因としては，長周期地震動によるスロッシングがある．

スロッシングによる液位の上昇に対して側壁の余裕高さが必要となる．

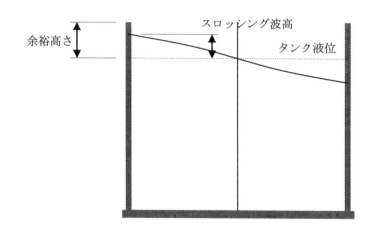

図-3.1.1　汚染水タンクの余裕高さ

スロッシングに対する要求性能と照査方法を**表-3.1.1**に示す．

表-3.1.1　スロッシングに対する要求性能と照査手法

地震動	要求性能	照査
Bクラス相当	漏液させない	余裕高さ>スロッシング波高

以下に，参考として，「水道用プレストレストコンクリートタンク　設計施工指針・解説」1998年版（日本水道協会）（以下PCタンク指針）[1]に基づいた検討を行う．

3.2 スロッシング波高の計算

スロッシング(水面揺動)の最大波高はHousner理論により算定する.

$$d_{max} = \frac{0.408R \cdot \coth\left(1.841\frac{H}{R}\right)}{\dfrac{g}{\omega_s^2 \cdot \theta_h \cdot R} - 1}$$

ここに

- R : タンク半径(m)
- H : 水深(m)
- g : 重力加速度 ($=9.8\text{m/sec}^2$)
- ω_s : 水面動揺の1次の固有円振動数 $\left(\omega_s = \sqrt{1.841\dfrac{g}{R}\tanh\left(1.841\dfrac{H}{R}\right)}\right)$
- θ_h : 水面動揺の角振幅 $\left(\theta_h = 1.534\dfrac{A_s}{R}\tanh\left(1.841\dfrac{H}{R}\right)\right)$
- A_s : 最大変位量 $\left(A_s = \dfrac{S_v}{\omega_s}\right)$
- S_v : 速度応答スペクトル $\left(S_v = \dfrac{S_a}{\omega_s}\right)$
- S_a : 加速度応答スペクトル

加速度応答スペクトルは,PCタンク指針に示されている水平震度(地震動レベル2)より下式で算定する.

水面動揺の固有周期

$$T = \frac{2\pi}{\omega_s} \text{ (sec)}$$

加速度応答スペクトル

K_h:固有周期Tにおける設計水平震度

$$S_a = K_h \cdot g$$

ここに

- S_a : 加速度応答スペクトル (m/sec^2)
- K_h : 固有周期Tにおける設計水平震度

表-3.2.1 PCタンク指針による水平震度(地震動レベル2)

地盤種別	構造物の固有周期T(s)に対するK_{h02}の値		
I種地盤 [$T_G<0.2$] T_Gは地盤の固有周期(s)	T<0.2 $K_{h02}=2.291T^{0.515}$ ただし,$K_{h02} \geq 0.70$	$0.2 \leq T<1.0$ $K_{h02}=1.0$	1.0<T $K_{h02}=1.000T^{-1.465}$
II種地盤 [$0.2 \leq T_G<0.6$]	T<0.2 $K_{h02}=5.130T^{0.807}$ ただし,$K_{h02} \geq 0.80$	$0.2 \leq T<1.0$ $K_{h02}=1.4$	1.0<T $K_{h02}=1.400T^{-1.402}$
III種地盤 [$0.6 \leq T_G$]	T<0.3 $K_{h02}=2.565T^{0.631}$ ただし,$K_{h02} \geq 0.6$	$0.3 \leq T<1.5$ $K_{h02}=1.2$	1.5<T $K_{h02}=2.003T^{-1.263}$

3.3 検討タンクのスロッシング波高

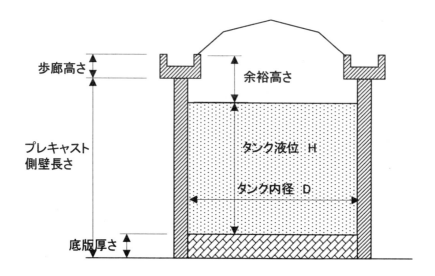

図-3.3.1 検討構造図

各容量毎のスロッシング計算結果を下表に示す．
水平震度を算定する地盤種別はⅠ種地盤とする．

表-3.3.1 検討タンクのスロッシング波高

	3,000m³級タンク	6,000m³級タンク	10,000m³級タンク
タンク内径 D(m)	23.00	29.00	34.00
タンク液位 H(m)	8.15	9.50	11.00
タンク実容量(m³)	3,386	6,275	10,110
水面動揺の固有周期 T(s)	5.400	6.162	6.691
速度応答スペクトル S_v(m/s)	0.712	0.670	0.644
スロッシング波高 d_{max}(m)	0.685	0.694	0.713

水道用 PC タンク指針に基づいて計算した長周期地震によるスロッシング波高は，3,000m³級から10,000m³級まで約70cm程度である．

参考文献
1) 社団法人日本水道協会：水道用プレストレストコンクリートタンク設計施工指針・解説1998年版

4 塩害に対する耐久性の検討

福島第一原子力発電所において貯蔵する汚染水には塩分が含まれていることから，この塩分に対する鉄筋，PC鋼材の腐食に対する検討を行った．検討箇所は，側壁（50N/mm², W/C＝36%，早強セメント）と底版（30N/mm², W/C=45%，普通セメント）である．

塩分量は，最大で 40,000ppm（4.0%）とされていが，最近のデータでは，大幅に塩分量が減少している（**第2章 図-2.2.4参照**）．このことより，塩分濃度を 4.0%，2.0%，1.0%，0.5%，0.2%，0.1%と変動させて検討した．あわせて，PCタンク外面の飛来塩分に対する塩害の照査を行った．

鋼製タンクでは，20年の供用年数を設定しているが，本委員会で提案するPCタンクでは，汚染水の貯蔵がさらに長期化する可能性も視野に入れて，ここでは，20年と50年の2パターンについて塩害耐久性の検討を行った．塩害に対する耐久性は，コンクリート表面の塗装の効果を考慮せずに照査した．

なお，本検討において，コンクリートの塩化物イオン拡散係数は，トリチウム水と水は同等として算出した．

4.1 検討ケース

検討するケースを**表-4.1.1**に示す．

表-4.1.1 検討ケース

検討箇所	ケース	部位	耐用年数（年）	塩分濃度（%）
PCタンク内面	1	側壁	20	4.0
	2			2.0
	3			1.0
	4			0.5
	5			0.2
	6			0.1
	7		50	4.0
	8			2.0
	9			1.0
	10			0.5
	11			0.2
	12			0.1
	13	底版	20	4.0
	14			2.0
	15			1.0
	16			0.5
	17			0.2
	18			0.1
	19		50	4.0
	20			2.0
	21			1.0
	22			0.5
	23			0.2
	24			0.1

検討箇所	ケース	部位	耐用年数（年）	海岸からの距離(km)
PCタンク外面	25	側壁	20	飛沫帯
	26			0.1
	27			0.5
	28			1.0
	29		50	飛沫帯
	30			0.1
	31			0.5
	32			1.0

4.2 塩化物イオン侵入に伴う鋼材腐食に対する照査

鋼材位置における塩化物イオン濃度が腐食発生限界以下であるかどうかについて検討する．

(1) 照査の方法

塩化物イオン侵入に伴う鋼材腐食に対する照査はコンクリート標準示方書[1]に基づき，式①を用いて行う．

$\gamma i \cdot Cd / Clim \leq 1.0$ （γi：構造物係数．ここでは 1.0 とした．） 式①

$Cd = \gamma cl \cdot Co (1 - erf(0.1 \frac{cd}{2\sqrt{Dd \cdot t}})) + Ci$ 式②

Cd：鋼材位置における塩化物イオン濃度 (kg/m³)
Co：コンクリート表面の塩分濃度 (kg/m³)
cd：耐久性に関する照査に用いるかぶり設計値(mm)
t：耐用年数（年）
γcl：鋼材位置における塩化物イオン濃度の設計のばらつきを考慮した安全係数（＝1.3）
Dd：設計拡散係数（cm²/年）
$Dd = \gamma c \cdot Dk$（ひび割れの影響を考慮しない）※1)
γc：コンクリートの材料係数（＝1.0）
Dk：コンクリートの塩化物イオンに対する拡散係数の特性値（cm²/年）
$Dk = 10^{(3.0 \cdot w/c - 1.8)}$：普通セメントの場合 ※2)
Ci：初期塩化物イオン塩分濃度（kg/m³）
$Clim$：鋼材腐食限界(kg/m³)

※1) 今回試設計を行った容量 3,000m³，6,000m³，10,000m³ PC タンクにおいて，側壁は，円周方向フルプレストレス，鉛直方向は，曲げひび割れ強度以下で設計しており，満水時にひび割れは発生しない．底版は，3,000m³ PC タンクにおいては，曲げひび割れ強度 1.87N/mm² に対し，満水時に発生する引張応力度 最大で 0.36N/mm² であり，ひび割れは発生しない．6,000m³，10,000m³ についても同様の傾向にある．したがって，Dd は，ひび割れの影響を考慮しない．

※2) Dk について，コンクリート標準示方書には，早強セメントの場合，実験により求めるよう記載がある．しかし，ここでは，早強セメントを用いた場合も普通セメントの算出式を用いることとした[2]．

(2) コンクリート表面のイオン濃度 Co の算出

コンクリート表面の塩化物イオン濃度 Co を算出する．

①PC タンクの内側

PC タンク内面の検討において，式③より汚染水に含まれる全塩素イオン量を求め，コンクリート表面の塩化物イオン濃度 Co とした．求めた値を**表-4.2.1**に示す．

Co＝全塩素イオン Cl^-(kg/m³)＝全塩化物イオン $NaCl$×0.6066×単位体積質量 式③

表-4.2.1 コンクリート表面の塩分濃度

汚染水塩素濃度　（％）	4.0	2.0	1.0	0.5	0.2	0.1
全塩素イオン（＝Co）	24.26	12.13	6.07	3.03	1.21	0.61

②PCタンクの外面

PCタンク外面において，飛沫帯，海岸からの距離 0.1, 0.5, 1.0km について検討する．コンクリート表面の塩分濃度は，コンクリート標準示方書の値を用いる（**表-4.2.2参照**）．

表-4.2.2 コンクリート表面の塩分濃度（PCタンク外面）

		飛沫帯	海岸線からの距離 (km)				
			汀線付近	0.1	0.25	0.5	1.0
飛来塩分が多い地域	北海道，東北，北陸，沖縄	13.0	9.0	4.5	3.0	2.0	1.5
飛来塩分が多い地域少ない地域	関東，東海，近畿，中国，四国，九州		4.5	2.5	2.0	1.5	1.0

(3) 鋼材の腐食限界の算出

セメント種類，水セメント比から求めた鋼材腐食限界（Clim）を式④および⑤より求め，その値を**表-4.2.3**に示す．

$$C\lim = -2.2 \cdot W/C + 2.6 \quad \text{：早強セメントの場合} \qquad \text{式④}$$

$$C\lim = -3.0 \cdot W/C + 3.4 \quad \text{：普通セメントの場合} \qquad \text{式⑤}$$

表-4.2.3 鋼材の腐食限界

	セメント種類	W/C（％）	Clim (kg/m^3)
側壁　（σck＝50N/mm^2）	早強	36	1.81
底版　（σck＝30N/mm^2）	普通	45	2.05

4.3 検討結果

(1) PCタンク内面の検討

PCタンク内面における鋼材のかぶりとCdの関係を**図-4.3.1〜図-4.3.4**に示す．

側壁はプレキャスト部材であり，かぶり25mmである．耐用年数20年とした場合，鋼材配置位置での塩化物濃度は，貯蔵する汚染水の塩分濃度0.5％では鋼材の腐食限界を超えないが，塩分濃度1.0％では鋼材の腐食限界を超える．

耐用年数50年とした場合，鋼材配置位置での塩化物濃度は，貯蔵する汚染水の塩分濃度が0.2％では鋼材の腐食限界を超えないが，塩分濃度0.5％では鋼材の腐食限界を超える．

一方，試設計において底版のかぶりは60mmである．耐用年数20年とした場合，鋼材配置位置での塩化物濃度は，貯蔵する汚染水の塩分濃度1.0％では鋼材の腐食限界を超えないが，塩分濃度2.0％では鋼材の腐

食限界を超える．

耐用年数50年とした場合，鋼材位置での塩化物濃度は貯蔵する汚染水の塩分濃度が0.5%では，鋼材の腐食限界を超えないが，塩分濃度1.0%では，鋼材の腐食限界を超える．

鋼材配置位置で鋼材の塩化物イオン濃度が腐食限界を超える塩分濃度の汚染水を貯蔵する場合は，側面内面や底版内面において塗装やエポキシ樹脂塗装鉄筋の使用など，塩害に対する対策が必要である．

塩分濃度が1,000ppm（=0.1%）以下の場合は，側壁，底版ともに，50年後の鉄筋位置での塩化物イオン濃度は，鋼材の腐食限界以下であり，コンクリート表面の塗装の効果を考慮せずに塩害に対する耐久性を満足する結果となった．

＜PCタンク内面＞

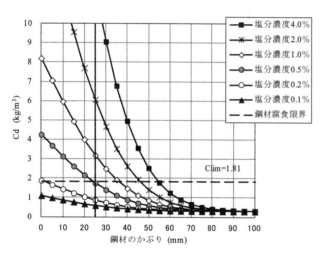
図-4.3.1　鋼材のかぶりとCd（側壁　耐用年数20年）

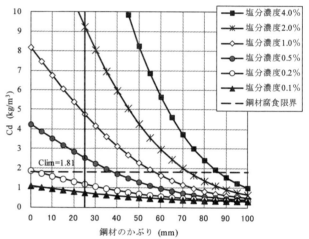
図-4.3.2　鋼材のかぶりとCd（側壁　耐用年数50年）

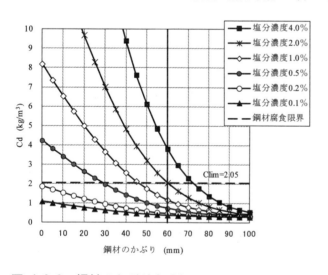
図-4.3.3　鋼材のかぶりとCd（底版　耐用年数20年）

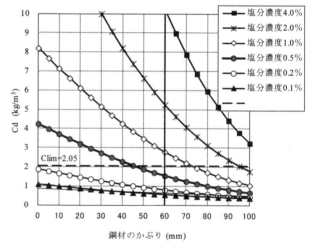
図-4.3.4　鋼材のかぶりとCd（底版　耐用年数50年）

(2) PCタンク外面の検討

PCタンク外面における鋼材のかぶりとCdの関係を**図-4.3.5**および**図-4.3.6**に示す．側壁のかぶりは25mmである．建設地点が海岸線から0.5km以上であれば，50年後においても塩害耐久性を満足する．ま

た，建設地点が 0.5km 以下の場合においても，エポキシ樹脂塗装鉄筋などの対策を行うことで，塩害に対する耐久性を満足することが可能と考えられる．

＜PCタンク外面＞

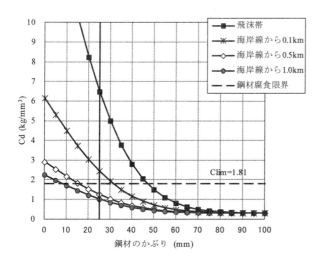
図-4.3.5　鋼材のかぶりと Cd（側壁　耐用年数 20 年）

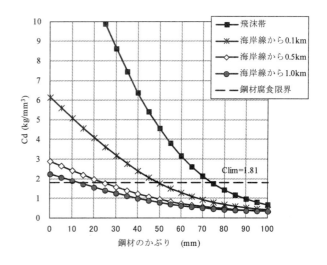
図-4.3.6　鋼材のかぶりと Cd（側壁　耐用年数 50 年）

参考文献

1) 土木学会：2012 年制定　コンクリート標準示方書（設計編），2013.3
2) 谷口秀明，渡辺博志，手塚正道，藤田学：塩害暴露試験によるコンクリートの塩分浸透性の評価，プレストレストコンクリート Vol.54, pp.38-43, No.5, Sep.2012

5 透水量の検討

5.1 算出方法

第5章5.6で示したように，側壁プレキャスト部材内面および底版コンクリート内面には塗装をすることとしているが，ここではこれらがないものとして，コンクリートそのものの透水量について検討する．試設計の 3,000m³ PC タンク（図-5.1.1）を対象とし，土木学会コンクリート標準示方書［設計編］に準じて，PC タンクの透水量を算出する．

透水量の算出は下式による．

$Q_d = \gamma_{pn}(K_d \cdot A \cdot h/L + Q_{cjd})$

ここに，

Q_d ：単位時間当たりの透水量の設計値（m³/s）

K_d ：構造物中におけるコンクリートの透水係数の設計値（m/s）

　　　$K_d = K_k \cdot \gamma_c$

K_k ：コンクリートの透水係数の特性値（m/s）

　　　$\log K_k = 4.3 \cdot W/C - 12.5$

　　　W/C ： 水セメント比

A ：透水経路の断面に相当するコンクリートの全面積（m²）

h ：構造物内面と外面の水頭差（m）

L ：透水経路長に相当する構造物の照査対象部分の断面厚さの期待値（m），一般に，設計断面厚さとしてよい．

Q_{cjd} ：照査対象部分のひび割れあるいは継目などからの透水量の設計値（m³/s）

γ_{pn} ：単位時間当たりの透水量の設計値 Q_d のばらつきを考慮した安全係数．一般に 1.15 としてよい．

γ_c ：コンクリートの材料係数．一般に 1.0 としてよい．

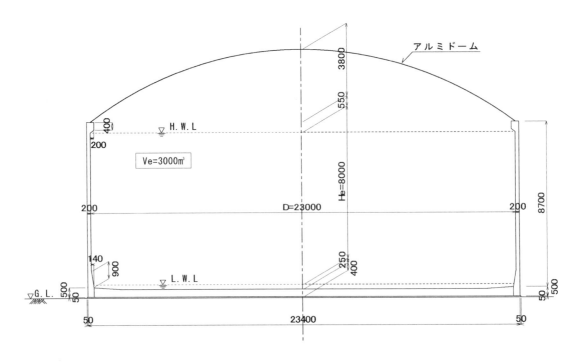

図-5.1.1　3,000m³ PC タンク構造一般

5.2 底版の透水量

試設計の結果によれば，満水時の底版コンクリートに作用する引張応力度は曲げひび割れ強度以下であることからひび割れは生じないものとし，$Q_{cjd} = 0$ とする．

底版コンクリートは，設計基準強度 $f'_{ck}=30N/mm^2$，W/C=45%とする．

$\log K_k = 4.3 \cdot 0.45 - 12.5$ より，

$\quad K_k = 1 \times 10^{-10.6}$ m/s

$\quad K_d = 1 \times 10^{-10.6} \times 1.0$

$\quad\quad = 1 \times 10^{-10.6}$ m/s

タンクの形状より，内径 23.0m より，

$\quad A = 1/4 \cdot 23.0^2 \cdot \pi = 415.5 m^2$

底版コンクリートの厚さ 0.40m，満水時の水頭 8.25m より，

$\quad Q_d = 1.15(1 \times 10^{-10.6} \cdot 415.5 \cdot 8.25/0.40 + 0)$

$\quad\quad = 0.000000247$ m³/s

$\quad\quad = 0.247$ cm³/s

1日当たりの透水量は，$Q_{d1day} = 0.247 \times 60 \times 60 \times 24 \times 1/1000$

$\quad\quad\quad\quad = 21.3$ l/day

5.3 側壁の透水量

側壁の設計においては，円周方向はフルプレストレス，鉛直方向にはコンクリートに作用する引張応力度を曲げひび割れ強度以下とするように設計していることからひび割れは生じない．また，プレキャスト部材の継目は存在するが，この部分については適切な防水処置を施すことから，$Q_{cjd} = 0$ とする．

継目部にはモルタルが打設されるが，その幅はそれほど大きくないことから，透水量の計算に当たっては，この部分を無視し，均一なプレキャスト部材として算出する．また，底版近傍でハンチが設けられているが，部分的であるので等厚な部材とする．

側壁コンクリートは，設計基準強度 $f'_{ck}=50N/mm^2$，W/C=36%とする．

$\log K_k = 4.3 \cdot 0.36 - 12.5$ より，

$\quad K_k = 1 \times 10^{-11.0}$ m/s

$\quad K_d = 1 \times 10^{-11.0} \times 1.0$

$\quad\quad = 1 \times 10^{-11.0}$ m/s

高さ方向に作用する水頭が異なるので，分割して透水量の算出を行う．

H.W.L までの高さ 8.25m を 10 等分して算出する．したがって，区間ごとの面積 A は，

$\quad A = 23.0 \times \pi \times 0.825 = 59.61 m^2$ である．

表-5.3.1 の算出結果より，

$\quad Q_d = 0.000000141$ m³/s

$\quad\quad = 0.141$ cm³/s

1日当たりの透水量は，$Q_{d1day} = 0.141 \times 60 \times 60 \times 24 \times 1/1000$

$\quad\quad\quad\quad = 12.2$ l/day である．

表-5.3.1 側壁からの透水量の計算

高さ (m)	区間長 (m)	γ_{pn}	K_d (m/s)	A (m²)	h (平均) (m)	L (m)	Q_d (m³/s)
8.250	0.825			59.61	0.4125		0.14×10^{-8}
7.425	0.825			59.61	1.2375		0.42×10^{-8}
6.600	0.825			59.61	2.0625		0.71×10^{-8}
5.775	0.825			59.61	2.8875		0.99×10^{-8}
4.950	0.825	1.15	$1 \times 10^{-11.0}$	59.61	3.7125	0.200	1.27×10^{-8}
4.125	0.825			59.61	4.5375		1.56×10^{-8}
3.300	0.825			59.61	5.3625		1.84×10^{-8}
2.475	0.825			59.61	6.1875		2.12×10^{-8}
1.650	0.825			59.61	7.0125		2.40×10^{-8}
0.825	0.825			59.61	7.8375		2.69×10^{-8}
合計				596.1			1.41×10^{-7}

5.4 まとめ

試設計を行った3,000m³ PCタンクを対象に，透水量を算出した．設計的にはひび割れが発生しない設計が行われており，側壁プレキャストと間詰めモルタルとの継目には防水処置を施すことから，ひび割れあるいは継目などからの透水はないものとし，コンクリートそのものの透水量を算出した．

その結果，底版および側壁それぞれからの透水量は，下記のとおりである．

底版（415.5m²あたり）　　$Q_d = 0.247$ cm³/s　1日当たりの透水量 $Q_{d1day} = 21.3$ ℓ/day

側壁（596.1m²あたり）　　$Q_d = 0.141$ cm³/s　1日当たりの透水量 $Q_{d1day} = 12.2$ ℓ/day

1Fの汚染水貯蔵用PCタンクに対する許容透水量は規定されていないが，貯留物が放射能汚染水であることを考えれば，外部への透水を防ぐ対策が必要だと考えられる．

したがって，プレキャスト部材と間詰めモルタルとの継目部，および側壁と底版の継目部には，確実な防水処置を施すとともに，コンクリートそのものに対しても表面塗装を施す必要がある．

6 PCタンクの概算工費

過去のPCタンク工事の施工費実績を**図-6.1**,**図-6.2**に示す.施工実績の収集に当っては,現地の特殊条件や,PCタンクの施工範囲が明確ではない物も含まれているが,概ねPCタンクの容量が大規模になるに従い,単位容積当り工事費が減少する傾向にある.

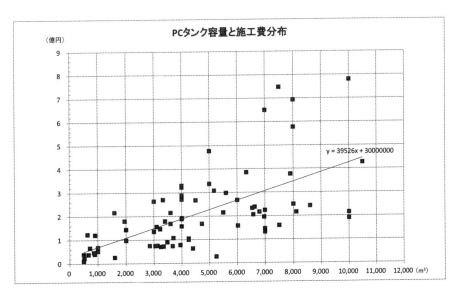

図-6.1 PCタンク容量と施工費分布図

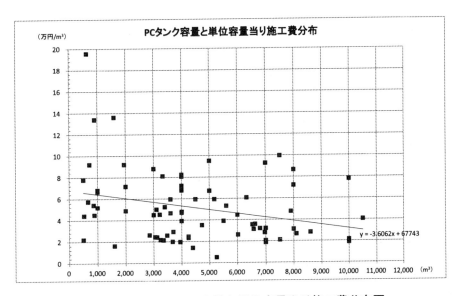

図-6.2 PCタンク容量と単位容量当り施工費分布図

参考文献
1) プレストレスト・コンクリート建設業協会：プレストレストコンクリート 2005年～2012年（第32報～第39報）

7 原子力に関する法令・規格

7.1 原子力施設・保安等に関わる法令の体系

2012年11月7日，原子力規制委員会は，核原料物質，核燃料物質及び原子炉の規制に関する法律（昭和32年法律第166号．以下「法」という．）第64条の2第1項の規定に基づき，東京電力株式会社福島第一原子力発電所に設置される全ての発電用原子炉施設を特別な管理を必要とする「特定原子力施設」に指定し，東京電力株式会社に当該発電用原子炉施設の保安及び特定核燃料物質の防護のために措置を講ずべき事項を示した．なお，「措置を講ずべき事項」については，東京電力株式会社に実施計画の提出を求め，災害が発生した原子力施設について，施設の状況に応じた適切な方法による管理を行う制度となっている．

福島第一原子力発電所における原子力施設・保安等に関わる関係法令の体系は以下の通りである．

(1) 核原料物質，核燃料物質及び原子炉の規制に関する法律
(2) 核原料物質，核燃料物質及び原子炉の規制に関する法律施行令
(3) 東京電力株式会社福島第一原子力発電所原子炉施設についての核原料物質，核燃料物質及び原子炉の規制に関する法律の特例に関する政令
(4) 実用発電用原子炉施設の設置，運転等に関する規則
(5) 東京電力株式会社福島第一原子力発電所原子炉施設の保安及び特定核燃料物質の防護に関する規則
(6) 東京電力株式会社福島第一原子力発電所原子炉施設の保安及び特定核燃料物質の防護に関して必要な事項を定める告示

7.2 タンク建設に関わる規格等

7.2.1 構造強度

汚染水処理設備，貯留設備及び関連設備を構成する機器は，「実用発電用原子炉及びその付属設備の技術基準に関する規則」において，廃棄物処理設備に相当するクラス3機器に準ずるものと位置付けられる．クラス3機器の適用規格は「JSME S NC-1 発電用原子力設備規格 設計・建設規格（以下，「JSME規格」）[1]」等で規定される．

震災直後は地下水等の流入により増加する汚染水に対して，緊急対応的に設計・設置した．一方，2013年8月14日以降に設計するタンクについては，JSME規格に限定するものではなく，日本工業規格（JIS）等の国内外の民間規格に適合した工業用品の採用，あるいは，American Society of Mechanical Engineers （ASME規格），日本工業規格（JIS），またこれらと同等の技術的妥当性を有する規格での設計・製作・検査を行っている．

以上から，タンクの構造強度に関する規則および規格の例を以下に記載する．

(1) 実用発電用原子炉及びその付属設備の技術基準に関する規則（平成二十五年六月二十八日原子力規制委員会規則第六号）
(2) 発電用原子力設備規格 設計・建設規格（JSME規格）
(3) JIS G 3193 熱間圧延鋼板及び鋼帯の形状，寸法，質量及びその許容誤差
(4) JIS G 3454 圧力配管用炭素鋼鋼管
(5) JIS B 8501 鋼製石油貯槽の構造 他

7.2.2 耐震性評価

汚染水処理設備等を構成する機器のうち,放射性物質を内包するものは,「発電用原子炉施設に関する耐震設計審査指針」[2]のBクラス相当の設備と位置付けられる.耐震性を評価するにあたっては,「JEAC4601 原子力発電所耐震設計技術規程」[3]等に準拠して構造強度評価を行うことを基本とするが,評価手法,評価基準について実態に合わせたものを採用する.なお,汚染水処理設備のうち高濃度の滞留水を扱う設備等については,参考としてSクラス相当の評価を行う.

以上のとおり,タンクの耐震性評価に関する指針および規定は以下のとおり.

(1) 発電用原子炉施設に関する耐震設計審査指針
(2) 原子力発電所耐震設計技術規程

7.3 タンク運用に関わる法令等

漏洩時の報告基準については,「東京電力株式会社福島第一原子力発電所原子炉施設の保安及び特定核燃料物質の防護に関する規則」の第十八条(事故故障時の報告)に記載がある.

発電用原子炉設置者(旧発電用原子炉設置者等を含む)は,第十八条の記載に該当する場合の事象が確認された場合には,その旨を直ちに,その状況及びそれに対する処置を10日以内に原子力規制委員会に報告することが求められている.

(1) 東京電力株式会社福島第一原子力発電所原子炉施設の保安及び特定核燃料物質の防護に関する規則(平成二十五年四月十二日原子力規制委員会規則第二号)

参考文献

1) 日本機械学会:発電用原子力設備規格 設計・建設規格(2014年追補)〈第I編 軽水炉規格〉(JSME S NC-1-2014)
2) 旧原子力安全委員会:発電用原子炉施設に関する耐震設計審査指針,2006年9月19日改訂
3) 日本電気協会 原子力規格委員会:原子力発電所耐震設計技術規程(JEAC4601-2008)

コンクリート標準示方書一覧および今後の改訂予定

書名	判型	ページ数	定価	現在の最新版	次回改訂予定
2012年制定　コンクリート標準示方書 ［基本原則編］	A4判	35	本体2,800円＋税	2012年制定	2017年度
2012年制定　コンクリート標準示方書 ［設計編］	A4判	609	本体8,000円＋税	2012年制定	2017年度
2012年制定　コンクリート標準示方書 ［施工編］	A4判	389	本体6,600円＋税	2012年制定	2017年度
2013年制定　コンクリート標準示方書 ［維持管理編］	A4判	299	本体4,800円＋税	2013年制定	2017年度
2013年制定　コンクリート標準示方書 ［ダムコンクリート編］	A4判	86	本体3,800円＋税	2013年制定	2017年度
2013年制定　コンクリート標準示方書 ［規準編］ （2冊セット） ・土木学会規準および関連規準 ・JIS規格集	A4判	614＋893	本体11,000円＋税	2013年制定	2017年度

※次回改訂版は、現在版とは編成が変わる可能性があります。

●コンクリートライブラリー一覧●

号数：標題／発行年月／判型・ページ数／本体価格

- 第 1 号：コンクリートの話－吉田徳次郎先生御遺稿より－／昭.37.5 ／ B 5・48 p.
- 第 2 号：第 1 回異形鉄筋シンポジウム／昭.37.12 ／ B 5・97 p.
- 第 3 号：異形鉄筋を用いた鉄筋コンクリート構造物の設計例／昭.38.2 ／ B 5・92 p.
- 第 4 号：ペーストによるフライアッシュの使用に関する研究／昭.38.3 ／ B 5・22 p.
- 第 5 号：小丸川 PC 鉄道橋の架替え工事ならびにこれに関連して行った実験研究の報告／昭.38.3 ／ B 5・62 p.
- 第 6 号：鉄道橋としてのプレストレストコンクリート桁の設計方法に関する研究／昭.38.3 ／ B 5・62 p.
- 第 7 号：コンクリートの水密性の研究／昭.38.6 ／ B 5・35 p.
- 第 8 号：鉱物質微粉末がコンクリートのウォーカビリチーおよび強度におよぼす効果に関する基礎研究／昭.38.7 ／ B 5・56 p.
- 第 9 号：添えばりを用いるアンダーピンニング工法の研究／昭.38.7 ／ B 5・17 p.
- 第 10 号：構造用軽量骨材シンポジウム／昭.39.5 ／ B 5・96 p.
- 第 11 号：微細な空げきてん充のためのセメント注入における混和材料に関する研究／昭.39.12 ／ B 5・28 p.
- 第 12 号：コンクリート舗装の構造設計に関する実験的研究／昭.40.1 ／ B 5・33 p.
- 第 13 号：プレパックドコンクリート施工例集／昭.40.3 ／ B 5・330 p.
- 第 14 号：第 2 回異形鉄筋シンポジウム／昭.40.12 ／ B 5・236 p.
- 第 15 号：デイビダーク工法設計施工指針（案）／昭.41.7 ／ B 5・88 p.
- 第 16 号：単純曲げをうける鉄筋コンクリート桁およびプレストレストコンクリート桁の極限強さ設計法に関する研究／昭.42.5 ／ B 5・34 p.
- 第 17 号：MDC 工法設計施工指針（案）／昭.42.7 ／ B 5・93 p.
- 第 18 号：現場コンクリートの品質管理と品質検査／昭.43.3 ／ B 5・111 p.
- 第 19 号：港湾工事におけるプレパックドコンクリートの施工管理に関する基礎研究／昭.43.3 ／ B 5・38 p.
- 第 20 号：フライアッシュを混和したコンクリートの中性化と鉄筋の発錆に関する長期研究／昭.43.10 ／ B 5・55 p.
- 第 21 号：バウル・レオンハルト工法設計施工指針（案）／昭.43.12 ／ B 5・100 p.
- 第 22 号：レオバ工法設計施工指針（案）／昭.43.12 ／ B 5・85 p.
- 第 23 号：BBRV 工法設計施工指針（案）／昭.44.9 ／ B 5・134 p.
- 第 24 号：第 2 回構造用軽量骨材シンポジウム／昭.44.10 ／ B 5・132 p.
- 第 25 号：高炉セメントコンクリートの研究／昭.45.4 ／ B 5・73 p.
- 第 26 号：鉄道橋としての鉄筋コンクリート斜角げたの設計に関する研究／昭.45.5 ／ B 5・28 p.
- 第 27 号：高張力異形鉄筋の使用に関する基礎研究／昭.45.5 ／ B 5・24 p.
- 第 28 号：コンクリートの品質管理に関する基礎研究／昭.45.12 ／ B 5・28 p.
- 第 29 号：フレシネー工法設計施工指針（案）／昭.45.12 ／ B 5・123 p.
- 第 30 号：フープコーン工法設計施工指針（案）／昭.46.10 ／ B 5・75 p.
- 第 31 号：OSPA 工法設計施工指針（案）／昭.47.5 ／ B 5・107 p.
- 第 32 号：OBC 工法設計施工指針（案）／昭.47.5 ／ B 5・93 p.
- 第 33 号：VSL 工法設計施工指針（案）／昭.47.5 ／ B 5・88 p.
- 第 34 号：鉄筋コンクリート終局強度理論の参考／昭.47.8 ／ B 5・158 p.
- 第 35 号：アルミナセメントコンクリートに関するシンポジウム；付：アルミナセメントコンクリート施工指針（案）／ 昭.47.12 ／ B 5・123 p.
- 第 36 号：SEEE 工法設計施工指針（案）／昭.49.3 ／ B 5・100 p.
- 第 37 号：コンクリート標準示方書（昭和 49 年度版）改訂資料／昭.49.9 ／ B 5・117 p.
- 第 38 号：コンクリートの品質管理試験方法／昭.49.9 ／ B 5・96 p.
- 第 39 号：膨張性セメント混和材を用いたコンクリートに関するシンポジウム／昭.49.10 ／ B 5・143 p.
- 第 40 号：太径鉄筋 D 51 を用いる鉄筋コンクリート構造物の設計指針（案）／昭.50.6 ／ B 5・156 p.
- 第 41 号：鉄筋コンクリート設計法の最近の動向／昭.50.11 ／ B 5・186 p.
- 第 42 号：海洋コンクリート構造物設計施工指針（案）／昭和.51.12 ／ B 5・118 p.
- 第 43 号：太径鉄筋 D 51 を用いる鉄筋コンクリート構造物の設計指針／昭.52.8 ／ B 5・182 p.
- 第 44 号：プレストレストコンクリート標準示方書解説資料／昭.54.7 ／ B 5・84 p.
- 第 45 号：膨張コンクリート設計施工指針（案）／昭.54.12 ／ B 5・113 p.
- 第 46 号：無筋および鉄筋コンクリート標準示方書（昭和 55 年版）改訂資料【付・最近におけるコンクリート工学の諸問題に関する講習会テキスト】／昭.55.4 ／ B 5・83 p.
- 第 47 号：高強度コンクリート設計施工指針（案）／昭.55.4 ／ B 5・56 p.
- 第 48 号：コンクリート構造の限界状態設計法試案／昭.56.4 ／ B 5・136 p.
- 第 49 号：鉄筋継手指針／昭.57.2 ／ B 5・208 p. ／ 3689 円
- 第 50 号：鋼繊維補強コンクリート設計施工指針（案）／昭.58.3 ／ B 5・183 p.
- 第 51 号：流動化コンクリート施工指針（案）／昭.58.10 ／ B 5・218 p.
- 第 52 号：コンクリート構造の限界状態設計法指針（案）／昭.58.11 ／ B 5・369 p.
- 第 53 号：フライアッシュを混和したコンクリートの中性化と鉄筋の発錆に関する長期研究（第二次）／昭.59.3 ／ B 5・68 p.
- 第 54 号：鉄筋コンクリート構造物の設計例／昭.59.4 ／ B 5・118 p.
- 第 55 号：鉄筋継手指針（その 2）－鉄筋のエンクローズ溶接継手－／昭.59.10 ／ B 5・124 p. ／ 2136 円

● コンクリートライブラリー一覧 ●

号数:標題／発行年月／判型・ページ数／本体価格

第 56 号：人工軽量骨材コンクリート設計施工マニュアル／昭.60.5／B5・104 p.
第 57 号：コンクリートのポンプ施工指針（案）／昭.60.11／B5・195 p.
第 58 号：エポキシ樹脂塗装鉄筋を用いる鉄筋コンクリートの設計施工指針（案）／昭.61.2／B5・173 p.
第 59 号：連続ミキサによる現場練りコンクリート施工指針（案）／昭.61.6／B5・109 p.
第 60 号：アンダーソン工法設計施工要領（案）／昭.61.9／B5・90 p.
第 61 号：コンクリート標準示方書（昭和 61 年制定）改訂資料／昭.61.10／B5・271 p.
第 62 号：PC 合成床版工法設計施工指針（案）／昭.62.3／B5・116 p.
第 63 号：高炉スラグ微粉末を用いたコンクリートの設計施工指針（案）／昭.63.1／B5・158 p.
第 64 号：フライアッシュを混和したコンクリートの中性化と鉄筋の発錆に関する長期研究（最終報告）／昭 63.3／B5・124 p.
第 65 号：コンクリート構造物の耐久設計指針（試案）／平.元.8／B5・73 p.
※第 66 号：プレストレストコンクリート工法設計施工指針／平.3.3／B5・568 p.／5825 円
※第 67 号：水中不分離性コンクリート設計施工指針（案）／平.3.5／B5・192 p.／2913 円
第 68 号：コンクリートの現状と将来／平.3.3／B5・65 p.
第 69 号：コンクリートの力学特性に関する調査研究報告／平.3.7／B5・128 p.
第 70 号：コンクリート標準示方書（平成 3 年版）改訂資料およびコンクリート技術の今後の動向／平 3.9／B5・316 p.
第 71 号：太径ねじふし鉄筋 D57 および D64 を用いる鉄筋コンクリート構造物の設計施工指針（案）／平 4.1／B5・113 p.
第 72 号：連続繊維補強材のコンクリート構造物への適用／平.4.4／B5・145 p.
第 73 号：鋼コンクリートサンドイッチ構造設計指針（案）／平.4.7／B5・100 p.
※第 74 号：高性能 AE 減水剤を用いたコンクリートの施工指針（案）付・流動化コンクリート施工指針（改訂版）／平.5.7／B5・142 p.／2427 円
※第 75 号：膨張コンクリート設計施工指針／平.5.7／B5・219 p.／3981 円
第 76 号：高炉スラグ骨材コンクリート施工指針／平.5.7／B5・66 p.
第 77 号：鉄筋のアモルファス接合継手設計施工指針（案）／平.6.2／B5・115 p.
第 78 号：フェロニッケルスラグ細骨材コンクリート施工指針（案）／平.6.1／B5・100 p.
第 79 号：コンクリート技術の現状と示方書改訂の動向／平.6.7／B5・318 p.
第 80 号：シリカフュームを用いたコンクリートの設計・施工指針（案）／平.7.10／B5・233 p.
第 81 号：コンクリート構造物の維持管理指針（案）／平.7.10／B5・137 p.
第 82 号：コンクリート構造物の耐久設計指針（案）／平.7.11／B5・98 p.
第 83 号：コンクリート構造のエスセティックス／平.7.11／B5・68 p.
第 84 号：ISO 9000 s とコンクリート工事に関する報告書／平 7.2／B5・82 p.
第 85 号：平成 8 年制定コンクリート標準示方書改訂資料／平 8.2／B5・112 p.
第 86 号：高炉スラグ微粉末を用いたコンクリートの施工指針／平 8.6／B5・186 p.
第 87 号：平成 8 年制定コンクリート標準示方書（耐震設計編）改訂資料／平 8.7／B5・104 p.
第 88 号：連続繊維補強材を用いたコンクリート構造物の設計・施工指針（案）／平 8.9／B5・361 p.
第 89 号：鉄筋の自動エンクローズ溶接継手設計施工指針（案）／平 9.8／B5・120 p.
※第 90 号：複合構造物設計・施工指針（案）／平 9.10／B5・230 p.／4200 円
第 91 号：フェロニッケルスラグ細骨材を用いたコンクリートの施工指針／平 10.2／B5・124 p.
第 92 号：銅スラグ細骨材を用いたコンクリートの施工指針／平 10.2／B5・100 p.／2800 円
第 93 号：高流動コンクリート施工指針／平 10.7／B5・246 p.／4700 円
第 94 号：フライアッシュを用いたコンクリートの施工指針（案）／平 11.4／A4・214 p.／4000 円
※第 95 号：コンクリート構造物の補強指針（案）／平 11.9／A4・121 p.／2800 円
第 96 号：資源有効利用の現状と課題／平 11.10／A4・160 p.
第 97 号：鋼繊維補強鉄筋コンクリート柱部材の設計指針（案）／平 11.11／A4・79 p.
第 98 号：LNG 地下タンク躯体の構造性能照査指針／平 11.12／A4・197 p.／5500 円
第 99 号：平成 11 年版　コンクリート標準示方書［施工編］－耐久性照査型－　改訂資料／平 12.1／A4・97 p.
第100号：コンクリートのポンプ施工指針［平成 12 年版］／平 12.2／A4・226 p.
※第101号：連続繊維シートを用いたコンクリート構造物の補修補強指針／平 12.7／A4・313 p.／5000 円
※第102号：トンネルコンクリート施工指針（案）／平 12.7／A4・160 p.／3000 円
※第103号：コンクリート構造物におけるコールドジョイント問題と対策／平 12.7／A4・156 p.／2000 円
第104号：2001 年制定　コンクリート標準示方書［維持管理編］制定資料／平 13.1／A4・143 p.
第105号：自己充てん型高強度高耐久コンクリート構造物設計・施工指針（案）／平 13.6／A4・601 p.
第106号：高強度フライアッシュ人工骨材を用いたコンクリートの設計・施工指針（案）／平 13.7／A4・184 p.
※第107号：電気化学的防食工法　設計施工指針（案）／平 13.11／A4・249 p.／2800 円
第108号：2002 年版　コンクリート標準示方書　改訂資料／平 14.3／A4・214 p.
第109号：コンクリートの耐久性に関する研究の現状とデータベース構築のためのフォーマットの提案／平 14.12／A4・177 p.
第110号：電気炉酸化スラグ骨材を用いたコンクリートの設計・施工指針（案）／平 15.3／A4・110 p.

●コンクリートライブラリー一覧●

号数：標題／発行年月／判型・ページ数／本体価格

※第111号：コンクリートからの微量成分溶出に関する現状と課題／平15.5／A4・92p.／1600円
※第112号：エポキシ樹脂塗装鉄筋を用いる鉄筋コンクリートの設計施工指針［改訂版］／平15.11／A4・216p.／3400円
第113号：超高強度繊維補強コンクリートの設計・施工指針（案）／平16.9／A4・167p.／2000円
※第114号：2003年に発生した地震によるコンクリート構造物の被害分析／平16.11／A4・267p.／3400円
第115号：（CD-ROM写真集）2003年，2004年に発生した地震によるコンクリート構造物の被害／平17.6／A4・CD-ROM
第116号：土木学会コンクリート標準示方書に基づく設計計算例［桟橋上部工編］／2001年制定コンクリート標準示方書［維持管理編］に基づくコンクリート構造物の維持管理事例集（案）／平17.3／A4・192p.
※第117号：土木学会コンクリート標準示方書に基づく設計計算例［道路橋編］／平17.3／A4・321p.／2600円
第118号：土木学会コンクリート標準示方書に基づく設計計算例［鉄道構造物編］／平17.3／A4・248p.
※第119号：表面保護工法　設計施工指針（案）／平17.4／A4・531p.／4000円
第120号：電力施設解体コンクリートを用いた再生骨材コンクリートの設計施工指針（案）／平17.6／A4・248p.
第121号：吹付けコンクリート指針（案）　トンネル編／平17.7／A4・235p.／2000円
※第122号：吹付けコンクリート指針（案）　のり面編／平17.7／A4・215p.／2000円
※第123号：吹付けコンクリート指針（案）　補修・補強編／平17.7／A4・273p.／2200円
※第124号：アルカリ骨材反応対策小委員会報告書－鉄筋破断と新たなる対応－／平17.8／A4・316p.／3400円
第125号：コンクリート構造物の環境性能照査指針（試案）／平17.11／A4・180p.
※第126号：施工性能にもとづくコンクリートの配合設計・施工指針（案）／平19.3／A4・278p.／4800円
※第127号：複数微細ひび割れ型繊維補強セメント複合材料設計・施工指針（案）／平19.3／A4・316p.／2500円
※第128号：鉄筋定着・継手指針［2007年版］／平19.8／A4・286p.／4800円
第129号：2007年版　コンクリート標準示方書　改訂資料／平20.3／A4・207p.
※第130号：ステンレス鉄筋を用いるコンクリート構造物の設計施工指針（案）／平20.9／A4・79p.／1700円
※第131号：古代ローマコンクリート－ソンマ・ヴェスヴィアーナ遺跡から発掘されたコンクリートの調査と分析－／平21.4／A4・148p.／3600円
※第132号：循環型社会に適合したフライアッシュコンクリートの最新利用技術－利用拡大に向けた設計施工指針試案－／平21.12／A4・383p.／4000円
※第133号：エポキシ樹脂を用いた高機能PC鋼材を使用するプレストレストコンクリート設計施工指針（案）／平22.8／A4・272p.／3000円
※第134号：コンクリート構造物の補修・解体・再利用におけるCO_2削減を目指して－補修における環境配慮および解体コンクリートのCO_2固定化－／平24.5／A4・115p.／2500円
※第135号：コンクリートのポンプ施工指針　2012年版／平24.6／A4・247p.／3400円
※第136号：高流動コンクリートの配合設計・施工指針　2012年版／平24.6／A4・275p.／4600円
※第137号：けい酸塩系表面含浸工法の設計施工指針（案）／平24.7／A4・220p.／3800円
※第138号：2012年制定　コンクリート標準示方書改訂資料－基本原則編・設計編・施工編－／平25.3／A4・573p.／5000円
※第139号：2013年制定　コンクリート標準示方書改訂資料－維持管理編・ダムコンクリート編－／平25.10／A4・132p.／3000円
※第140号：津波による橋梁構造物に及ぼす波力の評価に関する調査研究委員会報告書／平25.11／A4・293p.＋CD-ROM／3400円
※第141号：コンクリートのあと施工アンカー工法の設計・施工指針（案）／平26.3／A4・135p.／2800円
※第142号：災害廃棄物の処分と有効利用－東日本大震災の記録と教訓－／平26.5／A4・232p.／3000円
※第143号：トンネル構造物のコンクリートに対する耐火工設計施工指針（案）／平26.6／A4・108p.／2800円
※第144号：汚染水貯蔵用PCタンクの適用を目指して／平28.5／A4・228p.／4500円

※は土木学会にて販売中です．価格には別途消費税が加算されます．

①表題:福島第一原子力発電所　汚染水の管理
　写真提供:東京電力株式会社
　撮影:西澤　丞

②表題:五十沢配水池(福島県伊達市)　プレキャスト PC タンク

③表題:南部配水池(愛知県豊橋市)　プレキャスト PC タンク

定価（本体 4,500 円＋税）

コンクリートライブラリー144
汚染水貯蔵用ＰＣタンクの適用を目指して

平成 28 年 5 月 25 日　第 1 版・第 1 刷発行

編集者……公益社団法人　土木学会　コンクリート委員会
　　　　　汚染水貯蔵用 PC タンク検討小委員会
　　　　　委員長　梅原　秀哲
発行者……公益社団法人　土木学会　専務理事　塚田　幸広

発行所……公益社団法人　土木学会
　　　　　〒160-0004　東京都新宿区四谷 1 丁目（外濠公園内）
　　　　　TEL　03-3355-3444　FAX　03-5379-2769
　　　　　http://www.jsce.or.jp/
発売所……丸善出版株式会社
　　　　　〒101-0051　東京都千代田区神田神保町 2-17　神田神保町ビル
　　　　　TEL　03-3512-3256　FAX　03-3512-3270

©JSCE2016／Concrete Committee
ISBN978-4-8106-0915-8
印刷・製本：キョウワジャパン（株）　　用紙：（株）吉本洋紙店

・本書の内容を複写または転載する場合には、必ず土木学会の許可を得てください。
・本書の内容に関するご質問は、E-mail（pub@jsce.or.jp）にてご連絡ください。